高等院校计算机类课程"十二五"规划教材

Visual Basic.NET 程序设计

主　编　田建新　刘霄宇
副主编　刘　劲　扶　晓　谭晓玲
参　编　魏　珺　张彩红　闫玉红　刘　河

合肥工业大学出版社
HEFEI UNIVERSITY OF TECHNOLOGY PRESS

内容提要

本书是根据教育部关于计算机基础教育的指导性意见，结合目前我国高等院校计算机课程开设的实际情况，融会作者多年从事计算机教学的实际经验编写而成的。

本书共分为14章，详细介绍了Visual Basic.NET的基础知识、编程方法与技巧，内容包括.NET框架、Visual Basic.NET语言的基本概念、基本程序控制、面向对象程序设计、Windows应用程序开发基础、图形处理、数据访问、文件操作方法、数据库编程基础以及Web应用程序开发初步知识等。

本书可以作为高等学校相关专业的计算机课程教材，也可作为Visual Basic.NET爱好者的自学参考用书。

图书在版编目(CIP)数据

Visual Basic.NET程序设计/田建新，刘霄宇主编.—合肥：合肥工业大学出版社，2013.3

ISBN 978-7-5650-1252-5

Ⅰ.①V… Ⅱ.①田…②刘… Ⅲ.①BASIC语言—程序设计 Ⅳ.①TP312

中国版本图书馆CIP数据核字(2013)第056472号

Visual Basic.NET 程序设计

田建新　刘霄宇　主编　　　　　　责任编辑　汤礼广　石金桃

出　版	合肥工业大学出版社	版　次	2013年3月第1版
地　址	合肥市屯溪路193号	印　次	2013年4月第1次印刷
邮　编	230009	开　本	787毫米×1092毫米　1/16
电　话	理工编辑部：0551-62903087	印　张	23.5
	市场营销部：0551-62903163	字　数	528千字
网　址	www.hfutpress.com.cn	印　刷	合肥星光印务有限责任公司
E-mail	hfutpress@163.com	发　行	全国新华书店

ISBN 978-7-5650-1252-5　　　　　　　　　　　　　定价：46.00元

如果有影响阅读的印装质量问题，请与出版社市场营销部联系调换。

前言

.NET 是微软最新推出的开发平台。Visual Basic.NET 是微软公司推出的全新集成开发环境 Visual Studio.NET 的重要成员之一,是新一代面向对象的可视化开发工具。Visual Basic.NET 作为流行的编程语言,与 Visual Basic 6.0 版本比较而言,在很多方面都做了较大的改进,相信读者学习.NET 开发平台以后,一定会深有感触。

本书从教学实践的角度出发,语言通俗易懂,强调基础知识与操作技能的紧密结合,实例内容丰富、生动,可有效地激发学生学习程序设计语言的积极性。

本书不仅配有知识要点、理论知识介绍、典型案例、习题,还提供所有例题、习题源代码和可执行文件,方便教师授课和指导学生上机实验。书中许多例题和习题前后呼应,有助于学生理解知识点。在编写本书时,作者充分考虑到了初学者编程语言基础较差的特点,因此在对基本知识的讲解上,力求做到深入细致,并结合大量示例,用提示操作步骤的形式,突出实践性。

本书作者多年来一直从事 Visual Basic.NET 程序设计的教学与研究工作,具有丰富的软件开发经验,书中很多地方都是作者教学经验的总结与积累。本书通过一些实例把知识点呈现给读者,从而培养读者的实际编程能力,并让读者在编写程序的同时掌握.NET 技术。

本书的特点

1. 通俗易懂

根据学生对程序设计语言课程学习的意见以及教师的教学经验,本书淡化对高深理论的讲解,尽量采用通俗易懂的语言讲解每个知识点,并且通过精选的典型实例,讲解其实现过程,从而激发学生对编程的学习兴趣。

2. 内容全面

本书内容全面,包含了 VB.NET 的大部分常用基础知识,且对于每个知识点,都采用具体实例进行讲解,以便学生理解,实现了知识与技能的紧密结合。

3. 重点突出

本书在介绍知识点和实例制作中,经常使用一些以"提示"、"注意"、"说明"为标识的小段落,提醒学生哪里是难点、哪里是重点、操作技巧是什么、等,让学生不仅能够正确掌握重要知识点,而且还可以理解这些知识点的实际用途及操作方法。

本书的内容

第 1 章:主要介绍了 VB.NET 的发展历程与特点、Visual Studio.NET 集成开发环境以及创建简单的 VB.NET 程序的语句规则等内容。

第 2 章:主要介绍了 VB.NET 的基本数据类型、变量与常量的定义方法、常用内部函数、运算符与表达式等内容。

第 3 章：主要介绍了程序设计的 3 种基本结构：顺序结构、选择结构和循环结构。

第 4 章：主要介绍了数组的定义、数组的引用、数组的典型应用、For Each 语句等内容。

第 5 章：主要介绍了 Function 和 Sub 过程的定义和调用，过程的参数传递方法、变量的作用域。

第 6 章：主要介绍了 VB. NET 程序中的错误种类、使用调试工具调试程序的方法、结构化异常处理语句的功能与使用。

第 7 章：主要介绍了常用控件的属性、方法和事件及其应用。

第 8 章：主要介绍了对话框和菜单控件的使用与多窗体、工具栏和状态栏的设计以及键盘和鼠标事件的处理。

第 9 章：主要介绍了面向对象程序设计的基本概念、类和对象的创建方法、事件的声明及其激发、接口和委托的声明和实现，以及在 VB. NET 中继承的使用和多态性的实现。

第 10 章：主要介绍了文件的基本概念、文件的一些基本操作、顺序文件及随机文件的读写操作的方法。

第 11 章：主要介绍了如何在 VB. NET 中利用 GDI+编写图形应用程序的方法，以及 VB. NET 中几个多媒体控件的使用方法。

第 12 章：主要介绍了数据库的基本概念、SQL 语句的基本使用方法、ADO. NET 对象及其编程方法。

第 13 章：主要介绍了 Web 的概念与发展、Web 窗体设计的方法、Web 服务的概念、Web 服务的创建与调用。

第 14 章：主要介绍了使用 VB. NET 实现管理系统的具体实例。

本书由田建新（武警乌鲁木齐指挥学院）、刘霄宇（鞍山市信息工程学校）主编，刘劲（空军航空大学）、扶晓（空军航空大学）、谭晓玲担任副主编，魏珣（石家庄机械化步兵学院）、张彩红（石家庄机械化步兵学院）、闫玉红、刘河参编。全书由陈锐负责统稿。

由于作者水平有限，加之时间仓促，错误和疏漏之处在所难免，恳请广大读者批评指正。

在使用本书的过程中，若有疑惑，或想索取本书的例题代码，请从 http://blog.csdn.net/crcr 或 http://www.hfutpress.com.cn 下载，或通过电子邮件 nwuchenrui@126.com 进行联系。

编　者

目录

第1章 Visual Basic.NET 概述 …………………………………………………… (1)

1.1 VB.NET 简介 …………………………………………………………… (1)

1.2 创建简单的 VB.NET 程序 ……………………………………………… (13)

小 结 …………………………………………………………………………… (21)

练习题 ………………………………………………………………………… (21)

第2章 VB.NET 语言基础 ………………………………………………………… (23)

2.1 基本数据类型 …………………………………………………………… (23)

2.2 常量和变量 ……………………………………………………………… (25)

2.3 常用内部函数 …………………………………………………………… (29)

2.4 运算符和表达式 ………………………………………………………… (31)

小 结 …………………………………………………………………………… (42)

练习题 ………………………………………………………………………… (42)

第3章 结构化程序设计 …………………………………………………………… (44)

3.1 顺序结构 ………………………………………………………………… (44)

3.2 选择结构 ………………………………………………………………… (50)

3.3 循环结构 ………………………………………………………………… (61)

小 结 …………………………………………………………………………… (76)

练习题 ………………………………………………………………………… (77)

第4章 数 组 ……………………………………………………………………… (80)

4.1 数组的概念 ……………………………………………………………… (80)

4.2 数组的定义与初始化 …………………………………………………… (81)

4.3 数组的引用 ……………………………………………………………… (85)

4.4 数组的典型应用 ………………………………………………………… (86)

4.5 For Each 语句 ……………………………………………………………… (100)

小　结 ……………………………………………………………………… (102)

练习题 ……………………………………………………………………… (102)

第5章　过　程 ………………………………………………………………… (104)

5.1 Function 过程 …………………………………………………………… (104)

5.2 Sub 过程 ………………………………………………………………… (112)

5.3 参数传递 ………………………………………………………………… (118)

5.4 变量的作用域 …………………………………………………………… (126)

小　结 ……………………………………………………………………… (133)

练习题 ……………………………………………………………………… (133)

第6章　程序调试和异常处理 ………………………………………………… (135)

6.1 程序调试 ………………………………………………………………… (135)

6.2 异常处理 ………………………………………………………………… (141)

小　结 ……………………………………………………………………… (147)

练习题 ……………………………………………………………………… (147)

第7章　Windows 窗体与控件 ………………………………………………… (149)

7.1 窗　体 …………………………………………………………………… (149)

7.2 控　件 …………………………………………………………………… (154)

7.3 文本类控件和按钮控件 ………………………………………………… (157)

7.4 选择类控件 ……………………………………………………………… (165)

7.5 PictureBox 控件 ………………………………………………………… (171)

7.6 Timer 控件 ……………………………………………………………… (172)

7.7 ProgressBar 控件和 TrackBar 控件 …………………………………… (174)

7.8 滚动条控件 ……………………………………………………………… (177)

小　结 ……………………………………………………………………… (179)

练习题 ……………………………………………………………………… (179)

第8章　Windows 高级界面设计 ……………………………………………… (182)

8.1 对话框 …………………………………………………………………… (182)

8.2 菜单简介 ………………………………………………………………… (195)

8.3　MenuStrip 控件与下拉菜单的创建 ……………………………… (196)
8.4　ContextMenuStip 控件与快捷菜单的创建 ……………………… (200)
8.5　工具栏 …………………………………………………………… (202)
8.6　状态栏 …………………………………………………………… (205)
8.7　多窗体设计 ……………………………………………………… (207)
8.8　MDI 程序设计 …………………………………………………… (208)
8.9　鼠标和键盘事件 ………………………………………………… (211)
小　结 ………………………………………………………………… (216)
练习题 ………………………………………………………………… (216)

第9章　面向对象程序设计 …………………………………………… (218)

9.1　面向对象程序设计简介 ………………………………………… (218)
9.2　类和对象的创建 ………………………………………………… (220)
9.3　命名空间 ………………………………………………………… (226)
9.4　类的构造函数和析构函数 ……………………………………… (227)
9.5　方法的重载 ……………………………………………………… (229)
9.6　事件的声明及其激发 …………………………………………… (230)
9.7　类的继承 ………………………………………………………… (232)
9.8　接　口 …………………………………………………………… (239)
9.9　委　托 …………………………………………………………… (242)
9.10　多态性 ………………………………………………………… (244)
小　结 ………………………………………………………………… (247)
练习题 ………………………………………………………………… (247)

第10章　文件操作 ……………………………………………………… (249)

10.1　文　件 ………………………………………………………… (249)
10.2　文件的打开与关闭 …………………………………………… (250)
10.3　文件操作函数 ………………………………………………… (252)
10.4　顺序文件 ……………………………………………………… (255)
10.5　随机文件 ……………………………………………………… (262)
10.6　二进制文件 …………………………………………………… (265)
小　结 ………………………………………………………………… (265)
练习题 ………………………………………………………………… (266)

第 11 章　图形与多媒体程序设计 ……………………………………………… (267)

11.1　图形程序设计 …………………………………………………………… (267)
11.2　多媒体程序设计 ………………………………………………………… (280)
小　结 ………………………………………………………………………… (290)
练习题 ………………………………………………………………………… (291)

第 12 章　简单数据库编程 ……………………………………………………… (292)

12.1　数据库技术简介 ………………………………………………………… (292)
12.2　ADO.NET 简介 ………………………………………………………… (295)
12.3　SQL 语言 ………………………………………………………………… (295)
12.4　ADO.NET 对象及其使用 ……………………………………………… (300)
12.5　利用 ADO.NET 控件编写数据库应用程序 …………………………… (303)
小　结 ………………………………………………………………………… (311)
练习题 ………………………………………………………………………… (311)

第 13 章　Web 应用程序开发 …………………………………………………… (313)

13.1　Web 应用程序 …………………………………………………………… (313)
13.2　Web 窗体设计 …………………………………………………………… (320)
13.3　Web 服务 ………………………………………………………………… (324)
小　结 ………………………………………………………………………… (332)
练习题 ………………………………………………………………………… (333)

第 14 章　综合项目开发 ………………………………………………………… (334)

14.1　系统设计 ………………………………………………………………… (334)
14.2　数据库设计 ……………………………………………………………… (338)
14.3　系统公用模块的创建 …………………………………………………… (346)
14.4　系统界面和代码的实现 ………………………………………………… (346)
小　结 ………………………………………………………………………… (364)
练习题 ………………………………………………………………………… (365)

参考文献 …………………………………………………………………………… (367)

第 1 章 Visual Basic.NET 概述

随着 Internet 的飞速发展，软件规模和开发的难度逐步加大，现有的开发平台和开发环境及技术，都越来越难以满足 Internet 时代所需的基于 Web 的应用程序和 Web 服务的开发要求，而微软的.NET 能提供全新的、快速而敏捷的企业计算能力，为软件开发商和软件开发人员提供了支持未来计算的高效 Web 服务开发工具。Visual Studio.NET 是基于.NET 框架重新设计的集成开发环境。在 Visual Studio.NET 中，除了包括 Visual Basic.NET 开发工具之外，还包括 Visual C♯.NET、Visual J♯.NET、Visual C++.NET 以及 ASP.NET 等开发工具。本书是以 Visual Studio 2008 为平台介绍 Visual Basic.NET（简称 VB.NET）程序的开发和编程。

1.1 VB.NET 简介

自 2000 年 6 月微软公司宣布了自己的.NET 战略以来，.NET 已经从战略组建变成现实，为利用 Internet 和 Web 进行开发、工程应用、销售和软件使用提供了广阔的新领域。此后，.NET 技术迅猛发展，VB.NET 正是在这一大背景下应运而生。

1.1.1 .NET 简介

1. .NET 的定义

.NET 技术是微软公司推出的一个全新概念，"它代表了一个集合、一个环境和一个可以作为平台支持下一代 Internet 的可编程结构。".NET 的目的是将互联网作为新一代操作系统的基础，对互联网的设计思想进行扩展。用户在任何地方、任何时间，利用任何设备都能访问所需的信息、文件和程序。用户不需要知道这些文件放在什么地方，只需要发出请求，然后就可以接受处理的结果，后台的复杂处理过程对用户而言是透明的。

2. .NET 开发平台

.NET 开发平台包括以下几个组成部分：

（1）操作系统。目前，.NET 的环境以及.NET 开发出来的应用程序（包括本书介绍的 VB.NET 应用程序)只能运行在 Windows 操作系统上(Windows 95 和 Windows Me 除外)。在不借助其他第三方插件的情况下,不能够直接运行在其他诸如 Linux、Unix 等操作系统上。

(2)公共语言运行库。公共语言运行库也称为公共语言运行时(Common Language Runtime,CLR),负责管理代码。安装完.NET 环境后,CLR 就已经存在于所安装的计算机上,CLR 是.NET 应用程序所运行的环境,没有它,.NET 应用程序不能在 Windows 上执行。CLR 是.NET 应用程序和 Windows 之间的一个桥梁。

(3)基类库。绝大多数的程序语言在发布时,附带了很多已经写好的代码,这些代码实现一些很基本的功能,用这些语言编写程序的时候,可以直接使用上述的代码,否则从头编写这些基本代码,会耗费大量的时间。.NET 平台也提供了这样的代码,叫做基类库,VB.NET 基类库里的这种代码远远超过同类的语言。

(4)应用程序。应用程序是使用.NET 平台里的语言(如 VB.NET)编写的程序,这些程序实现软件使用者(一般称为用户)需要的功能,它们需要大量使用基类库提供的代码。

(5)公共语言规范。公共语言规范(Common Language Specification,CLS)是.NET 平台特有的特性,.NET 平台是一个多语言的平台,CLS 可以使.NET 平台上的不同语言协同工作。例如,使用 VB.NET 编写程序,就可以调用 C#语言(C#是.NET 平台支持的另一种编语言)编写的类。

.NET 开发平台的组成可以用图 1-1 表示。

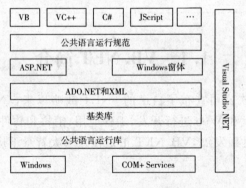

图 1-1 .NET 开发平台

3..NET 框架

.NET 框架(.NET Framework)是.NET 的核心,是支持生成和运行下一代应用程序和 XML Web Services 的内部 Windows 组件之一。.NET 框架旨在实现以下目标:

- 提供一个一致的面向对象的编程环境,无论对象代码是在本地存储和执行,还是在本地执行而在 Internet 上分布,或者是远程执行的。
- 提供一个将软件部署和版本控制冲突最小化的代码执行环境。
- 提供一个可提高代码(包括由未知的或不完全受信任的第三方创建的代码)执行安全性的代码执行环境。

- 提供一个可消除脚本环境或解释环境性能问题的代码执行环境。
- 使开发人员的经验在面对类型大不相同的应用程序(如基于 Windows 的应用程序和基于 Web 的应用程序)时保持一致。
- 按照工业标准生成所有通信,以确保基于 .NET 框架的代码可与任何其他代码集成。

.NET 框架包括公共语言运行库和 .NET 类库。公共语言运行库是 .NET 的基础,用户可以将公共语言运行库看做一个在执行时管理代码的代理,它提供核心服务(如内存管理、线程管理和远程处理),而且还强制实施严格的类型安全检查,以确保代码运行的安全性和可靠性。事实上,代码管理的概念是运行库的基本原则。以运行库为目标的代码称为托管代码,不以运行库为目标的代码称为非托管代码。.NET Framework 的另一个主要部件是类库,它是一个综合性的面向对象的可重用类型集合,用户可以使用它开发包含从传统的命令行或图形用户界面(GUI)应用程序到基于 ASP.NET 所提供的创新的应用程序(如 Web 窗体和 XML Web 服务)在内的应用程序。.NET 框架的组成如图 1-2 所示。

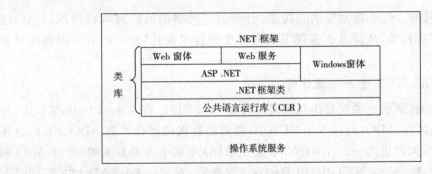

图 1-2 .NET 框架

1.1.2 VB.NET 发展历程

Visual Basic(VB)语言是在 BASIC 语言的基础上,加上面向对象和可视化的语言成分发展起来的。微软公司在推出 Windows 平台之后,也把 Basic 语言扩展到 Windows 平台下,并且增加了可视化编程的成分,这就是 Visual Basic。微软公司于 1991 年 5 月 20 日发布了 Visual Basic 1.0 for Windows,Visual Basic 1.0 给了业界很大的震动,也给微软公司带来了丰厚的回报。后来,微软公司对其进行改进,陆续推出了功能更加强大的各种版本。

1992 年 9 月 1 日微软公司发布了 Visual Basic for MS-DOS。

1992 年 11 月 2 日微软公司发布了 Visual Basic 2.0 for Windows。

1993 年 5 月微软公司发布了 Visual Basic 3.0 for Windows 标准版和专业版。

1995 年 12 月 12 日微软公司发布了 Visual Basic 4.0 的 3 个版本:标准版、专业版和企业版。

1995 年 12 月 7 日微软公司发布了 Visual Basic Scripting。

1997年2月3日微软公司发布了 Visual Basic 5.0 专业版,这是 Visual Basic 发展中最具有影响力的版本之一。

1998年6月15日微软公司发布了 Visual Basic 6.0,这是 Visual Basic 发展中最成功的版本之一,也正是因为它,使得 Visual Basic 拥有了大量的用户。

2000年微软公司推出了 VB.NET 的测试版,并于 2002 年 3 月 22 日正式发布了 VB.NET 的中文版。

VB.NET 是 Visual Basic 的全新版本。新版本比以前的版本更易于编写分布式应用程序,如 Web 应用程序和企业多层系统。VB.NET 具有 Windows 窗体和 Web 窗体两个新的窗体包,可用于访问断开连接的数据源的 ADO 新版本;在 VB.NET 中,还删除了某些传统的关键字,提高了类型安全性,并公开了高级开发人员需要的低级别构造。

1.1.3　VB.NET 的特点

1. 完全支持面向对象编程

VB.NET 利用.NET 框架提供的功能,引入了更严格的面向对象特性,如封装、继承、可重载性、多态性等,从而真正实现了面向对象的程序设计,是一门真正的面向对象的程序设计语言。

2. 使用 ADO.NET 进行数据访问

所谓数据访问,通俗地说就是访问数据库的技术和手段。在 Visual Basic 6.0 中,使用的数据访问技术是 ADO,而在 VB.NET 中,使用的数据访问技术为 ADO.NET,这也是 VB.NET 的重大改进之一。ADO.NET 是在 ADO 基础上发展起来的,是对 ADO 的重新设计和扩展,在 ADO.NET 中,用 Dataset(数据集)对象代替了 ADO 的 Recordset(记录集)对象,从而大大提高了数据处理的灵活性。另外,ADO.NET 还可以使用 XML 在应用程序之间、Web 网页之间进行数据交换。

3. 能够方便地进行 Web 应用程序的开发

微软公司将.NET 框架主要定位在开发企业规模的 Web 应用程序及高性能的桌面应用程序上。.NET 平台所强调的是网络编程和网络服务的概念,因此,基于.NET 框架的 VB.NET,在网络应用程序开发方面有了显著的改进。VB.NET 提供了更直观、方便的 Web 应用程序开发环境,它可以用直接编辑 ASP.NET 的方式来开发 Web 应用程序。VB.NET 还提供了开发 Web 服务的功能。

> 🔊 **注意:**
> 　　VB.NET 并不向下兼容,Visual Basic 6.0 的应用程序在 VB.NET 环境下不能直接执行,需使用 VB.NET 中提供的升级向导,将 Visual Basic 6.0 的应用程序更改为 VB.NET 的应用程序,并要进行一定工作量的人为改动,才能使其在 VB.NET 环境下运行。

1.1.4 面向对象程序设计基础

高级语言刚刚出现的时候,使用的是面向过程的程序设计,这种方法发展到一定的阶段就产生了"软件危机"。为消除软件危机,出现了面向对象的程序设计方法(Object-Oriented Programming,OOP),并诞生了面向对象的程序设计语言,如C++等。为了便于用户开发应用程序,又出现了可视化程序设计语言,如Visual Basic、Delphi等。本书进行介绍的VB.NET就是一种可视化的、完全面向对象的程序设计语言。

1. 类与对象

类是对象的模板,它定义了对象的特征和行为规则,对象是通过类产生的,类和对象都由唯一的名字进行标识,即类名和对象名。可以根据一个类构造很多个对象,由一个类产生的对象基本上都具有同样的特征和性能。在可视化程序设计语言中,通常把一些常用的界面元素或功能实现预先定义成类,使用时就可以直接拖动它们到界面上产生对象,如窗体、各种控件、打印机(Printer)、调试(Debug)、剪贴板(Clipboard)、屏幕(Screen)等。在程序中也可以通过对系统提供的类的要素进行修改,衍生出许多子类,从而可以创建出许多可视化的对象。

2. 属性、方法与事件

(1) 属性

客观世界中的对象都具有一些特征,并通过特征相互区分。例如,学生的特征有学号、姓名和专业,并通过姓名或学号来区分。在面向对象程序设计中用属性来刻画对象的特征,定义对象的外观。具体地说,属性是类或对象的一种成分,它反应类创建的对象的特征,如对象的名称、大小、标题等。可视化语言中类或对象的属性是由类似的变量组成的,每个属性都有自己的名字及一个相关的值,标准组件的属性名基本上都是系统规定好的。在学习VB.NET的过程中要注意记住属性名和理解属性名的含义。VB.NET中的每个对象都有一系列的属性,对象的属性可以在设计对象时通过属性窗口设置,也可以在程序运行时通过程序代码进行设置。在程序代码中,使用赋值语句修改对象的属性值。

格式:

对象名.属性名 = 属性值

【例1-1】 将名称为Button1的命令按钮的标题(Text)属性设置为"开始"。

Button1.Text = "开始"

(2) 方法与事件

客观世界中的对象都具有一定的功能,并对外界的特定刺激做出反应。反映在面向对象程序设计中,这种对象功能就是方法,能够响应的刺激就是事件。方法与事件是类的成分,它们共同决定了对象的行为特征。实际上方法就是封装在类里面特定的过程,这些过程的代码,一般用户很难看到,这就是类的"封装性"。方法由方法名来标识,标准控件的方法名一般也是系统规定好的。方法是面向对象的,不同的对象有不同的方法,调用时一般要指明对象。

格式：

[对象名.]方法名[参数列表]

【例1-2】 关闭当前窗体。

Me.Close()

事件是能够被对象识别和响应的行为和动作，当对象上发生了事件后，应用程序要做相应的处理，对应的程序称为事件过程。

格式：

Private Sub 对象名_事件名(参数列表)
　　　:　　 '处理事件的程序代码
End Sub

【例1-3】 有一个名称为Button1的命令按钮，当单击(Click)该按钮时结束程序的运行。

Private Sub Button1_Click(ByVal sender As System.Object, ByVal e As System.EventArgs)_
Handles Button1.Click
　　End　 '结束程序语句
End Sub

在VB.NET中，每个对象都有一个预定义的事件集，这些事件名也是系统规定好的。一些事件集是多数对象所共有的，如窗体、文本框、按钮等都有单击事件(Click)。

3. 事件驱动的程序设计

面向对象的程序设计语言的基本编程模式是事件驱动。通过该方法设计的应用程序，程序的执行是由事件驱动的，一旦程序启动后就根据发生的事件执行相应的程序代码(事件过程)。如果无事件发生，程序就空闲着，等待事件的发生，此时用户也可以启动其他的应用程序。这些事件发生的顺序，决定了代码执行的顺序，因此每次执行的流程都可能不同。在这种程序设计模式下，程序员只需考虑发生某事件时，系统该做什么，从而编制出相应的事件过程代码，事件过程代码通常很短，也易编写。

1.1.5　Visual Studio.NET 集成开发环境简介

Visual Studio.NET系列产品共用一个集成开发环境(IDE)，此环境由菜单栏、标准工具栏以及停靠或自动隐藏在左侧、右侧、底部和工作区空间中的各种面板和窗口等若干元素组成。可用的面板、窗口、菜单栏和工具栏取决于所处理的项目或文件类型。

1. 起始页

选择"开始"→"程序"→"Microsoft Visual Studio 2008"选项，启动Visual Studio。集成开发环境的起始页如图1-3所示，这是使用了常规开发设置的IDE，其基本布局由以下几个部分组成。

(1)"最近的项目"面板

该面板列出了最近在Visual Studio中打开的项目。可以直接单击打开，方便用户的

第1章 Visual Basic.NET 概述

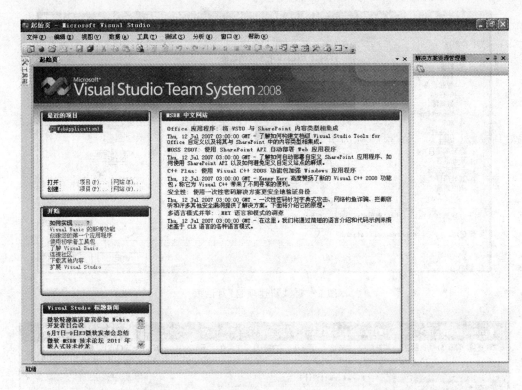

图 1-3 Visual Studio 集成开发环境的起始页

后续工作;也可以在该面板中打开其他项目和网站或者创建新的项目和网站。

(2)"开始"面板

该面板列出了与 VB.NET 有关的链接,单击后会打开联机帮助,并显示相关内容,方便初学者学习和查询相关资料。

(3)"Visual Studio 标题新闻"面板

该面板列出了关于 Visual Studio 的相关活动和系列课程的链接,单击后将在 IDE 中直接打开网页,供用户查看。

(4)"MSDN 中文网站"面板

该面板列出了 MSDN 中文网站相关内容的链接,单击后将直接在 IDE 中打开该链接。其中,MSDN 代表 Microsoft Development Network,即 Microsoft 开发人员网络,是 Microsoft 提供给开发人员进行交流和学习的平台。

2. 新建 VB.NET 项目

在 Visual Studio.NET 集成开发环境中,选择"文件"→"新建项目"选项,弹出"新建项目"对话框,如图 1-4 所示。在该对话框中,可以选择不同的编程语言来创建各种项目,这些语言将共享 Visual Studio.NET 的集成开发环境。

要创建新的 VB.NET 项目,需要在该对话框的"项目类型"中选择"Visual Basic",在"模板"选中"Windows 窗体应用程序",在"名称"文本框中输入项目的名称;然后单击"确定"按钮,弹出如图 1-5 所示的 Visual Studio.NET 集成开发环境。

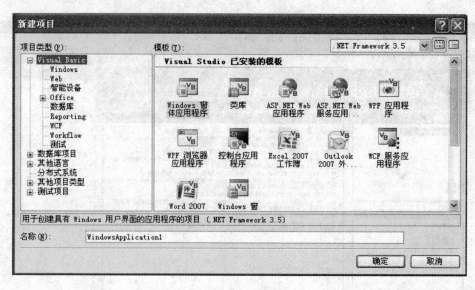

图1-4 "新建项目"对话框

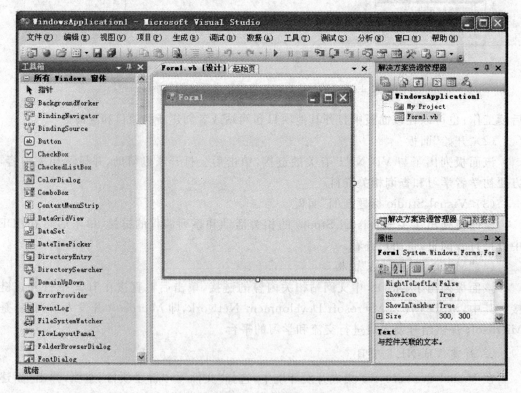

图1-5 Visual Studio.NET集成开发环境

3. 主窗口

启动 Visual Studio 后,主窗口位于集成环境的顶部,该窗口由标题栏、菜单栏和工具栏组成。

(1) 标题栏

标题栏是屏幕顶部的水平条,它显示的是应用程序的名字。新建 VB.NET 项目后,标题栏中显示的信息为"WindowsApplication1 - Microsoft Visual Studio","WindowsApplication1"为当前项目名。VB.NET 有 3 种工作模式:设计模式、运行模式和调试模式。

- 设计模式:供用户进行界面设计和代码的编写,来完成应用程序的开发。
- 运行模式:当运行当前程序时,标题栏中显示"正在运行",此时不能再编辑代码和界面。
- 调试模式:当程序出现错误时自动进入调试模式,在标题栏中显示"正在调试",这时可编辑代码。

(2) 菜单栏

在标题栏的下面是集成环境的主菜单。菜单栏中的菜单命令提供了开发、调试和保存应用程序所需要的工具。VB.NET 共有 12 个菜单项:"文件"、"编辑"、"视图"、"项目"、"生成"、"调试"、"数据"、"工具"、"测试"、"分析"、"窗口"和"帮助"。每个菜单项含有若干个菜单命令,分别执行不同的操作。用鼠标单击某个菜单项,即可打开该菜单,然后用鼠标单击菜单中的某一条就能执行相应的菜单命令。

菜单中的命令分为 3 种类型,第一类是可以直接执行的命令,这类命令的后面没有任何信息;第二类在命令名后面带有省略号,单击该命令后,屏幕上将显示一个对话框,利用该对话框,可以执行各种相关操作;第三类带有子菜单命令,这类命令的右端有一个箭头。

(3) 工具栏

VB.NET 可根据需要定义用户自己的工具栏。在一般的情况下,集成环境中只显示标准工具栏,其他工具栏可以通过"视图"菜单中的"工具栏"命令打开(或关闭)。

每种工具栏都有固定和浮动两种形式。把鼠标光标移到固定形式工具栏中没有图标的地方,按住左按钮,向下拖动鼠标,或者双击工具栏左端的两条浅色竖线,即可把工具栏变为浮动的;而如果双击浮动工具栏的标题条,则可变为固定工具栏。

固定形式的标准工具栏位于菜单栏的下面,即主窗口的底部,它以图标的形式提供了部分常用菜单命令的功能。只要用鼠标单击代表某个命令的图标按钮,就能直接执行相应的菜单命令。工具条中有 26 个图标,代表 26 种操作,固定形式的工具栏如图 1-6a 所示,大多数图标都有与之等价的菜单命令。图 1-6b 是浮动形式的标准工具栏。

a) 固定形式

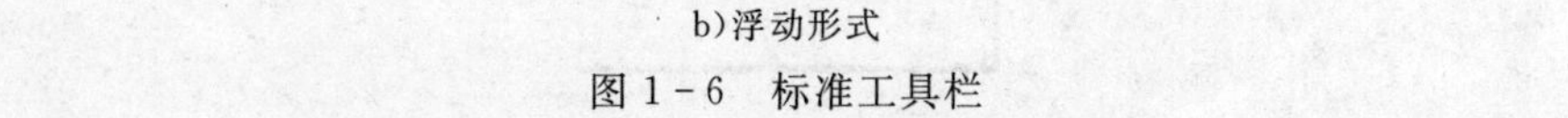

b) 浮动形式

图 1-6 标准工具栏

除上面几个部分外,在主窗口的左上角和右上角还有几个控制框,其作用与 Windows 下普通窗口中的控制框相同。

4. 窗体设计器窗口

窗体设计器窗口简称窗体(Form),如图 1-7 所示。在创建应用程序时,用户在窗体上建立 VB.NET 应用程序界面;运行时,窗体就是用户看到的正在运行的窗口,用户通过与窗体上的控件交互可得到程序运行结果。一个应用程序至少有一个窗体,可以通过选择"项目"→"添加 Windows 窗体"选项来添加新窗体。

图 1-7 窗体设计器窗口

在窗体的左上角是窗体的标题,右上角有 3 个图标,其作用与 Windows 下普通窗口中的图标相同。

5. 解决方案资源管理器窗口

首先应该理解解决方案与项目的关系。项目可以视为编译后的一个可执行单元,可以是应用程序、动态链接库等,而企业级的解决方案往往需要多个可执行程序的合作,为便于管理,在 Visual Studio.NET 集成环境中引入了解决方案资源管理器。解决方案资源管理器窗口如图 1-8 所示。如果集成环境中没有出现该对话框,可通过选择"视图"→"解决方案资源管理器"选项来显示该窗口。

图 1-8 "解决方案资源管理器"窗口

在解决方案资源管理器的工具栏中包含以下按钮。

"属性"：显示树视图中所选项的相应属性。

"显示所有文件"：显示所有项,包括已经被排除的项和正常情况下隐藏的项。

"刷新"：刷新所选项目或解决方案中的项的状态。

"查看代码"：打开选定文件以在代码编辑器中编辑。

"视图设计器"：在代码编辑器的设计器模式下打开选定的文件进行编辑。

"查看类关系"：启动类设计器,以显示当前项目中的类的关系图。

6. 类视图窗口

类视图窗口如图 1-9 所示,如果集成环境中没有出现该对话框,可通过选择"视图"→"类视图"选项来显示该窗口。

类视图窗口中以树形结构显示了当前项目中的所有类,并在每个类中列出了成员变量和成员函数,每一个类首先列出带有紫色图标的成员函数;然后是带有绿蓝色图标的成员变量。每个成员的图标左边都有一个标志,以表示成员类型和存取类别的信息,保护型成员图标旁边的标志为一把钥匙;私有成员的标志是一把锁;公有成员图标旁边没有标志。

在类视图窗口中双击类名,会在主工作区中打开这个类的头文件,显示出类的声明;而双击某个类的成员,则主工作区中会显示该成员的定义代码。

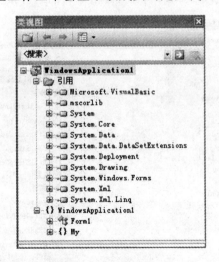

图 1-9 "类视图"窗口

7. 属性窗口

属性窗口主要是针对窗体和控件设置的,在 VB.NET 中,窗体和控件被称为对象。每个对象都可以用一组属性来刻画其特征,而属性窗口就是用来设置窗体或窗体中控件属性的。

属性窗口如图 1-10 所示,其主要由以下三部分组成。

(1)对象和名称空间列表框：位于属性窗口的顶部,显示当前选择的对象及名称空间。可以通过单击其右端向下的箭头下拉显示列表,其内容为应用程序中每个对象的名字及名称空间。

（2）属性列表:不同的对象有不同的属性组,左边为所选对象的属性,右边是对应的属性值。显示方式分为按字母顺序和按分类顺序两种,可以通过属性窗口中相应的按钮切换。

（3）属性说明:每选择一种属性,在"属性解释"部分都会显示该属性名称和功能说明。

每个 VB.NET 对象都有其特定的属性,可以通过属性窗口来设置,对象的外观和对应的操作由所设置的值来确定。有些属性的取值是有一定限制的,如对象的可见性只能设置为 True 或 False(即可见或不可见);而有些属性(如标题)可以为任何文本。在实际的应用程序设计中,不可能也没必要设置每个对象的所有属性,很多属性可以使用默认值。

8. 工具箱窗口

工具箱窗口由基本控件图标组成,这些图标是 VB.NET 应用程序的构件,称为图形对象或控件(Control),用户可以在窗体上设计各种控件。工具箱主要用于应用程序的界面设计。

选择"视图"→"工具箱"选项可以打开工具箱窗口;也可通过工具栏中的 ![] 来打开该窗口,如图 1-11 所示。在 VB.NET 中,工具箱窗口的组件按类放在不同的选项卡中。

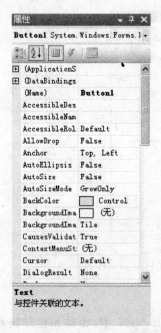

图 1-10 "属性"窗口(按字母顺序)

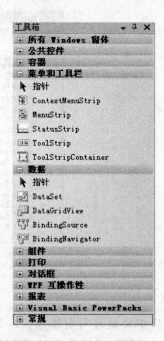

图 1-11 "工具箱"窗口

9. 代码窗口

代码窗口是专门用来显示和编辑程序代码的。双击某个对象,可以切换到代码窗口,并将插入点定位于给定对象的事件过程中,如图1-12所示。在代码窗口中,通过选择其顶部的对象列表框和过程列表框,可以构成一个事件过程的模板,系统自动建立这个事件过程的起始语句和结束语句,用户只需输入相应程序代码。

图 1-12 "代码"窗口

1.2 创建简单的 VB.NET 程序

1.2.1 VB.NET 中的语句

1. 语句的书写规则

在编写程序代码时要遵循一定的规则,这样写出的程序既能被 VB.NET 正确地识别,又能增加程序的可读性。在输入语句的过程中,VB.NET 将自动对输入的内容进行语法检测,如果发现语法错误,将弹出一个信息框提示出错的原因。VB.NET 还会按约定对语句进行简单的格式化处理,如关键字、函数的第一个字母自动变为大写。

(1)一行中的多条语句

一般情况下,输入程序时要求一行写一条语句。但是也可以使用复合语句行,即把几条语句放在一个语句行中,语句之间用冒号":"隔开。

【例 1-4】 一行中书写多条语句示例。

```
Label1.Text = "程序演示" : TextBox1.Text = "Visual Basic.net"
```

(2)语句的续行

当一条语句很长时,在代码编辑窗口阅读程序时将不便查看,使用滚动条又比较麻烦,这时,就可以使用续行功能,用续行符"_"将一个较长的语句分为多个程序行。

【例 1-5】 将一个较长的语句分为多个程序行示例。

```
TextBox1.Text = _
"Visual Basic.net"
```

> **注意:**
> (1)虽然将较长的语句分行书写,但实际上仍然是一条语句。
> (2)在使用续行符时,在它前面至少要加一个空格,并且续行符只能出现在行尾。

2. 赋值语句

在前面的例子中已经使用了一个最基本的语句——赋值语句。使用赋值语句可以在程序运行中改变对象的属性和变量的值。

格式：

对象属性或者变量 = 表达式

功能：将等号右边表达式的值传送给等号左边的变量或对象属性。

【例1-6】 赋值语句示例。

```
Label1.Text = "程序演示"
x = x + 2
```

3. 注释语句

在程序中使用注释是一个良好的习惯，用户可以使用注释来说明自己编写某段代码的功能或定义某个变量的目的，以后读到这些注释就会想起当时的思路，既方便了编程者自己，也方便要阅读这些程序源代码的其他用户。

注释语句是非执行语句，只是对有关内容加以说明。要添加注释，只需在注释文字前加上一个英文状态下的单撇号"'"或"Rem"作为注释文字的开关。"'"和"Rem"会告诉VB.NET忽略该符号后面本行的内容，这些内容是程序代码中的注释，VB.NET在编译程序时会自动跳过注释行。

格式1：

'注释内容

格式2：

Rem 注释内容

【例1-7】 注释语句示例。

```
Rem 将标签显示的文字设置为"程序演示"
Label1.Text = "程序演示"
x = x + 2  '变量 x 赋值为原值加 2
```

> **注意：**
> (1)注释语句不能放在续行符的后面。
> (2)注释行一般写在同一行语句的后面，如果注释过长，可以另起一行，该行须以"'"开头。

4. 结束语句

VB.NET 中的结束语句为 End 语句。

格式：

End

End 语句通常用来结束一个程序的运行。可以把它放在事件过程中。

【例1-8】 单击命令按钮 Command1 时,结束程序的运行。

```
Private Sub Button1_Click(ByVal sender As System.Object, ByVal e As System.EventArgs) _
Handles Button1.Click
    End
End Sub
```

该过程用来结束程序,同时重置所有变量,并卸载所有窗体。

1.2.2 创建第一个 VB.NET Windows 程序

下面以一个简单的 Windows 应用程序为例,介绍在 VB.NET 集成开发环境中开发 Windows 应用程序的方法。

【例1-9】 编写一个 VB.NET Windows 应用程序,窗体标题为"第一个 Windows 应用程序",标签内的文字为小四号并粗体显示。程序运行时单击窗体,在标签中显示 "Visual Basic.Net 如此简单易学"。程序的运行界面如图1-13所示。

图1-13 运行界面

一般来说,在用 VB.NET 开发 Windows 应用程序时,需要以下3个步骤:
- 建立可视用户界面;
- 设置可视界面属性;
- 编写事件驱动代码。

1. 建立用户界面

在新建的 VB.NET 项目中首先进行用户界面设计,设计时,要在窗体上画出各种所需要的控件。也就是说,除窗体外,建立界面的主要工作就是画控件。

(1)控件的画法

以画一个标签控件为例:

① 单击工具箱中的标签图标,该图标反色显示。

② 把鼠标光标移到窗体上,此时鼠标光标变为"+"号,("+"号的中心就是控件左上角的位置)。

③ 把"+"号移到窗体的适当位置,按下鼠标左键,不要松开,并向右下方拖动鼠标,窗体上将出现一个方框。

④ 随着鼠标向右下方移动,所画的方框逐渐增大。当增大到认为合适的大小时,松开鼠标键,这样就在窗体上画出一个标签控件。

(2) 控件的缩放

用上面的方法画出控件后,其大小和位置不一定符合设计要求,此时可对控件进行放大、缩小、或移动其位置。画完一个控件后,在该控件的边框上有空心小方块,表明该控件是"活动"的,叫做活动控件或当前控件。对控件的所有操作都是针对活动控件进行的。当窗体上有多个控件时,最多只有一个控件是活动的。只要单击一个不活动的控件(鼠标光标位于该控件内部),就可以把这个控件变为活动控件;而如果单击控件的外部(鼠标光标位于该控件外部),则可以把活动控件变为不活动的控件。

当控件处于活动状态时,用鼠标拖拉空心小方块就可以使控件在相应的方向上放大或缩小(部分控件除外)。除了直接用拖拉方法改变控件或窗体的大小外,通过改变属性窗口的属性列表中某些项目的属性值(或使用程序代码),也能改变控件或窗体的大小。

(3) 控件的移动

对于活动控件,只要把鼠标光标移到控件内(边框内的任何位置),按住鼠标左键不放,然后移动鼠标,就可以把控件拖拉到窗体内的任何位置。同样也可以通过改变属性窗口的属性列表中某些项目的属性值,来改变控件或窗体的位置。

(4) 控件的删除

为了清除一个控件,必须先把该控件变为活动控件,然后按 Delete 键,即可把控件清除。

(5) 例 1-9 中的界面设计

在窗体 Form1 的界面上,在"工具箱"中选择"Label(标签)",并放置在窗体的适当位置,结果如图 1-14 所示。

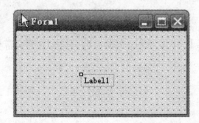

图 1-14　设计状态的窗体

2. 设置属性

(1) 对象属性的设置方法

对象属性可以通过程序代码设置,也可以在设计阶段通过属性窗口设置。为了在属性窗口中设置对象的属性,必须先选择要设置属性的对象,然后激活属性窗口。属性不同,设置新属性的方式也不一样。通常有以下 3 种方式:

① 直接输入属性值

有些属性,如 Text(文本框的文本内容)等都必须由用户输入。在建立对象(控件或窗体)时,VB.NET 可能为其提供默认值。为了提供程序的可读性,最好能赋予它一个有确定意义的名称,这可以通过在属性窗口中直接输入新属性值来实现。

② 选择输入属性值

有些属性取值的可能情况是有限的,可能只有两种、几种或十几种,对于这样的属性,可以在下拉列表中选择所需要的属性值。

③ 利用对话框设置属性值

有些属性设置框的右端会显示省略号,即 3 个小点(…),单击这 3 个小点,屏幕上将显示一个对话框,可以利用这个对话框设置所需要的属性(装入图形、图标或设置字体)。

(2)例 1-9 中的属性设置

分别选中各个对象,按照表 1-1 在属性窗口中修改部分属性值,设计完成的界面如图 1-15 所示。

表 1-1 例 1-9 属性设置

对 象	属 性	设 置 值
窗体	Name	Form1
	Text	"第一个 Windows 应用程序"
标签	Name	Label1
	Font	粗体小四号字

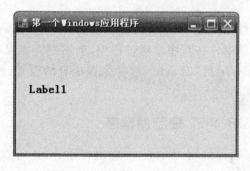

图 1-15 例 1-9 设计界面图

3. 编写代码

双击窗体进入代码窗口,可以看到自动生成的 VB.NET 程序代码,代码如下:

```
Private Sub Form1_Load(ByVal sender As System.Object, ByVal e As System.EventArgs) Handles _
MyBase.Load
End Sub
```

在代码窗口中的对象列表框中选择"Form1 事件",在过程列表框中选择"Click",如图 1-16 所示,将会自动出现窗体 Form1 的 Click 事件过程的框架,事件过程的开头和结尾由系统自动给出:

```
Private Sub Form1 _ Click ( ByVal sender As Object, ByVal e As System.EventArgs) _
Handles Me.Click
```

End Sub

添加以下代码完善该事件过程：

```
Private Sub Form1 _ Click ( ByVal sender As Object, ByVal e As System.EventArgs) _
Handles Me.Click
    Label1.Text = "Visual Basic.Net 如此简单易学"
End Sub
```

图 1-16 选择"Form1 事件"

4. 调试执行与发布

单击工具栏上的启动按钮 ▶，或者选择"调试"→"启动调试"选项，或者使用热键F5，都能够调试执行程序。单击窗体，查看执行效果。

若执行过程没有问题，用户可以直接发布应用程序。在"解决方案资源管理器"中右键单击"WindowsApplication1"，选择"发布"，或者选择"生成"→"发布 WindowsApplication1"选项，然后根据"发布向导"的提示完成相关设置并生成 Setup 安装程序。

5. 保存项目

在 VB.NET 中，一般新建项目时默认的项目名为"WindowsApplication1"，项目包含的所有内容都存放于其中。在程序编辑过程中，当用户需要保存时，选择"文件"→"全部保存"选项，会弹出"保存项目"对话框，选择保存项目的位置，在"名称"文本框中输入项目名称。

1.2.3 创建第一个 VB.NET 控制台程序

在 VB.NET 中除了可以编写 Windows 应用程序外，还可以编写控制台应用程序。控制台应用程序的运行界面类似于 DOS 的命令行，一般从命令行运行，可从控制台窗口读写信息，它适合于只注重功能而不是界面的应用程序。

当创建一个新的控制台应用程序项目时，实际上是创建一个 Module 模块，在这个模块中，包含了一个空白的 Sub Main()过程。如下所示：

```
Module Module1        '模块定义
    Sub Main()        'Sub Main 过程定义
    End Sub
End Module
```

在 VB.NET 中，Main()过程是控制台应用程序的入口点，当控制台应用程序运行时，总是从 Sub Main()过程开始运行。在控制台应用程序中，通常使用 Console 对象来读写信息，在控制台窗口输出显示或输入信息，下面介绍 Console 对象的几个常用方法。

(1) Read 方法

格式:

`Console.Read()`

功能:从标准输入流(一般指键盘)读取一个字符,并作为函数的返回值。如果没有更多的可用字符,则为-1。

(2) ReadLine 方法

格式:

`Console.ReadLine()`

功能:从标准输入流读取一行字符,并作为函数的返回值。如果没有更多的可用字符,则为空引用 Nothing。

(3) Write 方法

格式1:

`Console.Write(X)`

功能:将指定的 X 写入标准输出流(一般指屏幕)。参数 X 是任意类型的数据。

格式2:

`Console.Write(格式字符串,表达式列表)`

功能:按照格式字符串的约定,输出提示字符和表达式的值。

说明:格式字符串是由双引号括起来的字符串,里面可以包含{}括起来的数字,数字从 0 开始,依次对应表达式列表中的表达式。

【例 1-10】 Write 方法示例。

```
Module Module1
    Sub Main()
        Dim a = 15
        Dim b = 20
        Console.Write("a = {0},b = {1}", a, b)
        Console.Read()    '该语句的作用是使程序停下来等待输入,从而用户可以看到结果
    End Sub
End Module
```

输出结果:

a = 15,b = 20

(4) WriteLine 方法

格式1:

`Console.WriteLine(X)`

功能:将指定的 X 写入标准输出流,并以一个换行符结尾。

格式2：

Console.WriteLine(格式字符串,表达式列表)

功能：按照格式字符串的约定，输出提示字符和表达式的值。功能基本同 Console.Write(格式字符串,表达式列表)，只是该方法调用后要换行。

【例1-11】 创建一个 VB.NET 控制台程序，该程序的功能是显示一行语句："Visual Basic.Net 是一种很实用的可视化编程软件！"

【操作步骤】

① 在 Visual Studio.NET 集成开发环境中，选择"文件"→"新建项目"选项，弹出"新建项目"对话框。在"项目类型"中选择"Visual Basic"项目选项，在"模板"中选择"控制台应用程序"，并在"名称"文本框中输入项目名称，如图1-17所示。

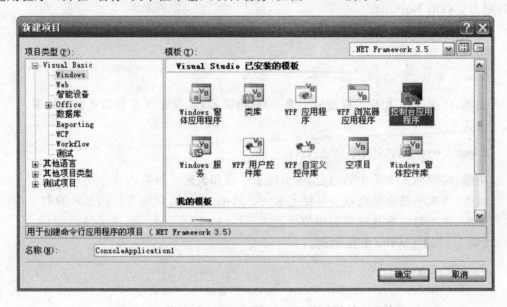

图1-17 在"新建项目"对话框中选择"控制台应用程序"

② 单击"确定"按钮，弹出如图1-18所示的代码窗口，在该窗口中自动生成有4行代码的控制台应用程序的模板。

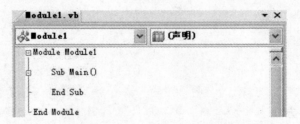

图1-18 创建的控制台应用程序模板

③ 在 Sub Main()过程中编写如下程序代码。

SubMain()

```
        Console.WriteLine("Visual Basic.Net 是一种很实用的可视化编程软件!")    '输出
        Console.Read()    '该语句的作用是使程序停下来等待输入,从而可以看到结果
    End Sub
```

④ 单击工具栏上的启动按钮 ▶,或者执行"调试"→"启动调试"命令,或者使用热键 F5,都能够调试执行程序。程序的运行结果如图 1-19 所示。

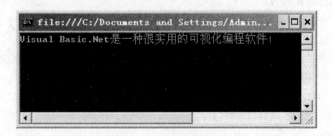

图 1-19 程序运行结果

小 结

本章较为系统地介绍了 VB.NET 的相关基础知识,并且通过创建第一个 Windows 应用程序和控制台程序,较为详尽地阐述了在 VB.NET 开发环境中创建程序的过程。本章的主要内容如下:

- .NET 的定义、.NET 开发平台、.NET 框架的组成。
- VB.NET 发展历程、VB.NET 的特点。
- 面向对象程序设计基础知识,包括类与对象、属性、方法、事件等概念。
- Visual Studio.NET 集成开发环境。
- VB.NET 中的语句规则、赋值语句、注释语句、结束语句的使用。
- 创建 VB.NET Windows 程序的步骤。
- 创建 VB.NET 控制台程序的步骤。

练 习 题

选择题

1. 下面哪句话描述的是正确的(   )。
   A. VB.NET 是最早出现的语言
   B. VB.NET 是唯一的一种 .NET 编程语言
   C. VB.NET 是 VB 在 .NET 平台上的版本
   D. VB.NET 现在已经没有多少人使用了

2. Visual Studio.NET 是一种集成开发环境,集成开发环境一般简称为(   ),可以在其中开发 VB.NET 程序。
   A. CLR   B. IDE   C. Fun a,,5   D. Fun(a,b,c)

3. 下面哪一项不是 .NET 平台中的组成部件(   )。

A. 公共语言运行库　　　　　　B. 公共语言规范
C. 基类库　　　　　　　　　　D. Visual Studio.NET
4. 下面哪一项不是 VB.NET 的工作模式（　　）。
A. 编写模式　　B. 设计模式　　C. 运行模式　　D. 调试模式

填空题

1. 关闭当前窗体的代码为（　　）。
2. 执行"调试"→"启动调试"命令，或者使用热键（　　），都能够调试执行程序。
3. .NET 框架包括（　　）和 .NET 类库。
4. 当一条语句很长时，在代码编辑窗口阅读程序时将不便查看，使用滚动条又比较麻烦，这时就可以使用（　　）将一个较长的语句分为多个程序行。
5. VB.NET 中的结束语句为（　　）语句。

编程题

1. 编写一个 VB.NET Windows 应用程序，窗体标题为"Windows 应用程序"，窗体中有一个按钮控件和一个标签控件，程序运行时单击按钮，在标签中显示"欢迎光临"。
2. 编写一个 VB.NET Windows 应用程序，窗体标题为"退出"，窗体中有一个按钮控件，程序运行时单击该按钮，结束程序的运行。
3. 创建一个 VB.NET 控制台程序，该程序的功能是要求用户输入一个整数，并在显示器上将其显示出来。

第 2 章 VB.NET 语言基础

VB.NET 是在 Visual Basic 语言的基础上发展起来的,它保留了原来 Visual Basic 版本中的数据类型和语法,对其中的某些函数的功能做了修改或扩展,并增加了一些新的功能。

2.1 基本数据类型

描述客观事物的数、字符以及所有能输入到计算机中并被计算机程序加工处理的符号的集合称为数据。数据是计算机程序处理的对象,也是运算产生的结果,所以程序员应该掌握 VB.NET 能处理哪些数据,掌握各种形式数据的表达方法。在高级语言中,广泛使用"数据类型"这一概念,数据类型体现了数据结构的特点。为了更好地处理各种各样的数据,VB.NET 提供了系统定义的数据类型,并允许用户根据需要定义自己的数据类型。

2.1.1 字符数据类型

字符数据类型主要有 String 和 Char 两种,它们用来处理 Unicode 字符,String 包含任意个字符,Char 只包含单个字符。

1. String 数据类型

String 类型数据是一个字符串,在 VB.NET 中,String 类型数据是用英文双引号("")括起来的一串字符,它可存储将近 20 亿个 Unicode 字符。

【例 2-1】 定义一个字符串,并且给它赋初值为"2012"。

```
Dim myYear As String
myYear = "2012"
```

2. Char 数据类型

在只需要保存单个字符时,不必使用 String 类型,使用 Char 类型即可。如十进制数 97 表示字母"a",十进制数 65 表示字母"A"。Char 类型的数据以两个字节的数字形式存储，取值范围为 0～65535。每两个字节数值存储一个 Unicode 字符。

Char 类型数据的用法与 String 类型基本相同。

2.1.2 数值数据类型

通常把整型数据类型和实型数据类型统称为数值数据类型，数值数据类型主要有 7 种：Byte、Short、Integer、Long、Single、Double 和 Decimal。可以在所写的数字后面加上一个符号（值类型字符）来指定数据的数据类型。数值数据类型及其对应的值类型字符如表 2-1 和表 2-2 所示。

表 2-1 VB.NET 的基本数值数据类型

分 类	数据类型	占字节数	取值范围
整型数据类型	Byte（字节型）	1	0～255
	Short（短整型）	2	−32768～+32767
	Integer（整型）	4	−2147483648～2147483647
	Long（长整型）	8	−9223372036854775808～9223372036854775807
实型数据类型	Single（单精度）	4	-3.402823×10^{38}～$+3.402823 \times 10^{38}$
	Double（双精度）	8	−1.79769313486232E308～+1.79769313486232E308
	Decimal（小数型）	16	-2^{92}～$2^{92}-1$

表 2-2 值类型字符

值类型字符	数据类型
S	Short（短整型）
I	Integer（整型）
L	Long（长整型）
F	Single（单精度）
R	Double（双精度）
D	Decimal（小数型）

1. 整型数据类型

整型数据类型包括 Byte、Short、Integer 和 Long，用来表示不带小数点的数，可以是正整数、负整数和零。

【例 2-2】 下面是 3 个整型数据类型示例。

524S 表示的是一个短整型数据，数据大小为 524，占 2 个字节；

524I 表示的是一个整型数据，数据大小为 524，占 4 个字节；

524L 表示的是一个长整型数据，数据大小为 524，占 8 个字节。

2. 实型数据类型

实型数据类型(又称浮点数据类型)用来表示带有小数点的数,它有 Single、Double 和 Decimal 三种数据类型。VB.NET 中的实数,既可以用一般形式的小数表示,也可以采用以 10 为底的指数形式表示。如 123.0 和 0.557 是用小数形式表示的实数,1.43E+20 是用指数形式表示的实数,代表 1.43×10^{20}。

【例 2-3】 下面是 3 个实型数据类型示例。

1.23F 代表的是单精度数据 1.23,占 4 个字节;

1.23R 代表的是双精度数据 1.23,占 8 个字节;

1.23D 代表的是小数型数据 1.23,占 16 个字节。

3. 布尔数据类型

布尔数据类型用 Boolean 表示,以 16 位(2 个字节)的数值形式存储,但其值只能是 True 或 False。当其他数值类型转换为 Boolean 值时,0 会转换为 False,而其他的值则转换为 True。当将 Boolean 值转换为其他的数据类型时,False 转换为 0,而 True 转换为 −1。

4. 日期数据类型

日期数据类型用 Date 表示,以 64 位(8 个字节)的长整型数值形式存储。其表示日期的范围从公元 1 年 1 月 1 日到 9999 年 12 月 31 日,时间从 00:00:00 到 23:59:59。Date 变量每加 1,都代表 100ns 的时间间隔。

Date 型数据依赖于区域设置,任何可识别的日期格式所表示的日期值,都可以存储为 Date 类型数据。日期型数据使用时,要注意必须使用"♯"括起来,否则,VB.NET 不能正确识别。例如,♯11/25/2003♯、♯2004.7.26♯、♯08/08/1998 08:30:02PM♯ 等均是有效的日期型数据。

5. 对象数据类型

对象数据类型用 Object 表示,以 4 个字节的地址形式存储,即 Object 数据类型只记录某一个数据的地址,并不真正记录那个数据。如果应用程序中使用了没有定义数据类型的变量,VB.NET 会默认它是 Object 类型。Object 类型的变量可以指向任何类型的数据,这就意味着 Object 类型的变量,可以存放各种系统定义的数据类型的数据(如可以存放数值、字符串、日期及布尔值等任何类型的数据)。但是,Object 数据的运算速度比其他类型要慢得多,因此,在应用程序中如果能确定数据类型,就应使用特定的类型,以便应用程序具有较好的运行效果,只有在需要时才使用 Object 类型。

2.2 常量和变量

取值不变的量称为常量,取值可变的量称为变量。在程序运行时必须为程序中所用到的常量和变量分配内存空间,用于存放数据。常量和变量都应该有名称,以便把这个量与所占用的内存空间联系起来,这样程序中才能引用,进而读取或设置它们的值。

2.2.1 常量

所谓常量是指在程序运行过程中其值不变的量。常量可以分成两大类,一类是直接常量,由书写规律决定;一类是符号常量,必须先定义后使用。

1. 直接常量

直接常量包括字符串常量、数值常量、布尔常量和日期常量。VB.NET 在判断常量类型时有时存在多义性,为此 VB.NET 中提供了一些类型说明符,用来清晰、快捷地指明数据的类型,如表 2-3 所示。

例如,值 3.78 可能是单精度类型,也可能是双精度类型或小数类型。在默认情况下,VB.NET 将选择需要内存容量最小的表示方法,值 3.78 通常被作为单精度数处理;如果表示成 3.78#,则该数值作为双精度数处理。

表 2-3 VB.NET 的类型说明符

类 型 名	说 明 符	类 型 名	说 明 符
Integer(整型)	%	Double(双精度型)	#
Long(长整型)	&	Decimal(大浮点数型)	@
Single(单精度型)	!	String(字符串型)	$

2. 符号常量

在应用程序设计中,常常需要用到一些固定不变的数据,如圆周率,对于这些数据应将它们定义为符号常量。在 VB.NET 中,可使用 Const 语句定义符号常量。

格式:

Const 常量名[As 数据类型] = 表达式

功能:定义由"常量名"指定的符号常量。

说明:

① 常量名是标识符,它的命名规则如下。
● 名字只能由字母、数字和下划线组成。
● 名字的第一个字符必须是英文字母。
● 名字的有效字符为 255 个。

在 VB.NET 中,常量名、变量名、过程名等的命名都必须遵循上述规则。

VB.NET 不区分大小写,即 Hello,HELLO,hello 指的是同一名字。也就是说,在定义一个常量后,只要字符相同,则不管其大小写是否相同,指的都是这个常量。为了便于阅读,每个单词开头的字母一般用大写,即大小写混合使用组成常量名(或其他名字)。此外,习惯上,符号常量一般用大写字母定义。

② 在声明符号常量时,可以在常量名后面加上类型说明符,例如,Const NUM% = 1000,这里的 NUM 是常量名,常量的类型是整型,常量的值是 1000。

③ 当在程序中引用符号常量时,通常省略类型说明符。

④ "As 数据类型"用于说明常量的数据类型,若省略此项,则常量的数据类型由表达式决定。"表达式"可以是文字常量、符号常量和运算符组成的表达式,不能是变量或函数。

⑤ 如果同时定义多个符号常量,常量之间要用逗号隔开。

【例 2-4】 定义符号常量示例。

```
Const PI = 3.14159              '定义一个符号常量 PI,是单精度浮点型
Const L As Integer = 10,M = 3 + 5  '定义一个符号常量 L,是整型;定义一个符号常量 M,该常量
                                 依赖于右侧算术表达式的值
```

使用符号常量有两个好处:一是方便程序的编写;二是当要改变符号常量代表的数据时,只需改变定义常量的语句,而不需要改变每个用到该数据的语句,这样可提高编程的效率。

2.2.2 变量

所谓变量是指在程序运行过程中其值可以变化的量。每个变量应有一个名字,变量的命名应符合标识符的规定。在程序中,变量通常用来存放中间结果,因数据类型不同,变量所占用的存储空间也不同。

在使用变量之前,应先声明变量。在声明变量的同时还可以给变量赋初值。变量的声明方法有显式声明和隐式声明两种。

1. 变量的显式声明

变量的显式声明语句的一般格式如下。

格式:

Declare 变量名 As 数据类型 [= 初值]

功能:声明一个由"变量名"指定的变量,并可以给它赋初值。

说明:

① 语句中的 Declare 可以是 Dim、Public、Protected、Friend、Private、Shared 和 Static。本节只涉及 Dim。

② "数据类型"可以是基本数据类型,也可以是用户自定义的类型。

③ "初值"用来定义变量的初值。如果在声明变量的时候没有给变量赋初值,VB.NET 就用数据类型的默认值来给出初始值,各种数据类型的默认值如下。

- 所有的数值类型(包括 Byte)的默认值为 0。
- Char 类型的默认值为二进制 0。
- Object 类型和 String 类型的默认值为 NULL。
- Boolean 型的默认值为 False。
- Date 型的默认值为 12:00:00 AM,January 1,1。

> 📖 **提示:**
>
> 使用 Declare 语句可以同时定义多个变量。如果多个变量的数据类型是一样的,那么可以使用一个 As 来指定数据类型,而各变量间用逗号分开;如果各变量的数据类型不同,则可以使用 As 分别指定变量的数据类型。但是使用同一个 As 来定义多个变量时,就不能给多个变量同时赋初值。

【例 2-5】 变量的显式声明。

```
Dim x, y, z As Single                          '定义 3 个单精度变量 x,y,z
Dim k As Integer = 6, m As Integer = 14        '定义两个实型变量 k 和 m,并给它们赋初值
Dim xx, yy, zz As Double = 168.5               '这是错误的,不能给多个变量同时赋一个初值
```

变量声明后只能在一定范围内使用,变量的使用范围称变量的作用域,关于变量的作用域问题,将在第 5 章中进行详细讲解。

2. 变量的隐式声明

在 VB.NET 中,还可以采用在变量名后面加上一个用于规定变量类型的说明符,直接确定变量的类型。VB.NET 规定的类型说明符见表 2-3 所示。

【例 2-6】 变量的隐式声明示例。

```
Sum % = 123              '定义 Sum 为整型变量并赋值为 123
Amount ! = 876.98        '定义 Amount 为单精度变量,并赋值为 876.98
Str $ = "中国人民"        '定义 Str 为字符串变量,并赋值为中国人民
```

3. Option Explicit 语句

如果在类模块、窗体模块或标准模块的开头加入以下语句:

```
Option Explicit Off
```

那么,在使用一个变量之前就不必声明该变量,VB.NET 把遇到的每一个没有定义的标识符均看做一个变量。图 2-1 中,是在程序的开头部分输入了"Option Explicit Off"的情况。

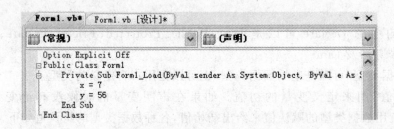

图 2-1 窗体的声明部分

图 2-1 所示表示在没有声明 x 和 y 的前提下,直接给它们赋值,这时系统将自动创建 x、y 这两个变量。

如果希望在使用每一个变量之前,均必须声明,可在类模块、窗体模块或标准模块的开头加入以下语句:

```
Option Explicit On
```

这样,系统只要遇到一个未明确声明当成变量的名字,就会发出错误警告,这也是 VB.NET 的默认设置。

2.3 常用内部函数

VB.NET 的内部函数是为了完成一定任务而专门设计的各种命名程序。函数通常都带有参数,以表示所处理的数据。一个函数在执行完它的任务之后,一般情况下要返回一个值,称为函数的返回值。可以把 VB.NET 常用的内部函数分为数学函数、字符处理函数、类型转换函数、随机函数和日期时间函数五大类。

2.3.1 数学函数

数学函数包含在 Math 类中,使用时应在函数名之前加上"Math.",如 Math.Sin(3.1)。下面重点介绍 Math 类中的数学函数,常用的数学函数如表 2-4 所示。

表 2-4 常用数学函数

函 数	功 能	示 例
Sin(x)	返回自变量 x 的正弦值	Sin(2.1415926/2)=1.0
Cos(x)	返回自变量 x 的余弦值	Cos(0.0)=1.0
Tan(x)	返回自变量 x 的正切值	Tan(3.1415926/4)=1.0
Atan(x)	返回自变量 x 的余切值	Atan(1)=0.78539
Abs(x)	返回自变量 x 的绝对值	Abs(-2)=2
Sqr(x)	返回自变量 x 的平方根。自变量 x 必须大于或者等于 0	Sqr(36)=6
Exp(x)	返回以 e 为底以 x 为指数的值,即求 e 的 x 次方	Exp(0)=1
Sign(x)	函数的返回值有 3 种:当 x 为负数的时候,返回值是 -1;当 x 的值为 0 的时候,返回值也为 0;当 x 的值为正数的时候,返回值是 1	Sign(-5)=-1 Sign(0)=0 Sign(5)=1

2.3.2 字符处理函数

VB.NET 提供了大量的字符处理函数,这些函数主要用于字符的处理。字符处理函数可以直接调用,常用的字符处理函数如表 2-5 所示。

表 2-5 常用字符处理函数

函 数	功 能	示 例
LTrim$($x$)	去掉字符串 x 左边的空白字符	LTrim(" Good Morning ")="Good Morning "
RTrim$($x$)	去掉字符串 x 右边的空白字符	RTrim(" Good Morning ")=" Good Morning"
Trim$($x$)	去掉字符串 x 两边的空白字符	Trim(" Good Morning ")="Good Morning"
Mid$($x$, p, n)	从第 p 个字符开始,在字符串 x 中向后截取 n 个字符	Mid("ABCDEF", 2, 3)="BCD"

(续表)

函数	功能	示例
Len(x)	测试字符串 x 的长度	Len("abc")=3
LCase$($x$)	将 x 中的所有大写字母转换成小写字母,返回转换后的字符串	LCase("Visual Basic.NET")="visual basic.net"
UCase$($x$)	将 x 中的所有小写字母转换成大写字母,返回转换后的字符串	UCase("visual basic.net")="VISUAL BASIC.NET"
InStr([n],Str1,Str2)	从字符串 Str1 的第 n 个字符开始查找子串 Str2 最先出现的位置,若存在,返回位置值;若不存在,返回 0。省略 n 时,默认为 1	InStr(2,"Visual Basic.Net","Basic")=8
Space(n)	生成一个由 n 个空格组成的字符串	Space(5)=" "

> **注意:**
> 函数名后的类型说明符 $ 可以省略。

2.3.3 类型转换函数

需要重点掌握的类型转换函数如表 2-6 所示。

表 2-6 常用类型转换函数

函数	功能	示例
Int(x)	求不大于自变量 x 的最大整数	Int(5.2)=5
Fix(x)	去掉一个浮点数的小数部分,保留其整数部分	Fix(5.67)=5
Hex(x)	把一个十进制数转换为十六进制数	Hex(13)=D
Oct(x)	把一个十进制数转化为八进制数	Oct(13)=15
Asc(x)	返回字符串中第一个字符的 ASCII 码	Asc("abc")=97
Chr(x)	把 x 的值转换为相应的 ASCII 字符	Chr(98)="b"
Val(x)	把字符串转换为数值	Val(" 56")=56
Str(x)	把 x 的值转化为一个字符串	Str(56)=" 56"
CDate(x)	将有效的日期字符串转换成日期	CDate("2013-8-9")=2013-8-9
CInt(x)	将数值型数据 x 的小数部分四舍五入取整	CInt(−153.68)=−154 CInt(153.68)=154 CInt(153.2)=153
CStr(x)	将 x 转换成字符串型,若 x 为数值型,则转为数字字符串(对于正数符号位不予保留)	CStr(+1234)=1234 CStr(−1684.51)=−1684.51

2.3.4 随机函数

随机函数 Rnd(x) 可以产生一个[0,1)之间的单精度浮点数。若要产生一个[a,b]间整数,可以采用公式:Int(Rnd * (b-a+1)+a)。如果在一个应用程序中,不断地产生随机数,同一个序列的随机数可能会反复出现,这时可以用 Randomize 语句来解决这个问题。

2.3.5 日期时间函数

需要重点掌握的日期时间函数如表 2-7 所示。

表 2-7 常用日期时间函数

函　数	功　能	示　例
Month(Date Value)	返回 Date 类型 Date Value 中的月份	Month(#8/10/2013 3:23:26 PM#)=8
Year(Date Value)	返回 Date 类型 Date Value 中的年份	Year(#8/10/2013 3:23:26 PM#)=2013 Year(Now())=2013
Hour(Date Value)	返回 Date 类型 Date Value 中的小时(0~23)	Hour(#8/10/2013 3:23:26 PM#)=15
Minute(Date Value)	返回 Date 类型 Date Value 中的分钟(0~59)	Minute(#8/10/2013 3:23:26 PM#)=23
Second(Date Value)	返回 Date 类型 Date Value 中的秒(0~59)	Second(#8/10/2013 3:23:26 PM#)=26
Now()	返回系统当前的日期和时间	Now()=2013-8-10 15:23:26

2.4　运算符和表达式

运算(即操作)是对数据进行加工和处理的过程,有运算就必须要有运算符,所以,表示某种运算的符号称其为运算符。表达式是由运算符和运算对象所组成的式子,用来描述对什么数据、按什么顺序、进行什么运算。VB.NET 提供了丰富的运算符,可以构成多种表达式。根据运算符的运算对象和运算结果的特点,可以把运算符分成算术运算符、关系运算符、逻辑运算符等几类,相应的表达式也可分为算术表达式、关系表达式、逻辑表达式等。

2.4.1 算术运算符和表达式

算术运算符是常用的运算符,用来执行简单的算术运算。VB.NET 中常用的算术运算符有:加法运算符、减法运算符、乘法运算符、除法运算符、取负运算符、指数运算符、整除运算符、取余运算符和连接运算符。表2-8按运算顺序列出了这些算术运算符。

表2-8 VB.NET算术运算符

运　算	运　算　符	表达式例子
指数	^	X^Y
取负	-	-X
乘法	*	X*Y
浮点除法	/	X/Y
整数除法	\	X\Y
取模	Mod	X Mod Y
加法	+	X+Y
减法	-	X-Y
连接	&	X$ & Y$

1. 指数运算符

指数运算符用来计算乘方和方根,其运算符为"^"。

【例2-7】　指数运算表达式示例。

10 ^ 2　　　'10的平方

其返回值为100。

10 ^ -2　　　'10的-2次方

其返回值为0.01。

25 ^ 0.5　　　'25的平方根

其返回值为5。

8 ^ (1/3)　　　'8的立方根

其返回值为2。

> **注意:**
> 当指数是一个表达式时,必须加上括号。例如,X的Y+Z次方,必须写作X^(Y+Z),不能写成X^Y+Z,因为"^"的优先级比"+"高。

2. 浮点数除法与整数除法

浮点数除法运算符(/)执行标准除法操作,返回值为浮点数。

整数除法运算符(\)执行整除运算,返回值为整型值。整除的操作数一般为整型值。当操作数带有小数时,首先进行四舍五入得到整型数,然后再进行整除运算。

【例2-8】 浮点数除法与整数除法运算表达式示例。

3/2   '与数学中的除法一样

其返回值为1.5。

5\2   '整除结果舍掉小数部分

其返回值为2。

25.63\6.78   '首先把两个操作数进行四舍五入,25.63四舍五入后得到26,6.78四舍五入后得到
               7,然后进行25\7的运算

其返回值为3。

3. 取模运算

取模运算也叫做取余运算,它的运算符很特殊,用Mod来表示。取模运算就是第一个操作数整除第二个操作数所得到的余数。如果除数和被除数都为整数类型,则返回值为整数;如果除数和被除数为浮点数类型,则返回值为浮点数。

【例2-9】 取模运算表达式示例。

7 Mod 4

其返回值为3。

100.3 Mod 4.13

其返回值为1.18。

4. 连接运算符

连接运算符包括"&"和"+"两个运算符,它们的作用是将两个操作数连接起来,成为一个字符串,操作对象可以是字符型、数值型和可变型数据。

其中,"&"是将参与运算的两个数据强制性地按字符串类型连接在一起,生成一个新的字符串。参与运算的两个数据可以是字符型、数值型和可变型数据。

"+"是直接将两个字符串从左至右原样连接,生成一个新的字符串。参与运算的两个数据必须是字符型数据。

【例2-10】 连接运算表达式示例。

"Visual Studio"&2008

其返回值为"Visual Studio2008"。

"Visual Basic" + ".NET"

其返回值为"Visual Basic.NET"。

5. 算术运算符的优先级

算术运算符优先级顺序从高到低依次为指数运算、取负运算、乘除运算、整除运算、

取模运算、加减运算、字符串连接运算。

【例 2-11】 算术运算符优先级示例。

```
14 \ 5 * 2 + 27 ^2 / 3
```

在这个例题中,共出现了 5 个算术运算符,它们分别是整除运算符、乘法运算符、加法运算符、指数运算符和除法运算符。

根据算术运算符的优先级顺序,在这个表达式中,最先运算的是指数运算(27^2);然后是乘法(5 * 2)和除法运算(27^2 的结果除以 3);接着是整除运算;最后是加法运算。即

$$14 \backslash 5 * 2 + 27 \wedge 2 / 3$$
$$= 14 \backslash 5 * 2 + 729 / 3$$
$$= 14 \backslash 10 + 243$$
$$= 1 + 243$$

因此表达式的结果为 244。

【例 2-12】 编写一个程序,程序的设计界面如图 2-2 所示。程序运行时在程序界面中输入圆的半径,单击"运算"按钮将计算出圆的周长和面积并显示出运算结果。

图 2-2 程序的设计界面

【实现方法】

在两个 TextBox 控件中分别输入圆的半径(r)、圆周率(以下用 pi 来表示圆周率),然后根据下面的公式求出圆的周长及面积:

$$C = 2 * pi * r$$
$$S = pi * r * r$$

求出圆的周长和面积后,在相应的 TextBox 控件中显示出来。

【操作步骤】

① 启动 VS。

② 选择"文件"→"新建项目"选项,弹出"新建项目"对话框。在该对话框的"项目类型"中选择"Visual Basic"下的"Windows",在"模板"选项中选择"Windows 窗体应用程

序",在"名称"文本框中输入项目的名称,本例为"2—求圆周长和面积",如图 2-3 所示。

图 2-3 "新建项目"对话框

③ 单击"确定"按钮后,在 VS 的窗口中会自动新建一个名称为"Form1"的窗体,如图 2-4 所示。

图 2-4 新建项目后的 VS 的窗口界面

④ 将鼠标光标移至窗口左侧的"工具箱"按钮上,在弹出的工具箱中双击 TextBox,即可在 Form1 窗体中插入一个文本框控件 TextBox1。将鼠标光标移至它的正上面,这时光标变成 4 个方向的箭头形状,如图 2-5 所示,按住鼠标左键,可以将其移动到合适的位置。使用相同的方法,创建出另外 3 个文本框控件,并将其移动到合适的位置。

⑤ 将鼠标光标移至窗口左侧的"工具箱"按钮上,在弹出的工具箱中单击 A Label,移动鼠标光标至 Form1 窗体中的合适位置,单击鼠标左键即可在 Form1 窗体中插入一个标签控件 Label1。在窗口右侧的"属性"窗口中,设置它的 Text 属性为"圆半径",如图 2-6 所示。使用相同的办法,创建出另外 3 个标签控件,并将其移动到合适的位置。

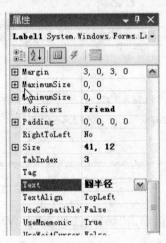

图 2-5 光标置于 TextBox1 控件上的形状　　图 2-6 Label1 的属性

⑥ 将鼠标光标移至窗口左侧的"工具箱"按钮上,在弹出的工具箱中单击 Button,移动鼠标光标至 Form1 窗体中的合适位置,单击鼠标左键即可在 Form1 窗体中插入一个按钮控件 Button1。在窗口右侧的"属性"窗口中,设置它的 Text 属性为"运算"。设计好的界面见图 2-2 所示。

⑦ 双击"运算"按钮,进入代码窗口。窗口中自动生成的代码如下:

```
Public Class Form1
    Private Sub Button1_Click(ByVal sender As System.Object, ByVal e As System.EventArgs)_
    Handles Button1.Click
    End Sub
End Class
```

在光标所在的位置输入代码,则"运算"按钮单击事件的代码如下:

```
Private Sub Button1_Click(ByVal sender As System.Object, ByVal e As System.EventArgs)_
Handles Button1.Click
    Dim r As Single, pi As Single, S As Single, C As Single   '定义变量依次用来存放圆半径、
                                                              圆周率、圆面积和圆周长
    '下面的"="是将右面的运算结果赋值给左面的变量,即右面的值为多少,变量的值即为多少
```

```
    r = Val(TextBox1.Text)      '将用户输入在 Textbox1 中的数据,用 Val()函数转换成数值型
                                 数据作为半径赋值给 r 变量
    pi = Val(TextBox2.Text)     '将用户输入在 Textbox2 中的数据,用 Val()函数转换成数值型
                                 数据作为圆周率赋值给 pi 变量
    C = 2 * pi * r              '计算出圆周长
    S = pi * r * r              '计算出圆面积
    TextBox3.Text = CStr(C)     '将变量 C 的数值数据,用 CSt()函数转换成字符型数据赋值给
                                 TextBox3
    TextBox4.Text = CStr(S)     '将变量 S 的数值数据,用 CSt()函数转换成字符型数据赋值给
                                 TextBox4
End Sub
```

⑧ 单击常用工具栏中的 ▶ 按钮(或按下键盘的 F5 键),运行的窗口界面见图 2-2 所示。在前两个文本框中分别输入圆半径和圆周率为 3 和 3.141,然后单击"运算"按钮,运算结果界面如图 2-7 所示。

图 2-7 程序的运行结果

> 📖 **提示:**
> 读者可以在运行时输入其他圆半径及圆周率的值试一试,可以将 pi 定义为常量。

2.4.2 关系运算符和表达式

关系运算符也称比较运算符,用来对两个表达式的值进行比较,比较的结果是一个逻辑值,也就是布尔值,即真(True)和假(False)。

VB.NET 提供的常用关系运算符有:等号、不等号、小于号、大于号、小于或等于号、大于或等于号、比较样式和比较对象变量,如表 2-9 所示。

表 2-9 VB.NET 关系运算符

运算符	测试关系	表达式例子
=	等于	X=Y
<>或><	不等于	X<>Y 或 X><Y
<	小于	X<Y
>	大于	X>Y
<=	小于或等于	X<=Y
>=	大于或等于	X>=Y
Like	比较样式	
Is	比较对象变量	

用关系运算符连接的表达式叫关系表达式。关系表达式的结果是一个布尔类型的值，即 True 和 False。VB.NET 把任何非 0 值都认为是"真"。

所有的关系运算符的优先级是一样的，比较时注意以下规则。

(1) 如果关系运算符两边都是数值型数据，则按其大小比较。

(2) 如果关系运算符两边都是字符串型数据，则按字符的 Unicode 代码值从左向右逐个比较。换句话说，首先比较两个字符串的第一个字符，其 Unicode 代码值大的字符串大，如果相等，则比较第二个字符，依此类推，直到出现不同的 Unicode 代码值的字符为止。如果两个字符串的所有字符均相等，则两个字符串相等。

【例 2-13】 关系运算表达式示例。

5>3

其运算结果为 True。

"Visual studio"<"Visual Studio"

其运算结果为 False。

因为出现的第一个不同的字母为第二单词 studio 中的 s 字母，第一个字符串中的为小写，第二个字符串中的为大写，而小写字母 s 的 Unicode 代码值为 115，大写字母 S 的 Unicode 代码值为 83，115<83 是错的，所以运算结果为 False。

2.4.3 逻辑运算符和表达式

逻辑运算也称布尔运算。用逻辑运算符连接两个或多个关系表达式，组成一个布尔表达式。VB.NET 提供的常用逻辑运算符有：与(And)、或(Or)、非(Not)、异或(Xor)。

1. And(与)

与运算，是对两个关系表达式的值进行比较，如果两个表达式的值均为 True，结果才为 True，否则为 False。

2. Or(或)

或运算，是对两个表达式进行比较，如果其中某一个表达式的值为 True，结果就为

True;只有两个表达式的值均为 False 时,结果才为 False。

3. Not(非)

非运算,由真变假或由假变真,进行取"反"运算。

4. Xor(异或)

如果两个表达式同时为 True 或同时为 False,则结果为 False,否则为 True。

表 2-10 VB.NET 逻辑运算真值表

X	Y	Not X	X And Y	X Or Y	X Xor Y
True	True	False	True	True	False
True	False	False	False	True	True
False	True	True	False	True	True
False	False	True	False	False	False

逻辑运算符的优先级从高到低依次为

$$Not \rightarrow And \rightarrow Or \rightarrow Xor$$

【例 2-14】 逻辑运算表达式示例。

(3>8) And (5<6)

其返回值为 False。

(3>8) Or (5<6)

其返回值为 True。

Not (3>8)

其返回值为 True。

(3>8) Xor (5<6)

其返回值为 True。

2.4.4 表达式的执行顺序

一个表达式可能有多种运算,计算机会按照一定的顺序对表达式求值。一般运算的先后顺序如下:

(1)先进行函数运算和括号里的运算;

(2)再进行算术运算;

(3)然后进行关系运算;

(4)最后进行逻辑运算。

至此已经介绍了各种运算符,当在一个表达式中出现多种运算符时,可按照图 2-8 所示的优先级别进行运算。对于相同类型的多个运算符,按各自的优先级进行运算。

图 2-8 不同运算符的优先级

根据以上运算顺序,无论表达式中包含了多少种运算符,都可以按照规则——求解出来。

> **提示:**
> (1)如果运算级别相同的运算符(如乘法和除法运算符)同时出现在表达式中,可按照从左向右的顺序进行计算。
> (2)括号内的运算总是优于括号外的运算。
> (3)加法运算符可以作为字符串连接运算符,但是字符串连接运算符不允许作为算术运算符。
> (4)当幂运算和负号遇到一起时,负号优先。

此外,在书写表达式的时候,还应该注意以下几点:
(1)乘号绝对不能省略,也不能用其他符号代替;
(2)一般情况下,不允许两个运算符挨在一起,应当用括号隔开;
(3)在表达式中只能使用圆括号,绝对不能使用方括号或者花括号。

【例 2-15】 编写一个程序计算下列表达式的值,程序运行时在程序界面单击"运算"按钮,将显示出运算结果。
① 5+9*2-3^2+1 And 0 <0
② ((Not 5 Or 0) <=10)+3

【实现方法】
在 VS 窗体中设计出两个标签控件用来显示上面两个表达式,再插入两个文本框控件用来显示运算结果,程序代码写在按钮控件中。

【操作步骤】
① 启动 VS。
② 选择"文件"→"新建项目"选项,弹出"新建项目"对话框。在该对话框的"项目类型"中选择"Visual Basic"下的"Windows",在"模板"选项中选择"Windows 窗体应用程序",在"名称"文本框中输入项目的名称,本例为"2-表达式的运算"。
③ 单击"确定"按钮,在 VS 的窗口中会自动新建一个名称为 Form1 的窗体,在"属性"窗口中设置 Form1 的 Text 属性为"表达式的运算"。
④ 将鼠标光标移至窗口左侧的"工具箱"按钮上,在弹出的工具箱中单击 TextBox,移动鼠标光标至 Form1 窗体中的合适位置,单击鼠标左键即可在 Form1 窗体中插入一个文本框控件。使用相同的方法,创建出另一个文本框控件,将这两个文本框控件移动到合适的位置。
⑤ 将鼠标光标移至窗口左侧的"工具箱"按钮上,在弹出的工具箱中单击 A Label,

移动鼠标光标至 Form1 窗体中的合适位置,单击鼠标左键即可在 Form1 窗体中插入一个标签控件 Label1。在窗口右侧的"属性"窗口中,设置它的 Text 属性为"① 5+9*2-3^2+1 Or 0 <0="。使用相同的办法,创建出另外一个标签控件,设置它的 Text 属性为"② ((Not 5 Or 0) <=10)+3=",将这两个标签控件移动到合适的位置。

⑥ 将鼠标光标移至窗口左侧的"工具箱"按钮上,在弹出的工具箱中单击 Button ,移动鼠标光标至 Form1 窗体中的合适位置,单击鼠标左键即可在 Form1 窗体中插入一个按钮控件 Button1。在窗口右侧的"属性"窗口中,设置它的 Text 属性为"运算"。设计好的界面如图 2-9 所示。

⑦ 双击"运算"按钮,进入代码窗口。窗口中自动生成的代码如下:

```
Public Class Form1
    Private Sub Button1_Click(ByVal sender As System.Object, ByVal e As System.EventArgs)_
    Handles Button1.Click
    End Sub
End Class
```

在光标所在的位置输入代码,则"运算"按钮单击事件的代码如下:

```
Private Sub Button1_Click(ByVal sender As System.Object, ByVal e As System.EventArgs)_
Handles Button1.Click
    TextBox1.Text = 5 + 9*2 - 3^2 + 1 And 0 < 0      '将表达式①的运算结果赋值给
                                                       TextBox1.Text
    TextBox2.Text = ((Not 5 Or 0) <= 10) + 3         '将表达式②的运算结果赋值给
                                                       TextBox2.Text
End Sub
```

⑧ 单击常用工具栏中的 ▶ 按钮(或按下键盘的 F5 键),运行的窗口界面如图 2-9 所示,单击"运算"按钮,运算结果如图 2-10 所示。

图 2-9 程序的设计界面

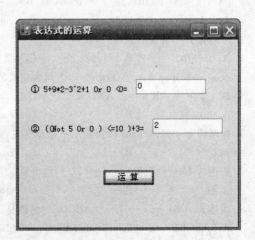

图 2-10 程序的运行界面

> **提示：**
> 这两个表达式涉及多种运算符，在运算过程中要注意它们的运算顺序，具体运算过程请读者自行分析。

小 结

本章较为系统地介绍了 VB.NET 的数据类型、常量和变量常用的内部函数以及运算符与表达式的使用方法，并且通过表格和例题的形式对主要知识点进行详细的讲解，加强了读者对其内容的理解。本章的主要内容如下：
- 字符、数值、布尔、日期和对象等基本数据类型。
- 常量和变量的定义及使用格式与方法。
- 数学函数、字符处理函数、类型转换函数、随机函数、日期时间函数等常用内部函数。
- 常用的算术运算符、关系运算符、逻辑运算符及其构成的表达式的运算顺序。

练 习 题

选择题

1. 在 VB.NET 中认为两个变量名相同的选项是（　　）。
   A. English 和 Eng_lish　　B. English 和 ENGLISH
   C. English 和 Engl　　D. English 和 England
2. 可以在常量的后面加上类型说明符以显示常量的类型，可以用（　　）表示字符型常量。
   A. #　　B. %　　C. $　　D. !
3. 设 a = 2, b = 3, c = 4, d = 5，下列表达式的值是（　　）。
   NOT a <= c OR 4 * c = b^2 AND b <> a + c
   A. -1　　B. 1　　C. True　　D. False
4. 下列是日期常量的是（　　）。
   A. "2/1/02"　　B. 2/1/02　　C. #2/1/02#　　D. {2/1/02}
5. 设 a = 2, b = 3, c = 4, d = 5，下列表达式的值是（　　）。
   3 > 2 * b OR a = c AND b <> c OR c > d
   A. -1　　B. 1　　C. True　　D. False
6. 如果将布尔常量 True 赋值给一个整型变量，则整型变量的值为（　　）。
   A. 0　　B. -1　　C. True　　D. False
7. 表达式 Int(-17.8) + Sign(17.8) 的值是（　　）。
   A. 18　　B. -17　　C. -18　　D. -16
8. 表达式 Abs(-5) + Len("ABCDE") 的值是（　　）。
   A. 5ABCDE　　B. -5ABCDE　　C. 10　　D. 0
9. 函数 Mid("SHANGHAI", 6, 3) 的值是（　　）。
   A. SHANGH　　B. SHA　　C. ANGH　　D. HAI

第 2 章 VB.NET 语言基础

10. 函数 InStr("VB程序设计教程","程序")的值为(   )。
    A. 1   B. 2   C. 3   D. 4
11. 函数 Ucase(Mid("visual basic.net",8,5))的值为(   )。
    A. visual   B. basic   C. VISUAL   D. BASIC
12. 表达式(−1) * Sign(−100 + Int(Rnd * 100))的值是(   )。
    A. 0   B. 1   C. −1   D. 随机数

填空题

1. 表达式 chr(65)的返回值是(   )。
2. 表达式 Int(12345.6789 * 100 + 0.5)/100 的返回值是(   )。
3. 将数学表达式 $a(7+b)*C^2$ 写成 VB.NET 表达式为(   )。
4. 在 VB.NET 中,字符串常量要用(   )括起来,日期/时间型常量要用(   )括起来。

编程题

1. 编写一个程序计算梯形的面积值,程序运行时在程序界面单击"运算"按钮,将显示出运算结果。
2. 编写一个程序计算表达式"14 Or 5+6/8 And 10>=1"的值,程序运行时在程序界面单击"运算"按钮,将显示出运算结果。
3. 编写一个程序计算出一个4位十进制数各位数字的和,程序运行时在程序界面单击"运算"按钮,将显示出运算结果。
4. 编写一个程序计算一个三角形的面积和周长,程序运行时在程序界面单击"运算"按钮,将显示出运算结果。

第 3 章 结构化程序设计

在程序设计中经常需要根据不同的情况采用不同的处理方法,程序的功能不仅取决于所使用的语句还取决于语句的执行顺序。任何一个程序或者软件最终都可以由3种结构来描述:顺序、选择和循环。有了顺序结构,程序才能按照程序代码由始至终地运行;有了选择结构,程序才能有类似于人类"思维"的功能进行方向上的选择;有了循环结构,我们才能从很多繁琐的工作中解脱出来,让计算机去执行、去工作。本章将详细介绍这3种控制结构。

3.1 顺序结构

顺序结构是一种线性结构,是程序设计中最简单、最常用的基本结构。在该结构中,各语句按照出现的先后顺序,依次执行。通常一个事件过程总体上就是一个顺序结构。其执行流程如图 3-1 所示。

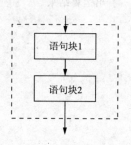

图 3-1 顺序结构

3.1.1 简单赋值语句

简单赋值语句的格式如下:

变量名|对象属性名 = 表达式

功能:将"表达式"的值赋值给"变量"或者"对象的属性"。

【例 3-1】 简单赋值语句示例。

```
X = 68                                  ' 把数值 68 赋值给变量 X
TextBox1.Text = "请在这里输入用户信息!"    ' 在文本框 TextBox1 中显示"请在这里输入用户
                                          信息!"
```

3.1.2 复合赋值语句

复合赋值语句的格式如下:

变量名 复合赋值运算符 表达式

功能:将"表达式"的值与"变量"的值经过运算再赋值给"变量"。
说明:复合赋值运算符有＋＝、－＝、＊＝、/＝。

【例 3-2】 复合赋值语句示例。

```
X+ =5          '等价于 X=X+5,即把 X 原来的值加上 5 再赋值给 X 变量
N* =6+3        '等价于 N=N*(6+3),即把 N 原来的值乘以 9 再赋值给 N 变量
```

3.1.3 数据的输入

数据的输入格式如下:

InputBox(prompt[,title][,default][,xpos][,ypos])

功能:InputBox()函数提供了一种和用户交互的语句,在对话框中显示提示信息,等待用户输入文本和单击按钮,返回包含相关内容的字符串。

说明:

(1)prompt 是对话框中的提示文字;title 为对话框的标题;default 为显示在输入文本框中的默认内容,若省略则显示空串;xpos、ypos 是对话框在屏幕上显示的横、纵坐标。

(2)在使用该函数时,只有第一项 prompt 是必须写的,其他都是可以省略的。但要注意如果省略一部分参数,被省略的参数必须用占位符(逗号)跳过。

(3)提示文字(prompt)的最大长度为 1024 个字符,在对话框中显示这些提示信息时会自动换行。如果想按自己的要求换行,必须在提示信息中插入回车换行 Chr(13)＋Chr(10)来实现。也可以用 VB.NET 的常量"vbCrLf"来代替。

(4)默认情况下该函数的返回值为字符串型,如果用户没有输入而直接按回车,则返回为空字符串。

【例 3-3】 数据的输入示例。

```
InputBox("请在这里输入学生的数学分数!","输入成绩",60)
InputBox("请在这里输入学生的数学分数!",  ,90,100,360)
```

第一条 InputBox 语句的运行结果如图 3-2 所示。该例题中"请在这里输入学生的数学分数!"是提示文字,显示在对话框中;"输入成绩"是设置对话框的标题,显示在蓝色的标题栏中;"60"是显示在输入文本框中的默认内容。

图 3-2 第一条 InputBox 语句的运行结果

第二条 InputBox 语句的运行结果如图 3-3 所示。该例题中"请在这里输入学生的数学分数!"是提示文字,显示在对话框中;后面没有设置对话框的标题,因此在图 3-3 中

的标题栏显示的是工程的名字 WindowsApplication1;"90"是显示在输入文本框中的默认内容;"100"和"360"是程序运行时对话框在屏幕上显示的横、纵坐标。

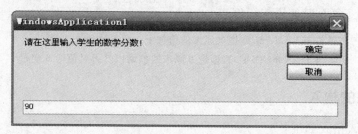

图 3-3 第二条 InputBox 语句的运行结果

3.1.4. 数据的输出

MsgBox 函数用法如下：

变量 = MsgBox(prompt[, buttons][, title])

MsgBox 过程用法如下：

MsgBox(prompt[, buttons][, title])

功能：MsgBox 函数的作用是弹出一个对话框,在其中显示指定的数据和提示信息。等待用户单击某个按钮,然后返回被单击按钮的 Integer 值,这个值说明用户单击了哪一个按钮。

说明：

(1) prompt 指对话框中的提示信息(与 InputBox()函数的使用方法相同)。

(2) 应用 MsgBox 时最主要的是确定第二项参数,该参数共有 4 组,即为 4 项参数之和："按钮数目值"+"图标类型值"+"缺省按钮值"+"模式值"。其有两种取法,一种是直接用 4 个取值相加,另一种是用 4 个内部常量相加。按钮参数值的取法如表 3-1 所示。

表 3-1 Buttons 设置值及意义

参数	内部常量	取值	描述
按钮数目	MsgBoxStyle.OKOnly	0	只显示"确定"按钮(缺省)
	MsgBoxStyle.OKCancel	1	显示"确定"与"取消"按钮
	MsgBoxStyle.AbortRetryIgnore	2	显示"终止"、"重试"与"忽略"按钮
	MsgBoxStyle.YesNoCancel	3	显示"是"、"否"与"取消"按钮
	MsgBoxStyle.YesNo	4	显示"是"与"否"按钮
	MsgBoxStyle.RetryCancel	5	显示"重试"与"取消"按钮
图标类型	MsgBoxStyle.Critical	16	关键信息图标(红色 STOP 标志)
	MsgBoxStyle.Question	32	显示询问信息图标(?)
	MsgBoxStyle.Exclamation	48	显示警告信息图标(!)
	MsgBoxStyle.Information	64	显示普通信息图标(i)

(续表)

参数	内部常量	取值	描述
缺省按钮	MsgBoxStyle.DefaultButton1	0	第一个按钮为缺省按钮
	MsgBoxStyle.DefaultButton2	256	第二个按钮为缺省按钮
	MsgBoxStyle.DefaultButton3	512	第三个按钮为缺省按钮
模式	MsgBoxStyle.ApplicationModel	0	应用模式(缺省)
	MsgBoxStyle.SystemModel	4096	系统模式

【例3-4】 数据的输出示例。

MsgBox("您要继续购买其他商品吗?",MsgBoxStyle.YesNoCancel + MsgBoxStyle.Question,"询问")   '用内部常量相加来表示"显示是、否与取消按钮",并且"显示询问信息图标(?)"

C = MsgBox("您要继续购买其他商品吗?",3 + 32,"询问")
  '用数值来表示"显示是、否与取消按钮",并且"显示询问信息图标(?)"

这两条MsgBox语句的运行结果是相同的,如图3-4所示。

MsgBox("C变量的值 为" & c & "   ")

这条MsgBox语句的运行结果如图3-5所示。

命令执行后,函数有一个返回值送到变量C中,返回值取决于用户响应了哪一个按钮,各个按钮对应的在返回值如表3-2所示,程序可以根据用户响应的按钮所返回的值决定程序的流程。例如,用户在例3-4中按下了"是"按钮,查表3-2得知C的值为6,即C=6。

图3-4 前两条MsgBox语句的运行结果　　图3-5 第三条MsgBox语句的运行结果

表3-2 MsgBox函数返回值

响应按钮名	内部常量	返回值
确定	MsgBoxResult.OK	1
取消	MsgBoxResult.Cancel	2
终止	MsgBoxResult.Abort	3
重试	MsgBoxResult.Retry	4
忽略	MsgBoxResult.Ignore	5
是	MsgBoxResult.Yes	6
否	MsgBoxResult.No	7

【例3-5】 交换两个变量的值。

【算法分析】

设需要交换的两个变量为X和Y,通过赋值语句可以达到交换的目的。注意,若X

和 Y 之间直接赋值,则必然会丢失数据,这里需要引入一个临时变量 T,用于暂时保存其中的一个数据。

【算法描述】

① 先将 X 的值放入 T 中。

② 再将 Y 的值放入 X 中。

③ 最后将 T 中的值放入 Y 中。

代码如下:

```
T = X
X = Y
Y = T
```

【例 3-6】 编写一个求解一元二次方程 $AX^2+BX+C=0$ 的程序,其中 A、B、C 三个参数一定满足条件 $B^2-4AC\geqslant 0$。要求 A、B、C 三个参数使用 InputBox 语句输入,方程的两个解通过 MsgBox 语句输出。

【操作步骤】

① 新建一个项目。

② 在窗体上建立一个按钮控件。

③ 双击该按钮,进入代码编写窗口。

④ 输入以下代码:

```
Private Sub Button1_Click(ByVal sender As System.Object, ByVal e As System.EventArgs) _
Handles Button1.Click
    Dim a As Integer
    Dim b As Integer
    Dim c As Integer
    Dim x1 As Single
    Dim x2 As Single
    a = InputBox("输入 A 的值:", "解一元二次方程")
    b = InputBox("输入 B 的值:", "解一元二次方程")
    c = InputBox("输入 C 的值:", "解一元二次方程")
    x1 = (-b + Math.Sqrt(b * b - 4 * a * c)) / (2 * a)
    x2 = (-b - Math.Sqrt(b * b - 4 * a * c)) / (2 * a)
    MsgBox("x1 = " & x1 & Chr(13) & Chr(10) & "x2 = " & x2)
    ' Chr(13),Chr(10)分别表示输出一个"回车"及"换行"字符,即:让 x1 和 x2 显示在两行里
End Sub
```

⑤ 单击常用工具栏中的 ▶ 按钮(或按下键盘的 F5 键),运行的窗口界面如图 3-6 所示。单击"求一元二次方程的解"按钮,弹出输入提示框,如图 3-7 所示。输入数字"2"并按下回车键,再次弹出输入提示框,如图 3-8 所示。输入数字"4"并按下回车键,又一次弹出输入提示框,如图 3-9 所示。输入数字"1"并按下回车键,运算结果如图 3-10 所示(这里假设 $A=2$、$B=4$、$C=1$ 且它们满足 $B^2-4AC\geqslant 0$ 的条件)。

第 3 章
结构化程序设计 | 49

图 3-6　程序的运行界面

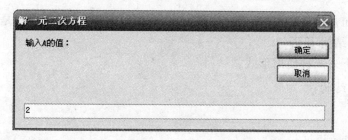

图 3-7　使用 InputBox 语句输入 A 的值

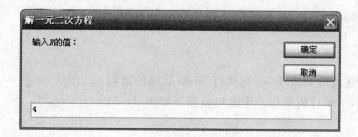

图 3-8　使用 InputBox 语句输入 B 的值

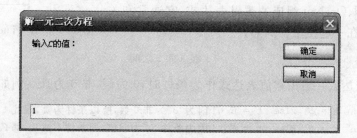

图 3-9　使用 InputBox 语句输入 C 的值

图 3-10　使用 MsgBox 语句输出 x1 和 x2 的值

3.2　选择结构

在日常生活和工作中,经常需要对给定的条件进行分析、比较和判断,并根据结果采取不同的操作,这样的问题需要通过选择结构来解决。VB.NET 中的选择结构主要包括 If 条件语句和多分支选择语句。

3.2.1　If 条件语句

If 条件语句是选择结构的一种,也称 If 语句。它有两种格式,一种是单行结构 If 语句,另一种是块结构 If 语句。

If 语句有下列 3 种使用形式。

1. 单分支结构

格式 1:

If 表达式 Then 语句

格式 2:

If 表达式 Then

　语句块

End If

功能:若表达式的值为 True,则执行 Then 后面的语句或语句块;否则,不做任何动作。If 语句流程图如图 3-11 所示。

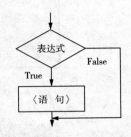

图 3-11　If…Then 语句流程图

说明:

(1)格式中的"表达式"可以是下面 3 种表达式之一。

① 由 And、Or、Not 组成的逻辑表达式,它通常和关系表达式组合在一起使用。例如,

　　x>3 and x<5　　　　　　　　　'x 在 3 和 5 之间

② 数值表达式。当用数值表达式作为条件时,0 为假,非 0 为真。例如,

　　If 3 Then t = 5 Else t = 6   '因为"3"为非 0 数,所以条件为真,因此 t 的值为 5
　　If 0 Then t = 5 Else t = 6   '因为条件"0"为假值,即条件不成立,那么 t 的值为 6

③ 关系表达式。由>、<、>=、<=、<>等组成的关系表达式也经常作为条件使用。例如,

$x<5$

(2) 在使用过程中,要注意区别块语句结构和单行语句结构。

"格式 1"是单行语句结构;"格式 2"是块语句结构。

对于"格式 2"中块结构的 If 语句,"语句块"中的语句不能与其前面的 Then 在同一行上,否则 VB.NET 会认为是一个单行结构的条件语句。也就是说,块结构与单行结构条件语句的主要区别,就是看 Then 后面的语句是否和 Then 在同一行上,当然注释语句除外。如果在同一行上,则为单行结构,否则为块结构。对于块结构,必须以 End If 结束,单行结构没有 End If。

【例 3-7】 已知两个变量 a 和 b,比较它们的大小,把大数存入 a,小数存入 b。

【操作步骤】

① 启动 VS。

② 选择"文件"→"新建项目"选项,弹出"新建项目"对话框。在该对话框的"项目类型"中选择"Visual Basic"下的"Windows",在"模板"选项中选择"Windows 窗体应用程序",在"名称"文本框中输入项目的名称,本例为"3-比较两数的大小",如图 3-12 所示。

图 3-12 "新建项目"对话框

③ 在窗体上建立一个按钮控件、两个标签控件和两个文本框控件,在"属性"窗口中修改它们的 Text 属性。设计好窗体界面如图 3-13 所示。

④ 双击该按钮控件,进入代码编写窗口。

⑤ 输入以下代码:

```
Private Sub Button1_Click(ByVal sender As System. _
Object, ByVal e As System.EventArgs) Handles _
Button1.Click
Dim a, b, t As Integer
```

图 3-13 程序的设计界面

```
        a = Val(TextBox1.Text)
    ' 用户输入在文本框中的数字实际是以字符形式存储的,需要将两个文本框中的字符用 Val()
      函数转换成数值型数据
        b = Val(TextBox2.Text)
        If a < b Then
            t = a
            a = b
            b = t
            MsgBox("a 小于 b,交换后将大数放在 a 中")
    ' 如果 a 中的数据小于 b,那么执行这 4 条语句,将大的数存放在 a 中并且出现提示对话框,提
      示用户 a 小于 b。如果 a 本身就大于 b,不执行任何语句
        End If
        TextBox1.Text = a
        TextBox2.Text = b
End Sub
```

上述选择语句

```
If a < b Then
    t = a
    a = b
    b = t
    MsgBox("a 小于 b,交换后将大数放在 a 中")
' 如果 a 中的数据小于 b,那么执行这 4 条语句,将大的数存放在 a 中并且出现提示对话框,提
  示用户 a 小于 b。如果 a 本身就大于 b,不执行任何语句
End If
```

可用单行实现:

```
If a<b Then t = a: a = b: b = t: MsgBox("a 小于 b,交换后将大数放在 a 中")
```

⑥ 单击常用工具栏中的 ▶ 按钮(或按下键盘的 F5 键),运行的窗口界面如图 3-13 所示。在两个文本框中依次输入 a 和 b 的数值"12"和"45",然后单击"比较两数大小,大数放 a 中"按钮,因为这里的 a 为 12,小于 b 的值 45,所以会执行 If 语句块内容,弹出如图 3-14 所示对话框。单击该对话框中的"确定"按钮后,运行结果界面如图 3-15 所示。

图 3-14 Msgbox 对话框

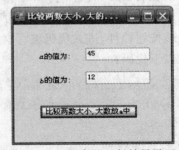

图 3-15 程序的运行结果界面

> 📖 **提示：**
> 　　如果读者在两个文本框中输入的 a 和 b 的值，a 本身就大于 b，那么就不满足 If 语句表达式的条件，所以不会执行语句块里的 4 条语句，也就不会出现 Msgbox 对话框。

2. 双分支结构

格式 1：

If 表达式 Then 语句 1　Else 语句 2

格式 2：

If 表达式 Then
　　语句块 1
Else
　　语句块 2
End If

功能：如果"表达式"的值为 True，则执行紧接在 Then 后面的"语句 1"或"语句块 1"，否则执行紧接在 Else 后面的"语句 2"或"语句块 2"。其流程图如图 3-16 所示。

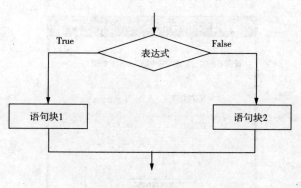

图 3-16　双分支结构流程图

【例 3-8】　编写一个求解一元二次方程 $AX^2+BX+C=0$ 的程序，当 $B^2-4AC \geqslant 0$ 时，通过 MsgBox 语句输出方程的解；否则，通过 MsgBox 语句输出"此一元二次方程无实数解！"。

【操作步骤】

① 启动 VS。

② 选择"文件"→"新建项目"选项，弹出"新建项目"对话框。在该对话框的"项目类型"中选择"Visual Basic"下的"Windows"，在"模板"选项中选择"Windows 窗体应用程序"，在"名称"文本框中输入项目的名称，本例为"3-If 语句求一元二次方程的解"，如图 3-17 所示。

图 3-17 "新建项目"对话框

③ 在窗体上建立一个按钮控件、3 个文本框控件和 4 个标签控件,在"属性"窗口中修改它们的 Text 属性。设计好的窗体界面如图 3-18 所示。

图 3-18 程序的设计界面

④ 双击该按钮控件,进入代码编写窗口。
⑤ 输入以下代码:

```
Private Sub Button1_Click(ByVal sender As System.Object, ByVal e As System.EventArgs) _
Handles Button1.Click
    Dim a As Integer
    Dim b As Integer
    Dim c As Integer
    Dim x1 As Single
```

```
        Dim x2 As Single
        a = Val(TextBox1.Text)
        b = Val(TextBox2.Text)
        c = Val(TextBox3.Text)
        If b * b - 4 * a * c >= 0 Then
            x1 = (-b + Math.Sqrt(b * b - 4 * a * c)) / (2 * a)
            x2 = (-b - Math.Sqrt(b * b - 4 * a * c)) / (2 * a)
            MsgBox("x1 = " & x1 & Chr(13) & Chr(10) & "x2 = " & x2)
        Else
            MsgBox("此一元二次方程无实数解!")
        End If
    End Sub
```

⑥ 单击常用工具栏中的 ▶ 按钮(或按下键盘的 F5 键),运行的窗口界面如图 3-18 所示,在 3 个文本框中依次输入 a、b、c 的数值为"2"、"4"和"1",然后单击"求方程的解"按钮,弹出如图 3-19 所示对话框,在该对话框中显示方程的两个根 x1 和 x2。如果在 3 个文本框中依次输入 a、b、c 的数值为"7"、"8"和"3",如图 3-20 所示;然后单击"求方程的解"按钮,则弹出如图 3-21 所示对话框,在该对话框中提示方程无实数根(因为不满足 $B^2 - 4AC >= 0$ 的条件)。

图 3-19 由 MsgBox 对话框显示两个实数根

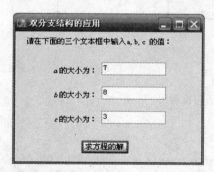

图 3-20 输入另一组 a、b、c 的值求解　　图 3-21 由 MsgBox 对话框提示此时无实数根

3. 多分支结构

格式:

```
If 表达式1 Then
    语句块1
ElseIf 表达式2   Then
```

```
    语句块 2
       ⋮
[Else
    语句块 n+1]
End If
```

功能：根据不同的表达式的值确定执行哪个语句块。测试条件的顺序为表达式 1,表达式 2,⋯。一旦遇到表达式的值为 True,则执行该条件下的语句块,然后退出此语句;若表达式的值都为 False,则执行语句块 $n+1$。其流程如图 3-22 所示。

说明：
(1) ElseIf 子句的数量没有限制,可以根据需要加入任意多个 ElseIf 子句。
(2) 不能把 ElseIf 写成 Else If。
(3) End If 与它前面最近的且未配对的 If 配对。

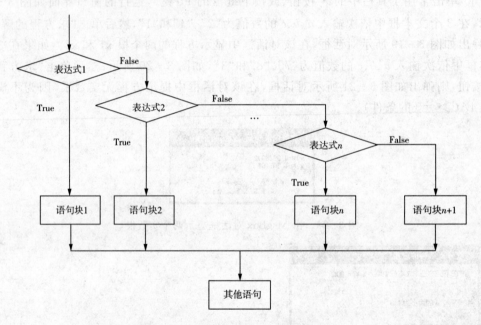

图 3-22 多分支结构 If 语句流程图

【例 3-9】 计算 $y=\begin{cases} 1 & x>0 \\ 0 & x=0 \\ -1 & x<0 \end{cases}$。

【程序代码】

```
Dim x, y As Single
x = InputBox("请输入 x 的值:", "符号函数")
If x > 0 Then
    y = 1
ElseIf x = 0 Then
    y = 0
```

```
Else
    y = -1
End If
MsgBox("y = " & y)
```

【例 3-10】 已知输入某学生《大学计算机基础》课程的百分制成绩 mark，要求在文本框中显示对应五级制的评定，评定条件如下：分数大于等于 90 分，为"优"；分数小于 90 分且大于等于 80 分，为"良"；分数小于 80 分且大于等于 70 分，为"中"；分数小于 70 分且大于等于 60 分，为"及格"；否则为"不及格"。

【操作步骤】

① 启动 VS。

② 选择"文件"→"新建项目"选项，弹出"新建项目"对话框。在该对话框的"项目类型"中选择"Visual Basic"下的"Windows"，在"模板"选项中选择"Windows 窗体应用程序"，在"名称"文本框中输入项目的名称，本例为"3-多分支 If 评分"。

③ 在窗体上建立一个按钮控件、3 个标签控件，在"属性"窗口中修改它们的 Text 属性：

Label1.text＝"您的成绩为："
Label2.text＝"请单击"输入分数"按钮输入您的考试分数："
Label3.text＝" "
Button1.text＝"输入分数"

> **提示：**
> 这里的 Label3.text＝" "，是将该标签的初始显示内容设置为空，其目的是在运行程序时不显示评定成绩，只有用户输入分数后才相应的给出评语，并且标签控件的内容是不能修改的。

④ 双击按钮控件，进入代码编写窗口。

输入以下代码：

```
Private Sub Button1_Click(ByVal sender As System.Object, ByVal e As System.EventArgs) _
Handles Button1.Click
    Dim mark As Single
    mark = InputBox("请输入 x 的值：","符号函数")
    If mark >= 90 Then
        Label3.Text = "优"
    ElseIf mark >= 80 Then
        Label3.Text = "良"
    ElseIf mark >= 70 Then
        Label3.Text = "中"
    ElseIf mark >= 60 Then
        Label3.Text = "及格"
    Else
```

```
            Label3.Text = "不及格"
        End If
End Sub
```

⑤ 单击常用工具栏中的 ▶ 按钮(或按下键盘的 F5 键),运行的窗口界面如图 3-23 所示。单击"输入分数"按钮,弹出如图 3-24 所示对话框。在该对话框中输入分数为"92",单击对话框中的"确定"按钮,在如图 3-25 所示的窗口界面中显示出评分等级为"优"。

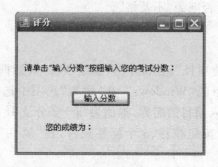

图 3-23 程序的设计界面

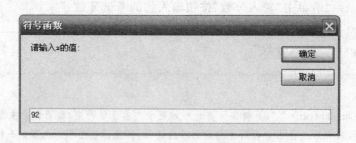

图 3-24 由 InputBox 对话框输入分数

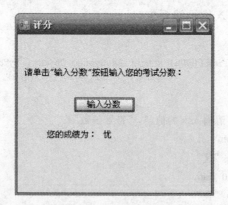

图 3-25 显示评分结果

3.2.2 Select Case 语句

Select Case 语句又称多分支控制语句、Select 语句或 Case 语句,该语句也是选择结构的一种,常用于多路选择。它根据一个表达式的值,在一组相互独立的可选语句序列中挑选相应的语句序列。在 Select Case 语句中,有很多成分语句,它是块形式条件语句的一种变形。

格式:

Select Case 表达式
  Case 表达式列表 1
    语句块 1
  Case 表达式列表 2
    语句块 2
     ⋮
  [Case Else
    语句块 n + 1]
End Select

功能:计算表达式的值,然后将表达式的值与每个表达式列表的值对应。如果相等,则执行所对应的语句块,并退出该结构;若都不相等,则执行 Case Else 后的语句块。

说明:

(1)每个语句块是由一行或多个 VB.NET 语句组成的。

(2)表达式的形式有如下几种。

① 一个表达式,如 Case 5。

② 一组枚举表达式,即多个表达式,表达式之间用逗号隔开,如 Case 1,3,5。

③ 表达式 1 to 表达式 2,如 Case 1 to 10。

④ Is 关系运算符表达式,如 Case is>=60。

另外,上述形式可以混合使用。

(3)当有多个 Case 表达式的取值范围和表达式的值相符时,只执行符合要求的第一个 Case 子句后的语句块。

【例 3-11】 编写一个输入月份,则输出季节名称的程序。

本例是一个输入月份查询季节的程序。当输入月份为 12、1 和 2 时,输出"您输入的月份是冬季";当输入月份为 3、4 和 5 时,输出"您输入的月份是春季";当输入月份为 6、7 和 8 时,输出"您输入的月份是夏季";当输入月份为 9、10 和 11 时,输出"您输入的月份是秋季";当输入其他数字时,输出"输入错误,请重新输入!"。

【操作步骤】

① 启动 VS。

② 选择"文件"→"新建项目"选项,弹出"新建项目"对话框。在该对话框的"项目类型"中选择"Visual Basic"下的"Windows",在"模板"选项中选择"Windows 窗体应用程序",在"名称"文本框中输入项目的名称,本例为"3-看季节"。

③ 在窗体上建立一个按钮控件,在"属性"窗口中修改它的 Text 属性为"查看季节"。

④ 双击该按钮控件,进入代码编写窗口。

输入以下代码:

```
Private Sub Button1_Click(ByVal sender As System.Object, ByVal e As System.EventArgs) _
Handles Button1.Click
    Dim nm As Integer
    nm = InputBox("请输入月份:","季节查询")
    Select Case nm
        Case 1,2,12
            MsgBox("您输入的月份是冬季!",MsgBoxStyle.OkOnly,"查询结果:")
        Case 3,4,5
            MsgBox("您输入的月份是春季!",MsgBoxStyle.OkOnly,"查询结果:")
        Case 6,7,8
            MsgBox("您输入的月份是夏季!",MsgBoxStyle.OkOnly,"查询结果:")
        Case 9,10,11
            MsgBox("您输入的月份是秋季!",MsgBoxStyle.OkOnly,"查询结果:")
        Case Else
            MsgBox("输入错误,请重新输入!",MsgBoxStyle.OkOnly,"查询结果:")
    End Select
End Sub
```

⑤ 单击常用工具栏中的 ▶ 按钮(或按下键盘的 F5 键),运行的窗口界面如图 3-26 所示。单击"查看季节"按钮,弹出如图 3-27 所示对话框。在该对话框中输入月份为 "10",单击该对话框中的"确定"按钮,在如图 3-28 所示的对话框中显示"您输入的月份是秋季"。如果用户输入的月份不是 1 至 12 之间的整数,那么运行后将出现如图 3-29 所示的出错提示。

图 3-26 运行界面

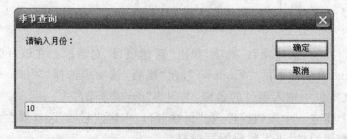

图 3-27 输入月份

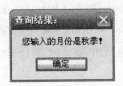
图 3-28 运行结果

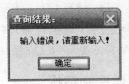
图 3-29 出错界面

> 💡 提示：
> 如果用户输入的月份不是整数，那么运行程序时将出现错误导致无法正常运行。

在使用关键字 Is 定义条件的时候，只能是简单的条件，不能用逻辑运算符将两个或多个条件组合在一起。

例如，Case Is>=10 and Is<=20 这个表达式是错误的。如果想表示这个取值范围，可以写成这种形式：10 to 20。以上介绍的 3 种形式也可以组合在一起使用。

例如，Case Is>5,6 to 12 表示测试表达式的值如果大于 5 或者在 6 至 12 之间都符合条件。

【例 3-12】 将前面提到的根据学生成绩划分为五级制的题目，表示成 Select Case 语句。

【程序代码】

```
Select Case mark
    Case Is >= 90
        Label3.Text = "优"
    Case Is >= 80 Then
        Label3.Text = "良"
    Case Is >= 70 Then
        Label3.Text = "中"
    Case Is >= 60 Then
        Label3.Text = "及格"
    Case Else
        Label3.Text = "不及格"
End Select
```

3.3 循环结构

在实际应用中，经常遇到一些操作并不复杂，但需要反复多次处理的问题，诸如人口增长统计、国民经济发展计划增长情况、银行存款利率的计算等。对于这类问题，如果用顺序结构的程序来处理，将是十分繁琐的，有时候可能难以实现。为此，VB.NET 提供了循环语句。使用循环语句，可以实现循环结构程序设计。

循环语句产生一个重复执行的语句序列，VB.NET 提供了 3 种循环结构：For 循环

(For…Next 循环)、Do 循环(Do…Loop 循环)、While 循环(While…End While 循环)。其中 For 循环按规定的次数执行循环体;而 Do 循环、While 循环在给定的条件满足时执行循环体。由于 While 循环和 Do 循环类似,本书重点介绍 For 循环和 Do 循环。

3.3.1 For 循环控制结构

For 循环也称 For…Next 循环或计数循环。

格式:

For 循环变量 = 初值 To 终值 [Step 步长]
　　[循环体]
　　[Exit For]
Next [循环变量] [,循环变量]…

功能:For 循环按照指定的次数执行循环体。

说明:

(1)参数的含义。

① 循环变量,也称"循环控制变量"、"控制变量"或"循环计数器"。它是一个数值变量,但不能是下标变量或记录元素。

② 初值,指循环变量的初值,它是一个数值表达式。

③ 终值,指循环变量的终值,它也是一个数值表达式。

④ 步长,指循环变量的增量,是一个数值表达式。其值可以是正数(如果为正数就是递增循环,要求初值小于终值)或者为负数(如果为负数就是递减循环,要求初值大于终值),但不能为 0。如果步长为 1,则可略去不写。

"格式"中的初值、终值、步长均为数值表达式,但其值不一定是整数,可以是实数。

⑤ 循环体,在 For 语句和 Next 语句之间的语句序列是循环体,循环体就是需要重复执行的语句,可以是一个或多个语句。

⑥ Exit For,表示退出循环。

⑦ Next,表示循环终端语句,在 Next 后面的"循环变量"与 For 语句中的"循环变量"必须相同,并且 For 和 Next 必须成对出现。将 For 称为循环结构的入口,Next 称为循环结构的出口。

(2)For 循环语句的执行过程。

1)遇到 For。

① 把"初值"赋给"循环变量";

② 检查"循环变量"的值是否超过终值,如果超过就停止执行循环体,跳出循环,执行 Next 后面的语句;否则执行一次循环体。

2)遇到 next。

① 循环变量的值按照步长发生变化,也就是把"循环变量"+"步长"的值赋给"循环变量";

② 返回到 For 中②,重新判断。如此重复上述过程,直到"循环变量"的值超过"终值"为止。

这里所说的"超过"有两种含义,即大于或小于。当步长为正值时,检查循环变量是否大于终值;当步长为负值时,判断循环变量的值是否小于终值。图 3-30 和图 3-31 所示给出了 For…Next 循环的逻辑流程图。

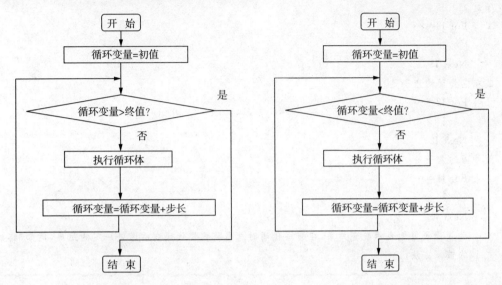

图 3-30　步长为正数的 For 循环流程图　　图 3-31　步长为负数的 For 循环流程图

(3) For 循环是遵循"先检查,后执行"的原则,即先检查循环变量是否超过终值,然后决定是否执行循环体。但是在以下这两种情况下,循环体是不执行的。

① 当步长为正数,初值大于终值时。

② 当步长为负数,初值小于终值时。

而当初值等于终值时,不管步长是正数还是负数,均执行一次循环体。

(4) For 语句和 Next 语句必须成对出现,不能单独使用,且 For 语句必须在 Next 语句之前。

(5) For…Next 循环可以嵌套使用,嵌套层数没有具体限制。其基本要求是每个循环必须有一个唯一的变量名作为循环变量;内层循环的 Next 语句必须放在外层循环的 Next 语句之前;内层循环不得相互骑跨。

For…Next 循环的嵌套通常有以下 3 种形式。

格式 1:

```
For I1 = …
    For I2 = …
        For I3 = …
            ⋮
        Next I3
    Next I2
Next I1
```

通常 For…Next 循环的嵌套采用这种形式。

> **提示：**
> 可以将"嵌套"理解成大盒子里面装了小盒子，例如格式 1 里共有 3 个盒子，最里面的小盒子是
> ```
>     For I3＝…
>         ⋮
>     Next I3
> ```
> 装在它外面的盒子是
> ```
>     For I2＝…
>         ⋮
>     Next I2
> ```
> 最外面的盒子是
> ```
>     For I1＝…
>         ⋮
>     Next I1
> ```
> 为了能更好地表示嵌套关系，在书写代码时总是将内层代码向右缩进一定的距离，例如"格式 1"的书写方法。

格式 2：

```
For I1 = …
    For I2 = …
        For I3 = …
            ⋮
        Next
    Next
Next
```

这种格式省略了 Next 后面 I1、I2、I3 的形式。

格式 3：

```
For I1 = …
    For I2 = …
        For I3 = …
            ⋮
Next I3, I2, I1
```

当内层循环与外层循环有相同的终点时，可以共用一个 Next 语句，此时循环变量名不能省略。

(6) 在 VB.NET 中，循环控制值可以使用整数、单精度数、双精度数。

(7) 通常，For…Next 正常结束，即循环变量到达终值。但有些情况下，可能需要在循环变量到达终值前退出循环，这可以通过 Exit For 语句来实现。在一个 For…Next 循环中，可以含有一个或多个 Exit For 语句，并且可以出现在循环体的任何位置。此外，用

Exit For 只能退出当前循环,即退出它所在的最内层循环。

For 循环的运用是非常广泛的,许多程序的实现都离不开 For 循环。下面介绍几个运用 For 循环实现的经典算法。

【例 3-13】 For 循环语句示例:求 1~100 之间正整数的和。

【操作步骤】

① 启动 VS。

② 选择"文件"→"新建项目"选项,弹出"新建项目"对话框。在该对话框的"项目类型"中选择"Visual Basic"下的"Windows",在"模板"选项中选择"Windows 窗体应用程序",在"名称"文本框中输入项目的名称,本例为"3-For 循环语句示例",如图 3-32 所示。

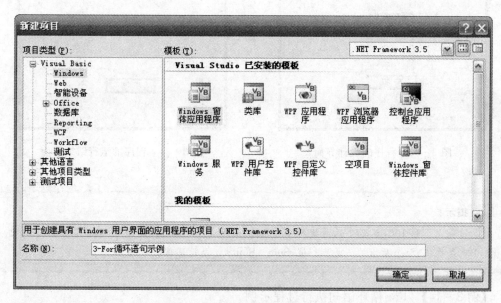

图 3-32 "新建项目"对话框

③ 在窗体上建立一个按钮控件,在"属性"窗口中修改它的 Text 属性为"求和",然后再依次插入两个标签控件,在"属性"窗口中设置它们的 Text 属性如下:

Label1.text="1~100 之间正整数的和为:"

Label2.text=" "

设计好的窗口界面如图 3-33 所示。

④ 双击按钮控件,进入代码编写窗口。

输入以下代码:

```
Private Sub Button1_Click(ByVal sender As System.Object, ByVal e As System.EventArgs) _
Handles Button1.Click
    Dim x, sum As Integer
    sum = 0
    For x = 1 To 100 Step 1
        sum = sum + x
```

```
    Next x
    Label2.Text = sum
End Sub
```

⑤ 单击常用工具栏中的 ▶ 按钮(或按下键盘的 F5 键),运行的窗口界面如图 3-33 所示。单击"求和"按钮,在窗体的 Label3 控件中将显示运算结果为"5050",如图 3-34 所示。

图 3-33 程序的设计界面

图 3-34 程序的运行结果界面

> **提示:**
> 该例从 1 到 100,步长为 1,共执行 100 次 Sum = Sum + x。其中 x 是循环变量,1 是初值,100 是终值,Step 后面的 1 是步长值,Sum=Sum+x 是循环体。

【例 3-14】 For 循环语句执行过程示例。

```
Dim t as integer
t = 0
For I = 2 to 10 step 2
    t = t + I
Next I
MsgBox("t 的运算结果为:" & t)    '这里的 & 为连接符,将前面的字符串"t 的运算结果为:"与变
                                  量 t 的值连接起来显示在对话框中
```

其中,I 是循环变量,循环初值为 2,终值为 10,步长为 2,$t=t+I$ 是循环体。执行过程如下:

① 将数值 2 作为初值赋给循环变量 I;
② 将 I 的值与终值进行比较,若 $I>10$,则转到⑤,否则执行循环体;
③ I 增加一个步长值,即 $I=I+2$;
④ 返回②继续执行;
⑤ 执行 Next 后面的语句。

本题的运行结果如图 3-35 所示。

【例 3-15】 Exit For 示例。

```
Dim i As Integer
For i = 1 To 5
    TextBox1.Text = i
    If i = 3 Then Exit For
Next i
```

图 3-35 程序的运行结果界面

【算法分析】

上面的程序段中将 i 定义为整型数据,在 For 语句中将 i 赋初值为 1,并且将 i 的值赋值给文本框控件 TextBox1 的 Text 属性,这时 TextBox1 的 Text 属性值为 1;然后执行 $i+1,i$ 的值为 2,并赋值给文本框控件 TextBox1 的 Text 属性,这时 TextBox1 的 Text 属性值为 2;接着再次执行 $i+1,i$ 的值为 3,并赋值给文本框控件 TextBox1 的 Text 属性,这时 TextBox1 的 Text 属性值为 3;因为此时 $i=3$ 满足 If 语句的条件表达式,所以会执行 Then 后面的 Exit For 语句退出 For 循环。

最终 $i=3$,文本框控件 TextBox1 中显示数字 3。

本例的运行结果如图 3-36 所示。

图 3-36 程序的运行结果界面

【例 3-16】 求 $n!$。

【算法分析】

根据阶乘的定义: $n!=n*(n-1)*(n-2)*\cdots*2*1$。

【算法描述】

① 给变量 k 赋初值为 1。

② 给计数器(循环变量)i 赋初值为 1。

③ $k*i \rightarrow k$。

④ $i+1 \rightarrow i$。

⑤ i 是否为最后一项,若是则转⑥,否则转③。

⑥ 输出 k 的值。

【操作步骤】

① 启动 VS。

② 选择"文件"→"新建项目"选项,弹出"新建项目"对话框。在该对话框的"项目类型"中选择"Visual Basic"下的"Windows",在"模板"选项中选择"Windows 窗体应用程序",在"名称"文本框中输入项目的名称,本例为"3-n!",如图 3-37 所示。

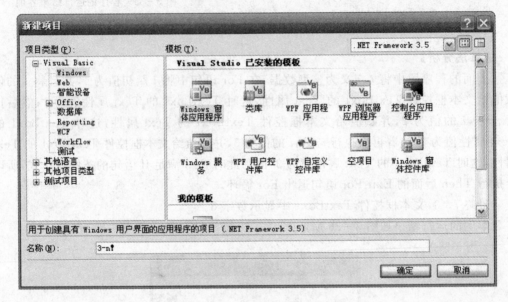

图 3-37 "新建项目"对话框

③ 在窗体上建立一个按钮控件,在"属性"窗口中修改它的 Text 属性为"执行程序",然后再插入一个标签控件,在"属性"窗口中设置它们的 Text 属性为"假设 n 的值为 5,则 n!为",最后再插入一个文本框控件 TextBox1。

设计好的窗口界面如图 3-38 所示。

④ 双击按钮控件,进入代码编写窗口。

输入以下代码:

```
Private Sub Button1_Click(ByVal sender As System.Object, ByVal e As System.EventArgs)_
Handles Button1.Click
    Const n = 5
    Dim k,I as integer
    k = 1
    For i = 1 to n
        k = k * i
    Next i
    TextBox1.Text = k
End Sub
```

⑤ 单击常用工具栏中的 ▶ 按钮(或按下键盘上的 F5 键),运行的窗口界面如图 3-38 所示。单击"执行程序"按钮,在窗体的 TextBox1 控件中将显示运算结果为

"120",如图3-39所示。

图3-38 程序的设计界面　　　　　　　图3-39 程序的运行结果界面

> 📖 **提示:**
> 该例中假设 n 的值为5,如果想设置为更大的数,需要将 k 定义为长整型(long)才能存储下运算结果,否则运行时将出现错误。

【例3-17】 筛选出10个学生中VB.NET科目成绩的最高分。

【算法分析】

这是一个求最值问题。

【算法描述】

① 将第一个数值作为最大(小)值。

② 取下一个数值,与当前的最大(小)值比较,若大于最大值变量(小于最小值变量),则把该数值赋给最大(小)值变量。

③ 重复②,直到所有数都比较完毕。

代码如下:

```
Dim x, max as single
Dim i as integer
    x = Inputbox("请输入学生的 VB.NET 的成绩")
max = x
For i = 1 To 9
    x = Inputbox("请输入学生的 VB.NET 的成绩")
    If x>max Then
        max = x
    End If
Next i
TextBox1.Text = max
```

3.3.2 Do 循环控制结构

For…Next 循环是按规定的次数执行循环体;而 Do 循环是根据对条件的判断来决定是否执行循环体。

格式1:

Do
  [语句块]
  [Exit Do]
Loop [While | Until 循环条件]

功能:
① 如果选用 While,表示当指定的"循环条件"为 True 时,重复执行循环体。
② 如果选用 Until,表示直到指定的"循环条件"变为 True 之前,重复执行循环体。

二者的区别就在于 Loop 后面的关键字不同,While 的英文含义是"当……的时候";而 Until 的英文含义是"到……时候为止",所以,这两个不同的关键字决定了循环的条件恰好相反。它们的逻辑流程图分别如图 3-40 和图 3-41 所示。

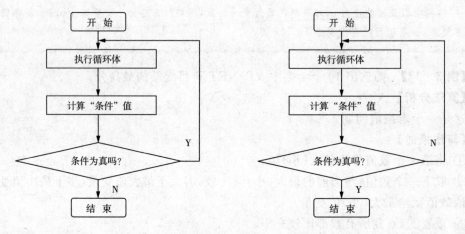

图 3-40　Do…Loop While 循环逻辑流程图　　图 3-41　Do…Loop Until 循环逻辑流程图

格式2:

Do [While | Until 循环条件]
  [语句块]
  [Exit Do]
Loop

同样,这里的 While 表示当条件成立时,执行循环体;而 Until 表示当条件成立之前执行循环体。在"格式1"中,While 或 Until 所限定的条件是在关键字 Loop 的后面,也就是在循环的结束部分;而"格式2"中,While 或 Until 所限定的条件是在关键字 Do 的后面,也就是在循环的开始部分,这就决定了它们的执行过程是不同的。

说明：

① 如果条件总是成立，Do 循环可能陷入"死循环"。可以用 Exit Do 语句强制跳出循环。一个 Do 循环中可以有一个或多个 Exit Do 语句。

② Do While | Until…Loop 循环先判断条件，再执行循环体。Do…Loop While | Until 循环先执行循环体，然后判断条件。

【例 3-18】 用 Do…Loop While 实现 $1+2+3+…+9$。

【程序代码】

```
Private Sub Button1_Click(ByVal sender As System.Object, ByVal e As System.EventArgs) _
Handles Button1.Click
    Dim i,sum As Integer
    i = 1:sum = 0
    Do
        sum = i + sum
        i = i + 1
    Loop While i<10
    TextBox1.Text = i
    TextBox2.Text = sum
End Sub
```

程序功能分析：该循环的特点是先执行循环体，然后判断条件。i 值从 0 变化到 10，逐一递增，当 $i=10$ 时，跳出 Do 循环。如果用 Until 限定条件，应该改写为 Loop Until $i >= 10$。

【例 3-19】 用 Do While…Loop 实现 $1+2+3+…+9$。

【程序代码】

```
Private Sub Button1_Click(ByVal sender As System.Object, ByVal e As System.EventArgs) _
Handles Button1.Click
    Dim i,sum As Integer
    i = 1:sum = 0
    Do While i<10
        sum = i + sum
        i = i + 1
    Loop
    TextBox1.Text = i
    TextBox2.Text = sum
End Sub
```

程序功能分析：该程序与例 3-18 的区别在于先判断条件，然后执行循环体。同样，i 值从 0 变化到 10，逐一递增，当 $i=10$ 时，跳出 Do 循环。

【例 3-20】 用 Do Until…Loop 实现 $1+2+3+…+9$。

【程序代码】

```
Private Sub Button1_Click(ByVal sender As System.Object, ByVal e As System.EventArgs) _
Handles Button1.Click
```

```
    Dim i ,sum As Integer
    i = 0;sum = 0
    Do Until i > 9
        Sum = sum + i
        i = i + 1
    Loop
    TextBox1.Text = i
    TextBox2.Text = sum
End Sub
```

程序功能分析：该程序先判断条件，然后执行循环体。同样，i 值从 0 变化到 10，逐一递增，当 $i=10$ 时，跳出 Do 循环。

【例 3-21】 设计一个程序，从键盘上输入学生计算机考试的分数，计算并输出及格（大于或等于 60 分）的学生人数和不及格的学生人数。

【实现方法】

程序中通过输入对话框接收输入的分数，然后用块结构条件语句判断输入的分数是否为 0~100：不在此范围内则结束输入；若在此范围内则连续输入分数。内层条件语句用来判断输入的分数是否大于等于 60，并依此分别统计及格人数和不及格人数。

【操作步骤】

① 启动 VS。

② 选择"文件"→"新建项目"选项，弹出"新建项目"对话框。在该对话框的"项目类型"中选择"Visual Basic"下的"Windows"，在"模板"选项中选择"Windows 窗体应用程序"，在"名称"文本框中输入项目的名称，本例为"3-求及格和不及格学生人数"，如图 3-42 所示。

图 3-42 "新建项目"对话框

③ 在窗体上建立一个按钮控件,在"属性"窗口中修改它的 Text 属性为"运行",然后再插入 3 个标签控件,在"属性"窗口中设置它们的 Text 属性,最后再插入两个文本框控件 TextBox1 和 TextBox2。

设计好的窗口界面如图 3-43 所示。

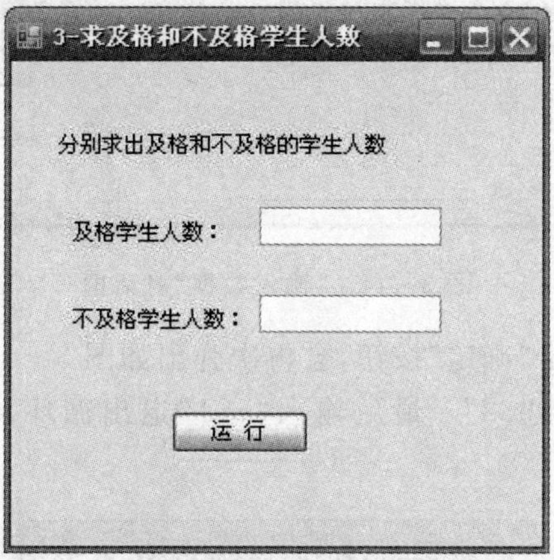

图 3-43 程序的设计界面

④ 双击按钮控件,进入代码编写窗口。

输入以下代码:

```
Private Sub Button1_Click(ByVal sender As System.Object, ByVal e As System.EventArgs)_
Handles Button1.Click
    Dim score, total As Single
    Dim n, n1, n2 As Integer
    Do
        score = InputBox("请输入分数(-1结束)", "输入数据")
        score = Val(score)
        If score < 0 Or score > 100 Then
            Exit Do
        Else
            total = total + score
            n = n + 1
            If score < 60 Then
                n1 = n1 + 1
            Else
                n2 = n2 + 1
            End If
        End If
    Loop
    TextBox1.Text = Str$(n2)
    TextBox2.Text = Str$(n1)
```

End Sub

⑤ 单击常用工具栏中的 ▶ 按钮(或按下键盘的 F5 键),运行的窗口界面如图 3-43 所示。单击"运行"按钮,弹出"输入数据"对话框,如图 3-44 所示。

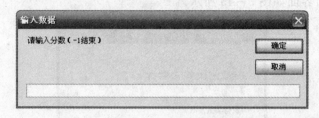

图 3-44 "输入数据"对话框

⑥ 输入"95",然后单击"确定"按钮,会再次弹出如图 3-44 所示的对话框,依次再输入"80"、"58"、"65"、"41"和"82"。最后输入"-1"退出循环,程序运行结果如图 3-45 所示。

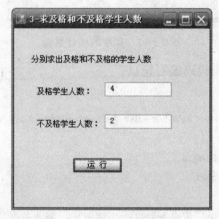

图 3-45 程序的运行结果界面

> 📖 提示:
> 这里输入了"-1"结束循环,其实只要输入的数小于 0 或大于 100 都会退出 Do 循环。

3.3.3 While 循环控制结构

While 语句实现的循环是"当型"循环,该类循环先测试循环条件,然后根据循环条件是否成立来决定是否执行循环体。While 语句的格式和功能如下。

格式:

While〈表达式〉
　　〈循环体〉
End While

功能：首先，计算 While 后面的"表达式"，如果其值为 True，则执行循环体；然后再次计算 While 后面的"表达式"，重复上述过程……当表达式的值为 False，将退出 While 循环。

> **注意：**
> 通常进入循环时，While 后面的表达式值为 True，但循环最终都要退出，因此在循环体中应有使循环趋于结束的语句，即能够使表达式的值由 True 变为 False 的语句。

3.3.4 多重循环控制结构

在 VB.NET 中，不仅允许选择结构嵌套，还允许选择循环结构的嵌套。当一个循环程序段的循环体内完整地包含另一个循环程序段时，称此循环程序段为循环嵌套。运用循环嵌套可以构成双重循环或三重、四重等多重循环结构。

值得注意的是，For、Do、While 三种循环结构可以混合嵌套，且层次不限。但内层循环的所有语句必须完全嵌套在外层循环之中，否则会出现循环的交叉，造成逻辑上的混乱。

【例 3-22】 输出九九乘法表。

首先解决下面图形的输出问题。

```
         *
        * *
       * * *
      * * * *
     * * * * *
    * * * * * *
   * * * * * * *
  * * * * * * * *
 * * * * * * * * *
```

【算法分析】

该图形共输出 9 行，可以用外循环控制行，由 1 变化到 9；内循环控制每行输出的星号，星号的个数正好和行号相对应，通过双重循环完成该图形的输出。

【算法描述】

① 行号 i 赋初值为 1。

② 输出 * 的个数 j 赋初值为 1。

③ 输出 *。

④ $j+1 \rightarrow j$。

⑤ 判断输出的 * 的个数 j 是否超过行号 i，若是则转去执行⑥，否则转去执行③。

⑥ 换行。

⑦ $i+1 \rightarrow i$。

⑧ 判断行号 i 是否超过 9,若是则结束程序,否则转去执行②。

代码如下:

```
Dim i, j As Integer
Dim str1 As String
str1 = ""
For i = 1 To 9
    For j = 1 To i
        str1 = str1 + " * "        '这里的 Str1 是将数字转换成字符函数,+ 和 & 都是连接字符
                                    的作用
    Next j
    str1 = str1 + vbCrLf
Next i
MsgBox(str1)
```

若将程序中输出的 * ,转化为 $i*j$ 的值,输出的就是九九乘法表。

代码如下:

```
Private Sub Button1_Click(ByVal sender As System.Object, ByVal e As System.EventArgs) _
Handles Button1.Click
    Dim i, j As Integer
    Dim str1 As String
    str1 = ""
    For i = 1 To 9
        For j = 1 To i
          str1 = str1 + Str(j) & " * " & Str(i) & " = " & Str(i * j) & " "
          '这里的 Str1 是将数字转换成字符函数,+ 和 & 都是连接字符的作用
        Next j
        str1 = str1 + vbCrLf
    Next i
    MsgBox(str1)
End Sub
```

小 结

本章主要介绍了 VB.NET 程序设计的 3 种控制结构:顺序结构、选择结构和循环结构,要求在掌握各种控制结构语句格式和执行过程的基础上,能够具备一定的编程能力。本章的主要内容如下:

- 顺序结构的执行过程。
- If 语句、Select Case 语句的语句格式、功能和执行过程。
- 3 种循环结构的语句格式、功能、执行过程及区别。

练 习 题

选择题

1. 下面语句正确的是（　　）。
   A. If x >= y Then t = x , x = y , y = t
   B. If x >= y Then t = x ; x = y ; y = t
   C. If x ≥ y Then t = x : x = y : y = t
   D. If x >= y Then t = x : x = y : y = t

2. 执行下列语句后，i 的值是（　　）。
   ```
   a=75
   If a>90 Then
       i=4
   ElseIf a>80 Then
       i=3
   ElseIf a>70 Then
       i=2
   ElseIf a>60 Then
       i=1
   End If
   ```
   A. 1　　　　　B. 2　　　　　C. 3　　　　　D. 4

3. 执行下列语句后，X 的值是（　　）。
   ```
   X = 10
   If X Mod 4 > 1 Then X = X + X Mod 3
   ```
   A. 2　　　　　B. 4　　　　　C. 10　　　　D. 11

4. 执行下列语句后，n 的值是（　　）。
   ```
   For n=1 To 20
       If n Mod 300 Then m=m+n\3
   Next n
   ```
   A. 15　　　　B. 18　　　　C. 21　　　　D. 24

5. 执行下列语句后，标签中显示的内容是（　　）。
   ```
   S=0
   For i=1 To 15
       X=2*i-1
       If x Mod 3=0 Then s=s+1
   Next i
   Label1.Text=str(s)
   ```
   A. 1　　　　　B. 5　　　　　C. 27　　　　D. 45

6. 执行下列语句后，文本框中显示的值是（　　）。
   ```
   Dim i As Integer,n As Integer
   For i=0 To 50
       i=i+3
       n=n+1
       If i>10 Then Exit For
   ```

Next i
   TextBox1.Text=Str(n

   A. 2   B. 3   C. 4   D. 5

7. 执行下列语句后,两个文本框中显示的值分别是(　　)。
   Dim x As Integer,n As Integer
   x=1
   n=0
   Do While x<20
       x=x*3
       n=n+1
   Loop
   TextBox1.Text=Str(x)
   TextBox2.Text=Str(n)

   A. 15 和 1   B. 27 和 3   C. 195 和 3   D. 600 和 4

填空题

1. 执行下面的程序段后,s 的值为(　　)。
   s = 5
   For i = 2.6 To 4.9 Step 0.6
       s = s +1
   Next i

2. 有如下程序：
   Dim d, a As String, i As Integer
   d = "" : a = "abcde"
   For i = Len(a) To 1 Step －1
       d = d + Mid(a, i, 1)
   Next i
   TextBox1.Text = d
   运行后,TextBox1 中显示的文字是(　　)。

3. 在 For 循环执行过程中,当希望某个条件满足时退出循环所使用的语句是(　　)。

4. 下列程序的作用是求出所有的水仙花数(所谓水仙花数是指这样的数：该数是三位数,其各位数字的立方和等于该数。如 $153 = 1^3 + 5^3 + 3^3$,所以 153 是一个水仙花数)。在程序的空白位置填写缺少的代码。
   Dim i, a, b, c, t As Integer
   TextBox1.Text = ""
   For i = 100 To ＿＿＿＿ Step 1
       t = i
       a = t Mod 10 : t = t \ 10 : b = t Mod 10 : c = t \ 10
       If ＿＿＿＿ Then
           TextBox1.Text = TextBox1.Text + "i=" + Str(i) + ","
       End If
   Next i

编程题

1. 编写一个程序,制作 QQ 登录界面,并对用户输入的 QQ 号码和密码进行验证。
2. 用循环结构输出如下所示的数字金字塔。

```
        5
       456
      34567
     2345678
    123456789
```

3. 有一堆桃,小猴当天吃了一半多一个。第二天吃了剩下的桃子的一半多一个。以后每天都是吃剩下的桃子的一半多一个。到第 10 天小猴要吃时只剩下一个了。问原来那堆桃有多少个?
4. 输出如下所示的图形。

```
     *
    * *
   * * *
```

第 4 章 数组

前面学习了利用各种基本类型的变量(字符串类型、数值类型等)来存放数据,那么对一组同类型、同性质的变量,如统计100个学生的平均成绩及最高成绩,若按照简单变量进行处理,就很不方便,由此引入另一个数据类型——数组。

4.1 数组的概念

在实际应用中,常常需要处理同一类型的成批数据。例如,有100名学生,他们共同学习了《大学计算机基础》这门课程。为了处理这些学员的考试成绩,可以用 $S_1, S_2, \cdots, S_{100}$ 来分别表示每个学员的分数,其中 S_1 代表第一个学员的分数,S_2 代表第二个学员的分数……这里的 $S_1, S_2, \cdots, S_{100}$ 是带有下标的变量,通常称为下标变量。

4.1.1 数组

1. 概念

在 VB.NET 中,把一组具有相同名字、不同下标的下标变量称为数组。

2. 形式

数组的一般形式为 $S(n)$。

说明:$S(n)$ 形式中,S 是数组名,n 是下标,下标用来指出某个数组元素在数组中的位置。如 S(99) 中,S 是数组名,99 是下标,S(99) 代表 S 数组中位置序号为 99 的数组元素。

书写规则:在 VB.NET 中,使用下标变量时,必须把下标放在一对紧跟在数组名之后的括号中,必须把下标变量写成 S(99) 的形式,不能写成 S_{99} 或 S99,也不能写成 S[99]。

4.1.2 和数组相关的概念

1. 数组名

数组名代表了整个数组,其命名规则和变量相同。

2. 数组元素

数组中的一个值就称为数组元素。每个数组元素都可以看做一个变量。

3. 数组下标

数组中各个元素的位置序号就是数组下标。

4. 数组维数

维数是指定数组中一个元素所需的下标个数。

一维数组:一维数组是指只需一个下标就可以唯一地确定一个元素的数组。

多维数组:多维数组是指需要多个下标才能确定一个元素的数组,每个下标对应一个"维"。

5. 下标的上界(Upper Boundary)和下界(Lower Boundary)

数组某维下标的最大值为下标的上界;数组某维下标的最小值为下标的下界。

4.2 数组的定义与初始化

4.2.1 一维数组

1. 定义一维数组

数组占用连续的内存空间,在使用数组之前必须定义数组。

格式:

Declare 数组名(下标上界) As 数据类型符

功能:定义一个名为"数组名"的数组,该数组的下标上界由"下标上界"指定,数组元素的数据类型由"数据类型符"确定。

说明:

① Declare 可以是 Dim、Static、Public、Protected、Friend、Protected 和 Private 等。

② 数组的每维的下标下限均为 0,且不可以改变。

③ VB.NET 不支持 Option Base 语句。如果不指定"数据类型符",则默认为 Object 型的数组。

【例 4-1】 定义一个一维数组,用于存放 100 个学生的考试成绩。

Dim S(99) As Integer

该语句定义了一个一维数组,数组名称是 S,数组默认下标下界(即最小值)是 0,数组下标上界(即最大值)是 99,数组元素的类型是整型,数组元素分别为 S(0),S(1),S(2),…,S(99),共有 100 个元素。

2. 一维数组的初始化

在定义数组的时候,还可以通过给数组元素赋初值来给数组分配存储空间并确定数组元素个数及各元素的值。给数组元素赋初值的格式与功能如下。

格式:

Declare 数组名( ) As 数据类型符 = {初值列表}

功能:定义一个名为"数组名"的数组,数组元素的数据类型由"数据类型符"确定。该数组的元素个数由"初值列表"中的值的个数指定,"初值列表"是由逗号分隔开来的若干个值,它们作为初值依次赋值给相应的数组元素。

【例 4-2】 一维数组初始化示例。

Dim Month() As Short = {1, 2, 3, 4}

该语句定义了具有 4 个元素的数组 Month,并依次给 Month(0)、Month(1)、Month(2)和 Month(3)赋初值为"1"、"2"、"3"和"4"。

上述语句也可以写成:

Dim Month() As Short = New Short(3) {1, 2, 3, 4}

> **注意:**
> 此处的"New Short(3)"中的 3 不是元素个数,而是下标上界。

4.2.2 多维数组

一维数组只有一个下标,多维数组具有多个下标,要引用多维数组的数组元素,需要使用多个下标。多维数组中最常用的是二维数组。所谓二维数组,就是有两个下标的数组,适合处理如成绩报告表、矩阵等具有行列结构的数据。

1. 定义二维数组

二维数组也必须先定义后使用,二维数组的语句格式及功能如下。

格式:

Declare 数组名(下标 1 上界,下标 2 上界) As 数据类型符

功能:定义一个名为"数组名"的二维数组,数组元素的数据类型由"数据类型符"确定。

说明:

① 数组中各维的下标下限从 0 开始,因此定义的二维数组的元素个数为

(下标 1 上界+1) * (下标 2 上界+1)

② Declare 与变量定义完全相同。

例如,Dim troop(2,3) As Integer 语句,则定义了一个二维数组,数组名称是 troop,数据类型是整型,数组默认下标下界是 0,数组第一维上界是 2,第二维上界是 3,该数组有 3 行(第 0 行、第 1 行和第 2 行)4 列(第 0 列、第 1 列、第 2 列和第 3 列),同时定义了 12 个数组元素(由①的计算方法得到)。

2. 二维数组的初始化

格式:

Dim 数组名(,) As 数据类型符 = {{初值列表 1},{初值列表 2},…,{初值列表 n}}

功能:定义名为"数组名"的二维数组,同时给它的各行赋初值。二维数组的行数由

{}分组的个数确定。

【例 4-3】 二维数组初始化示例。

```
Dim Arr(,) As Short = New Short(2, 3) {{1, 2, 3, 4}, {5, 6, 7, 8}, {9, 10, 11, 12}}
```

该语句定义了具有 12 个元素的二维数组 Arr,并依次赋初值,初值情况为:Arr(0,0)=1、Arr(0,1)=2、Arr(0,2)=3、Arr(0,3)=4、Arr(1,0)=5、Arr(1,1)=6、Arr(1,2)=7、Arr(1,3)=8、Arr(2,0)=9、Arr(2,1)=10、Arr(2,2)=11 和 Arr(2,3)=12。

上述语句也可以写成:

```
Dim Arr(,) As Short = {{1, 2, 3, 4}, {5, 6, 7, 8}, {9, 10, 11, 12}}
```

4.2.3 改变数组大小

在 VB.NET 中,所有数组都是变长的,也可以说所有数组都是动态数组。在声明一个数组时,可以指定它的长度,但这个长度只是初始长度,在程序中可以使用 ReDim 语句来改变这个长度。ReDim 语句的格式与功能如下。

格式:

```
ReDim 数组名(下标 1 上界[,下标 2 上界…])
```

功能:重新定义由"数组名"指定的数组的大小。

【例 4-4】 ReDim 语句示例。

```
Dim Arr(10) As Integer
⋮
ReDim Arr(15)
```

后面的 ReDim 语句把原来的具有 10 个元素的数组 Arr 重新定义为具有 15 个元素的数组。

使用 ReDim 语句,需注意以下几个问题:

(1)使用 ReDim 语句重新定义一个数组时,不能改变数组的维数。

【例 4-5】 ReDim 语句改变数组维数的错误示例。

```
Dim Arr(10) As Integer
⋮
ReDim Arr(3,5)
```

错误原因:试图修改数组的维数。

(2)使用 ReDim 语句重新定义一个数组时,也不能改变数组的类型,除非数组类型定义为 Object 类型。

【例 4-6】 ReDim 语句改变数据类型的错误示例。

```
Dim Arr(10) As Integer
⋮
ReDim Arr(10) As Double
```

错误原因:试图修改数据类型为 Double。

(3)使用 ReDim 语句重新定义一个数组时,数组原有的值通常会丢失,但可以在 ReDim 语句中使用 Preserve 关键字来保持数组原有的值。

【例 4-7】 Preserve 关键字保留数组原有值示例。

```
Dim Arr(3) As Integer
For I = 0 To 3
    Arr(I) = I                    '各元素的值为 0、1、2、3
Next I
ReDim Preserve Arr(5)             '各元素的值为 0、1、2、3、0、0。如果没有 Preserve 关键字,
                                   则所有元素值均为 0
```

(4)如果在 ReDim 语句中使用 Preserve 关键字,那么只能改变数组最后一维的大小。

【例 4-8】 Preserve 关键字只能改变数组最后一维的大小的示例。

```
Dim Arr2(4,5) As Integer
ReDim Preserve Arr2(4,10)         '只改变最后一维的大小,是合法的
```

若修改为以下语句,则是不合法的:

```
Dim Arr2(4,5) As Integer
ReDim Preserve Arr2(5,10)         '试图改变二维的长度,是不合法的
```

4.2.4 LBound()函数和 UBound()函数

为了方便对数组的处理,VB.NET 提供了一些与数组操作有关的内部函数,其中 LBound()函数和 UBound()函数是非常重要的与数组有关的函数。下面介绍这两个函数的用法。

格式:

LBound(数组名[,维])
UBound(数组名[,维])

功能:LBound()函数——返回指定数组指定维的下标下界;UBound()函数——返回指定数组指定维的下标上界。

说明:"数组名"是声明的数组名。如果是一维数组,"维"可以省略。

【例 4-9】 数组相关函数测试。

```
Private Sub Button1_Click(ByVal sender As System.Object, ByVal e As System.EventArgs) _
Handles Button1.Click
    Const M = 3
    Const N = 6
    Dim a(M, N) As Integer    '定义二维数组 a
    Label1.Text = "数组 a 的第一维下界:" + CStr(LBound(a,1)) + " " + "上界:" + CStr(UBound(a,1))
    Label2.Text = "数组 a 的第二维下界:" + CStr(LBound(a,2)) + " " + "上界:" + CStr(UBound(a,2))
End Sub
```

程序的执行结果如图4-1所示。

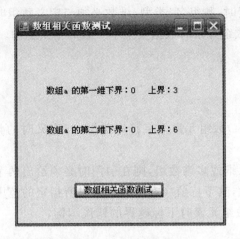

图4-1 数组相关函数测试

> **注意：**
> 在程序中一般无需使用 LBound()函数来测试某维的下界，因为在 VB.NET 中数组的每维的下标下界值均为0。

4.3 数组的引用

数组的引用通常是指对数组元素的引用，其方法是在数组后面的括号中指定下标。如 x(8)、y(2,3)、z%(3)。

要注意区分数组定义和数组元素。在下面的程序片断中：

```
Dim x(8)
⋮
Temp = x(8)
⋮
```

有两个 x(8)，其中 Dim 语句中的 x(8)不是数组元素，而是"数组说明符"，由它说明所建立的数组 x 的最大可用下标值为8；而赋值语句"Temp=x(8)"中的 x(8)是一个数组元素，它代表数组 x 中序号为8的元素。

一般来说，在程序中，凡是简单变量出现的地方，都可以用数组元素代替。数组元素可以参加表达式的运算，也可以被赋值。

【例4-10】 数组元素参加运算示例。

x(5) = x(2) + x(4)

在引用数组时,应注意以下几点:
(1)在引用数组元素时,数组名、类型、维数必须与定义数组时一致。

【例 4-11】 引用数组元素时数据类型不一致的错误示例。

```
Dim x(10) As Integer
⋮
Label1.Text = x(4)
```

最后一条语句中 x(4)数组元素为字符串类型,与定义时的整型不一致,所以程序会出错。

(2)如果建立的是二维或多维数组,则在引用时必须给出两个或多个下标。
(3)引用数组元素时,其下标值应在建立数组时所指定的范围内。

【例 4-12】 引用数组元素时下标越界的错误示例。

```
Dim Arr(20)
⋮
Label1.Text = Arr(24)
```

最后一条语句在引用数组 Arr 时,下标值超过了定义范围。

4.4 数组的典型应用

数组在实际编程中的应用非常广泛,主要是将数组与循环结构有效结合,用循环控制对每个数组元素的操作,下面介绍几个常见的数组应用问题。

4.4.1 求数组元素的平均值和最值

【例 4-13】 求 100 名学生《大学计算机基础》这门课程的总分、高于平均分的人数以及最高分。

【算法分析】

首先定义一个数组 S,包含 100 个数组元素,用来存放学员成绩。利用 For 循环分别输入 100 名学员的成绩,并将每名学员的成绩存储在数组 S 中;再将成绩累加到求和变量 Sum 中。循环结束后,求平均分,并将目前的最高分 Max 设为 0;然后再利用一个 For 循环,将存储的这 100 个成绩,分别和平均值比较,如果比平均值大,则计数器 over 累加1。同时,将当前的数组元素值与 Max 比较,如果比 Max 大,则 Max 等于当前值。循环结束后,over 中就是高于平均分的人数,Max 中就是最高分。

【操作步骤】

① 启动 VS。

② 选择"文件"→"新建项目"选项,弹出"新建项目"对话框。在该对话框的"项目类型"中选择"Visual Basic"下的"Windows",在"模板"选项中选择"Windows 窗体应用程序",在"名称"文本框中输入项目的名称,本例为"4-求数组元素的平均值和最值",如图 4-2所示。

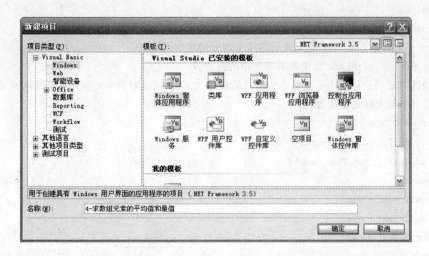

图 4-2 "新建项目"对话框

③ 在窗体上建立一个按钮控件,在"属性"窗口中修改它的 Text 属性为"运行",然后再插入 7 个标签控件,在"属性"窗口中设置它们的 Text 属性。其中要把 Label1、Label2 和 Label3 的 Text 属性设置为"空串",以便在程序运行时不显示任何内容,只有在求出结果时才显示对应内容。而 Label4、Label5、Label6 和 Label7 的 Text 属性如图 4-3 所示。

④ 双击按钮控件,进入代码编写窗口。
输入以下代码:

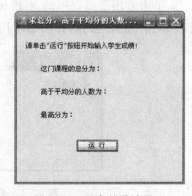

图 4-3 程序的设计界面

```
Private Sub Button1_Click(ByVal sender As System.Object, ByVal e As System.EventArgs) _
Handles Button1.Click
    Dim Sum, aver, Max As Single
    Dim over, n As Integer
    n = 0
    Dim S(99) As Integer
    For i = 0 To 99
        S(i) = Val(InputBox("输入学生成绩"))
        If S(i)>100 Or S(i)<0 Then    '为了让用户随时从输入学生成绩的过程中退出来,设置退出
                                      条件为分数大于100或小于0,用 Exit For 强行退出 For 循环
            Exit For
        End If
        Sum = Sum + S(i)
        n = n + 1    '统计用户实际输入的学生数,因为可能用户只输入了几名学生的成绩就退出了,
                      所以这时计算平均分时不能用总分除以100,应该除以实际的学生数
```

```
Next i
aver = Sum/n    '求平均分
over = 0        '用 over 变量表示超过平均分的学生人数
Max = 0         '用 Max 变量表示考生中的最高分
'因为可能用户只输入了几名学生的成绩就退出了,所以这时的 For 循环就不是从 0 至 99,应该
    是从 0 至实际的学生数 - 1
For i = 0 To n - 1
    If S(i) > aver Then over = over + 1
    If S(i) > Max Then Max = S(i)
Next
Label1.Text = Sum
Label2.Text = over
Label3.Text = Max
End Sub
```

⑤ 单击常用工具栏中的 ▶ 按钮(或按下键盘的 F5 键),运行的窗口界面如图 4-3 所示。单击"运行"按钮,弹出要求用户输入学生成绩的对话框,如图 4-4 所示。

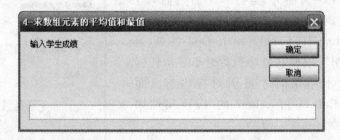

图 4-4 要求用户输入学生成绩的对话框

⑥ 输入"100",然后单击"确定"按钮,会再次弹出如图 4-4 所示的对话框,依次再输入"80"和"58"两个数据;最后输入"-1"退出循环,程序运行结果如图 4-5 所示。

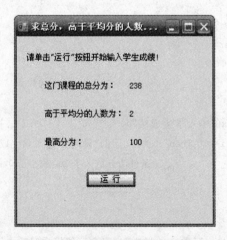

图 4-5 程序的运行结果界面

> 📖 **提示：**
> 这里输入了"-1"结束循环，其实只要输入的数小于 0 或大于 100 都会退出 For 循环。

4.4.2 交换数组中各元素

【例 4-14】 假设交换前数组 A 中存放的 10 个数据为 2、4、6、8、10、1、3、5、7、9，要求交换后的结果为 9、7、5、3、1、10、8、6、4、2。

【算法分析】

交换也就是数组中的第一个元素值 2 和第十个元素值 9 对调（这两个元素的下标和为 9），第 2 个元素值 4 和第 9 个元素值 7 对调（这两个元素的下标和也为 9），依次类推。这种反复对调的操作要重复 5 次，需要利用 For 循环来实现。循环体中的内容，是实现交换两个数组元素值的操作。注意，这里需要引入一个中间变量。

交换前	2	4	6	8	10	1	3	5	7	9
交换后	9	7	5	3	1	10	8	6	4	2

图 4-6 交换前后的对比

【操作步骤】

① 启动 VS。

② 选择"文件"→"新建项目"选项，弹出"新建项目"对话框。在该对话框的"项目类型"中选择"Visual Basic"下的"Windows"，在"模板"选项中选择"Windows 窗体应用程序"，在"名称"文本框中输入项目的名称，本例为"4-交换数组中各元素"，如图 4-7 所示。

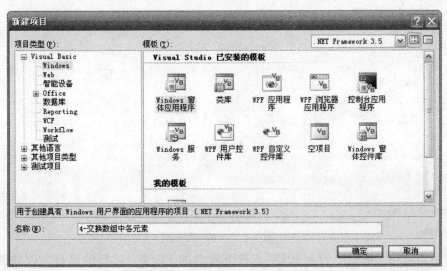

图 4-7 "新建项目"对话框

③ 在窗体上建立一个按钮控件,在"属性"窗口中修改它的 Text 属性为"交 换",然后再插入 4 个标签控件,在"属性"窗口中设置它们的 Text 属性。其中要把 Label4 的 Text 属性设置为"空串",以便在程序运行时不显示任何内容,只有在求出结果时才显示对应内容。而 Label1、Label2、Label3 的 Text 属性如图 4-8 所示。

图 4-8　程序的设计界面

④ 双击按钮控件,进入代码编写窗口。
输入以下代码:

```
Private Sub Button1_Click(ByVal sender As System.Object, ByVal e As System.EventArgs) _
Handles Button1.Click
    Dim i, t As Integer
    Dim a() As Integer = {2, 4, 6, 8, 10, 1, 3, 5, 7, 9}
    Dim s As String
    For i = 0 To 4
        t = a(i)
        a(i) = a(9 - i)
        a(9 - i) = t
    Next i
    '把数组元素的值连接成一个字符串在 label4 中显示出来
    s = " "
    For i = 0 To 9
    s = s + Str(a(i)) + " "
    Next
    Label4.Text = s
End Sub
```

⑤ 单击常用工具栏中的 ▶ 按钮(或按下键盘的 F5 键),运行的窗口界面如图 4-8 所示。单击"交换"按钮,弹出交换数组元素后的结果,如图 4-9 所示。

图 4-9　程序的运行结果界面

> **提示：**
> 数组中第一个元素下标为 0，最后一个元素下标为 9。

4.4.3　数组中元素的插入

【例 4-15】　假定一个数组 a，存放以下数据：1、4、7、10、13、16、19、22、25，要求将数值 14 插入到该数组中，并且不改变原来的升序排列。

【算法分析】

题目的要求分为两部分，首先解决为数组赋值的问题。定义一个存放整数的数组 a，注意，数组中存放 9 个数据，由于需要插入一个数据，所以数组元素的个数应改为 10。

第二个问题是向数组 a 中插入数据。首先需要确定这个数据插入的位置。假定把插入位置的数组下标设为 k，既然是升序排列，不妨让数组下标 k 值从 0 开始，逐一递增，如果当前的数组元素值 a(k) 大于 14，就表示当前的 k 值就是插入的位置，然后实现插入操作，如图 4-10 所示。插入操作不是简单的数组元素赋值，需要将要插入的新元素的位置后面的所有数组元素都向后移动一个位置，然后再插入新元素，这样处理之后才能正确地将 14 插入到 a(k) 位置。

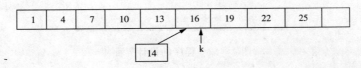

图 4-10　数组元素的插入位置

【操作步骤】

① 启动 VS。

② 选择"文件"→"新建项目"选项，弹出"新建项目"对话框。在该对话框的"项目类型"中选择"Visual Basic"下的"Windows"，在"模板"选项中选择"Windows 窗体应用程

序",在"名称"文本框中输入项目的名称,本例为"4-数组中元素的插入",如图4-11所示。

图4-11 "新建项目"对话框

③ 在窗体上建立一个按钮控件,在"属性"窗口中修改它的Text属性为"插入",然后再插入4个标签控件,在"属性"窗口中设置它们的Text属性。其中要把Label4的Text属性设置为"空串",以便在程序运行时不显示任何内容,只有在求出结果时才显示对应内容。而Label1、Label2、Label3的Text属性如图4-12所示。

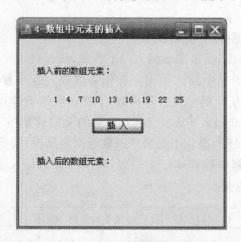

图4-12 程序的设计界面

④ 双击按钮控件,进入代码编写窗口。
输入以下代码:

```
Private Sub Button1_Click(ByVal sender As System.Object, ByVal e As System.EventArgs) _
Handles Button1.Click
    Dim i, k As Integer
```

```
Dim a() As Integer = {1, 4, 7, 10, 13, 16, 19, 22, 25}
Dim s As String
'定义的数组 a 中存放 9 个数据,由于需要插入一个数据,所以数组元素的个数应改为 10,这就
 需要 ReDim 语句。但一定要使用 Preserve 关键字来保持数组原有的值,否则数组元素的值都变
 为 0
ReDim Preserve a(9)
For k = 0 To 8
   If a(k) > 14 Then Exit For
Next k
'如果退出上面的 For 循环后 k 的值等 8,并且 a(k) < 14 ,说明一直到数组的最后一个元素也
 没有大于 14 的数,那么就应该把 14 放在数组的最后面
If k = 8 And a(k) < 14 Then
   a(k + 1) = 14
Else
   For i = 8 To k Step - 1
      a(i + 1) = a(i)
   Next i
      a(k) = 14
End If
'把数组元素的值连接成一个字符串在 label4 中显示出来
s = " "
For i = 0 To 9
   s = s + Str(a(i)) + " "
Next
Label4.Text = s
End Sub
```

⑤ 单击常用工具栏中的 ▶ 按钮(或按下键盘的 F5 键),运行的窗口界面如图 4 - 12 所示。单击"插入"按钮,弹出插入数组元素后的结果,如图 4 - 13 所示。

图 4 - 13　程序的运行结果界面

> **提示：**
> 感兴趣的读者可以将 ReDim Preserve a(9) 中的 Preserve 去掉，看看程序的运行结果如何。

4.4.4 数组中元素的删除

【例 4-16】 假定一个数组 A，其中存放了以下数据：1、4、7、10、13、14、16、19、22 和 25，要求通过输入对话框输入需要删除的数组元素的序号，删除该下标对应的数组元素。

【算法分析】

首先使用 InputBox() 函数，弹出输入对话框，将输入的序号赋值给 k。从下标为 k 的数组元素开始，将其后面的元素依次向前移动一位，这样才能完成删除操作，如图 4-14 所示。

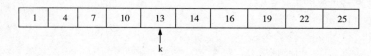

图 4-14 要删除的数组元素

【操作步骤】

① 启动 VS。

② 选择"文件"→"新建项目"选项，弹出"新建项目"对话框。在该对话框的"项目类型"中选择"Visual Basic"下的"Windows"，在"模板"选项中选择"Windows 窗体应用程序"，在"名称"文本框中输入保存的名称，本例为"4-数组中元素的删除"，如图 4-15 所示。

图 4-15 "新建项目"对话框

③ 在窗体上建立一个按钮控件,在"属性"窗口中修改它的 Text 属性为"删除",然后再插入 4 个标签控件,在"属性"窗口中设置它们的 Text 属性。其中要把 Label4 的 Text 属性设置为"空串",以便在程序运行时不显示任何内容,只有在求出结果时才显示对应内容。而 Label1、Label2、Label3 的 Text 属性如图 4-16 所示。

图 4-16 程序的设计界面

④ 双击按钮控件,进入代码编写窗口。

输入以下代码:

```
Public Class Form1
    Dim a() As Integer = {1, 4, 7, 10, 13, 14, 16, 19, 22, 25}
    Dim n As Integer = 0    'n变量用来统计按了几下"删除"按钮,因为每执行一次,数组元素个数
                              就应该少一个
    Private Sub Button1_Click(ByVal sender As System.Object, ByVal e As System.EventArgs) _
    Handles Button1.Click
        Dim i, j As Integer
        Dim s, k As String
        k = Val(InputBox("请输入需要删除的数组元素的序号:"))
        j = UBound(a)         '求出数组 a 的最大下标(即下标上界),用来确定循环次数
        For i = k To j - 1 - n
            a(i) = a(i + 1)
        Next i
        n = n + 1
        '把数组元素的值连接成一个字符串在 label4 中显示出来
        s = " "
        For i = 0 To j - n    '因为删除了几个数据,显示时就不应该将后面的数据显示出来(如果把
                                For i = 0 To j - n 改成 For i = 0 To j 结果会怎样呢?请读者试一试)
            s = s + Str(a(i)) + " "
        Next
        Label4.Text = s
```

```
End Sub
End Class
```

⑤ 单击常用工具栏中的按钮(或按下 ▶ 键盘的 F5 键),运行的窗口界面如图 4 – 16 所示。单击"删除"按钮,弹出如图 4 – 17 所示的提示对话框,要求用户输入要删除的元素的序号,如输入"2",单击"确定"按钮后会弹出如图 4 – 18 所示的运行结果。

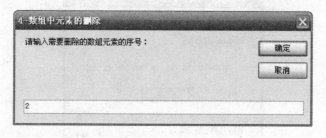

图 4 – 17 提示对话框

⑥ 再次单击"删除"按钮,将再次弹出如图 4 – 17 所示的提示对话框,要求用户输入要删除的元素的序号,如输入 0,单击"确定"按钮后会弹出如图 4 – 19 所示的运行结果。

 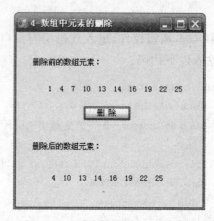

图 4 – 18 删除下标为 2(即数字 7)　　　　图 4 – 19 删除下标为 0(即数字 1)
　　　　的数组元素后的运行结果　　　　　　　　　　的数组元素后的运行结果

> 📖 提示:
> 　　这个程序的功能支持多次"删除",即多次按下"删除"按钮,但是要注意输入的删除数据元素的序号必须满足不大于数组的下标上界。如果想要用代码验证用户输入的数据是否合法,请读者自己思考解决。

4.4.5　冒泡排序

冒泡排序是一个非常经典的排序算法。排序,就是把一组数据按照一定的顺序排列的操作。冒泡排序则是排序方法的一种,因为这种排序的原理是值较小的数据元素会像

"气泡"一样,"浮到"这组数的顶部,所以称之为冒泡排序。冒泡排序就是从数据组的第一项开始,每一项都与下一项进行比较,如果下一项的值较小,就将这两项的位置交换,从而使值较小的数据项"升"到上面。这种操作反复进行,直到数据组的结束,然后再回到开头进行重复处理。当整个数据组自始至终再也不出现项目交换时,全部数据项的排序即告结束。

例如,一组数据:10,5,7,3。将它们按照升序排序,排序的过程如下。

(1)第一轮比较 10,5,7,3。

① 比较 10 和 5,10 大于 5,没有按照升序排列,所以需要交换这两个数的位置,得到的结果是:5,10,7,3。

② 比较 10 和 7,10 大于 7,没有按照升序排列,需要对这两个数的位置进行交换,得到的结果是:5,7,10,3。

③ 比较 10 和 3,10 大于 3,没有按照升序排列,需要对这两个数的位置进行交换,得到的结果是:5,7,3,10。

通过对这 4 个数进行 3 次比较,找到了这 4 个数的最大值 10。

(2)第二轮比较 5,7,3。

① 比较 5 和 7。5 小于 7,已经按照升序排列,不需要交换位置。

② 比较 7 和 3。7 大于 3,没有按照升序排列,需要对这两个数的位置进行交换,得到的结果是:5,3,7。

在第二轮中通过对 5,7,3 进行 2 次比较,找到这 3 个数的最大值 7。

(3)第三轮比较 5,3。

在这一轮的比较中,由于只有两个数,所以只需要比较一次。

比较 5 和 3,5 大于 3,没有按照升序排列,需要对这两个数的位置进行交换,得到的结果是:3,5。

至此,可以确认这组数据已经排序完毕,排序的结果为 3,5,7,10。这个排序过程,就是冒泡排序。

【例 4-17】 从键盘上输入 10 个整数,用冒泡排序对这 10 个数从小到大排序。

【算法分析】

首先要定义一个一维数组,通过 For 循环完成数组元素的输入。冒泡排序是通过双重循环实现的:第一重循环确定参加比较的数据个数;第二重循环确定每轮比较的比较次数,恰好是第一重循环变量减去 1。在排序时,程序判断前一个数是否大于后一个数,如果大于,则交换这两个数的位置,交换通过一个临时变量来完成;最后输出排序结果。

【操作步骤】

① 启动 VS。

② 选择"文件"→"新建项目"选项,弹出"新建项目"对话框。在该对话框的"项目类型"中选择"Visual Basic"下的"Windows",在"模板"选项中选择"Windows 窗体应用程序",在"名称"文本框中输入项目的名称,本例为"4-冒泡排序",如图 4-20 所示。

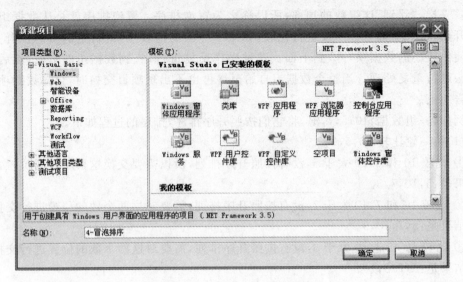

图 4-20 "新建项目"对话框

③ 在窗体上建立一个按钮控件,在"属性"窗口中修改它的 Text 属性为"单击这里输入 10 个整数",然后再插入 3 个标签控件,在"属性"窗口中设置它们的 Text 属性。其中要把 Label1 的 Text 属性设置为"空串",以便在程序运行时不显示任何内容,只有在求出结果时才显示对应内容。而 Label2、Label3 的 Text 属性如图 4-21 所示。

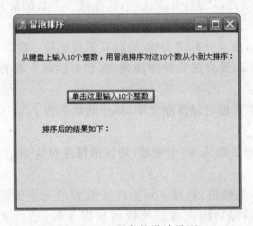

图 4-21 程序的设计界面

④ 双击按钮控件,进入代码编写窗口。
程序如下:

```
Private Sub Button1_Click(ByVal sender As System.Object, ByVal e As System.EventArgs) _
Handles Button1.Click
    Dim a(9), num As Integer
    Dim str1 As String
    str1 = " "
    For i = 0 To 9
```

```
        a(i) = Val(InputBox("输入需要进行排序的数据"))
    Next i
    For i = 10 To 2 Step - 1        '冒泡排序主体程序段
        For j = 1 To i - 1
            If a(j - 1) > a(j) Then
                num = a(j - 1)
                a(j - 1) = a(j)
                a(j) = num
            End If
        Next j
    Next i
    For i = 0 To 9
        Str1 = Str1 + Str(a(i))
    Next i
    Label1.Text = str1
End Sub
```

⑤ 单击常用工具栏中的 ▶ 按钮(或按下键盘的 F5 键),运行的窗口界面如图 4-21 所示。单击"单击这里输入 10 个整数"按钮,弹出如图 4-22 所示的提示对话框,要求用户输入要进行排序的数据,如输入"10"、"120"、"37"、"45"、"6"、"78"、"100"、"56"、"98"、"88",则运行结果如图 4-23 所示。

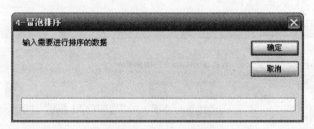

图 4-22　提示对话框

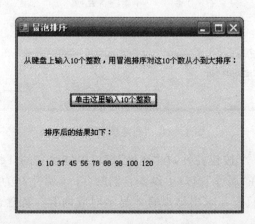

图 4-23　排序后的结果

4.5 For Each 语句

For Each 语句是专用于对数组、对象集合等数据结构中的每一个元素进行循环操作的语句,通过它可以列举数组、对象集合中的每一个元素,并且通过执行循环体对每一个元素进行需要的操作。For Each 语句的格式和功能如下。

格式:

For Each 变量名 in 数组或对象集合
  循环体
Next 变量名

功能:对数组或对象集合中的每一个元素(用"变量名"表示)执行循环体中的语句。

【例 4-18】 使用 For Each 语句编写求二维数组的最小值问题。

【操作步骤】

① 启动 VS。

② 选择"文件"→"新建项目"选项,弹出"新建项目"对话框。在该对话框的"项目类型"中选择"Visual Basic"下的"Windows",在"模板"选项中选择"Windows 窗体应用程序",在"名称"文本框中输入项目的名称,本例为"4-求二维数组最小值",如图 4-24 所示。

图 4-24 "新建项目"对话框

③ 在窗体上建立一个按钮控件,在"属性"窗口中修改它的 Text 属性为"运行",然后再插入两个标签控件,在"属性"窗口中设置它们的 Text 属性都为"空串",以便在程序运行时不显示任何内容,只有在求出结果时才显示对应内容。程序的设计界面如图 4-25 所示。

第4章 数组

图 4-25 程序的设计界面

④ 双击按钮控件,进入代码编写窗口。

程序如下:

```
Private Sub Button1_Click(ByVal sender As System.Object, ByVal e As System.EventArgs) _
Handles Button1.Click
    Const M As Integer = 2, N As Integer = 3
    Dim Min, t As Integer
    Dim i, j As Integer
    Dim Arr(M, N) As Integer
    Randomize()
    For i = 0 To M          '该循环用随机函数给二维数组的所有元素赋值
        For j = 0 To N
            Arr(i, j) = Int(90 * Rnd()) + 10
        Next j
    Next i
    Label1.Text = "随机产生的二维数组如下:"
    For i = 0 To M          '该循环把二维数组的所有元素显示出来
        Label1.Text = Label1.Text + Chr(10) + Chr(13)
        For j = 0 To N
            Label1.Text = Label1.Text + CStr(Arr(i, j)) + " "
        Next j
    Next i
    Min = Arr(0, 0)         '首先认为第一个元素值最小
    For Each t In Arr       'For Each 语句,t 代表数组的每一个元素
        If Min > t Then     '如果数组中的元素值比 Min 的值小,则用 Min 记下该元素值
            Min = t
        End If
    Next t
    Label2.Text = "数组中的最小值为:" + CStr(Min)        '显示最小值
End Sub
```

⑤ 单击常用工具栏中的 ▶ 按钮(或按下键盘的 F5 键),运行的窗口界面如图 4-25 所示。单击"运行"按钮,运行结果如图 4-26 所示。

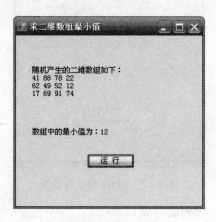

图 4-26 运行结果

小 结

数组可以看成是很多个变量的集合,是处理多个相同类型的数据的一种常见方法。本章较为系统地介绍了数组的基本概念、基本操作以及几个数组的典型应用。本章的主要内容如下:
- 数组的相关知识,如数组的概念、形式、维数等。
- 一维数组与多维数组的定义与初始化、改变数组大小、数组的常用内部函数以及数组元素的引用的介绍。
- 数组的典型应用,包括求最值问题、数组元素的交换、插入与删除、冒泡排序等。
- For Each 语句的使用。

练 习 题

选择题

1. 下列定义数组语句正确的是( )。
   A. Dim Arr(1 To 8) As Integer　　　B. Dim Arr() As Integer＝{1,2,3}
   C. Dim Arr(3) As Integer＝{1,2,3,4}　　D. Dim Arr(1 To 2)＝{1,2}
2. 有如下程序:
   Dim a(3, 3), m, n As Integer
   For m = 1 To 3
   　　For n = 1 To 3
   　　　　a(m, n) = (m－1) * 3 + n
   　　Next n
   Next m
   TextBox1.Text = " "

```
            For m = 2 To 3
                For n = 1 To 2
                    TextBox1.Text = TextBox1.Text + CStr(a(n, m)) + " "
                Next n
            Next m
```

运行后,TextBox1 中显示的文本是(　　)。

A. 2 5 3 6　　　　B. 2 3 5 6　　　　C. 4 7 5 8　　　　D. 4 5 7 8

3. 已知有如下数组定义语句:

Dim Arr(4,5) As Integer

则以下 ReDim 语句不正确的是(　　)。

A. ReDim Arr(2, 3)　　　　　　　　B. ReDim Preserve Arr(2, 3)

C. ReDim Preserve Arr(4, 6)　　　　D. ReDim Preserve Arr(3, 5)

填空题

1. 已知有如下语句:

Dim Arr(5,5) As Integer

则该数组的最后一个元素是(　　)。

2. 在 VB.NET 中,数组元素的下标是从(　　)开始。

3. 已知有如下语句:

Dim Arr(5) As Integer

现在要求将数组元素的个数改为 10,且保留数组中原有元素的值,应执行语句(　　)。

4. 已知数组 Arr 是二维数组,在程序中要知道该数组第二维的下标上界,应执行语句(　　)。

编程题

1. 编写一个学生姓名录入的程序。要求:
   ① 用户可以在文本框中输入学生的姓名,单击"创建数组"按钮后可以把学生姓名存储在数组中,并且在标签控件中显示数组中的所有学生的姓名。
   ② 如果不输入学生姓名就单击"创建数组"按钮,提示"学生姓名必须填写"。
   ③ 如果输入的学生已经达到 3 个,在录入第 4 个学生姓名的时候,提示"已经达到数组最大值,不能再增加学生姓名!",并使"创建数组"的按钮不起作用。

2. 现有 3 个大小相同的整型数组 a、b、c,对数组 a 和 b 分别进行初始化操作,然后将数组 a 和 b 的对应元素相加,将结果保存到数组 c 中,即 c(1)=a(1)+b(1),…,c(2)=a(2)+b(2),并将数组 a、b、c 的元素分别输出到窗体上。要求:a 数组长度为 4,元素值分别是 12、8、12、71;b 数组长度为 4,元素值分别是 6、5、61、99。

3. 编写计算平均分的程序,要求计算由用户输入的分数的平均分。

4. 把 3 名学生的上次月考成绩数组复制到目标数组中,然后把新的月考成绩放到源数组,再进行两个数组的比较,观察学生的成绩是否有进步。

第 5 章 过 程

VB.NET 将一些常用的算法作为标准函数提供给用户使用,用户只需使用标准函数名和需要运算的自变量,即可得到相应的结果。在实际应用中,用户除了需要使用系统提供的标准函数外,会发现在一个应用程序中需要多次重复使用某语句但又不便利用循环结构来解决的问题,因而 VB.NET 为用户提供了可以在程序中定义和使用类似标准函数的 Function 过程和 Sub 过程来解决这类问题。在程序设计中使用 Function 过程和 Sub 过程的好处在于:减少重复劳动,简化程序设计任务,使得程序容易调试,一个程序中的 Function 过程和 Sub 过程往往不必修改或稍作修改即可被另一个程序使用。

5.1 Function 过程

【例 5-1】 计算 C_m^n,程序界面如图 5-1 所示。

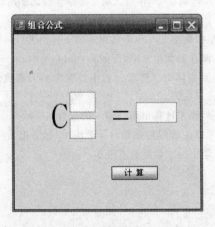

图 5-1 程序界面

【算法分析】

根据组合公式可以将其分解成 3 个数据的阶乘计算，$C_m^n = \dfrac{m!}{n!(m-n)!}$。程序代码如下：

```
Private Sub Button1_Click(ByVal sender As System.Object, ByVal e As System.EventArgs) _
Handles Button1.Click
    Dim m As Integer, n As Integer, c As Integer
    Dim factm As Long, factn As Long, factmn As Long
    n = Val(TextBox1.Text)         '接收数据 n
    m = Val(TextBox2.Text)         '接收数据 m
    factm = 1                      '计算 m!
    For i = 1 To m
        actm = factm * i
    Next i
    factn = 1                      '计算 n!
    For i = 1 To n
        factn = factn * i
    Next i
    factmn = 1                     '计算(m-n)!
    For i = 1 To m - n
        factmn = factmn * i
    Next i
    c = factm/(factn * factmn)     '组合的计算
    TextBox3.Text = Str(c)         '输出组合的结果
End Sub
```

通过观察上面的程序段大家会发现其中的 For 语句被执行了多次，而且写法极为相似。如果有一个现成的像 $\mathrm{Sin}(x)$ 一样的计算阶乘的系统函数，那么该程序就会简化很多，不会那么冗长，而且很明显，程序代码一长，程序的结构显得不够清晰。因此，不妨自己定义一个求阶乘的函数过程，这样在主程序代码中，就可以像调用标准函数一样多次调用它。

计算阶乘的过程定义如下：

```
Public Function fact(x as Integer) As Long
    Dim i as Integer
    Fact = 1
    For i = 1 to x
        Fact = fact * i
    Next i
End Function
```

窗口中按钮控件的代码内容如下：

```
Private Sub Button1_Click(ByVal sender As System.Object, ByVal e As System.EventArgs) _
    Handles Button1.Click
    Dim m As Integer, n As Integer, c As Double
    n = Val(Textbox1.Text)           '接收数据 n
    m = Val(TextBox2.Text)
    c = fact(m)/(fact(n) * fact(m - n))
    TextBox3.Text = Str(c)
End Sub
```

可以看出,上面的代码结构清晰,主要包括以下几个方面。

① 输入数据:$n=\text{Val}(\text{Textbox1.Text})$ 和 $m=\text{Val}(\text{TextBox2.Text})$。

② 分别调用计算阶乘的函数过程,完成组合的计算:$c=\text{fact}(m)/(\text{fact}(n)*\text{fact}(m-n))$。

③ 显示组合计算的结果:$\text{TextBox3.Text}=\text{Str}(c)$。

从例 5-1 可以看出,对于重复使用的程序段,通过自定义成函数过程,多次调用,可以减少程序的编写量,提高程序代码的结构清晰度。

5.1.1 定义与建立函数过程

1. 定义函数过程

格式:

[Private|Friend|Public|Protected|Protected Friend]Function 函数过程名([参数列表])[As 类型]
　　语句块
　　[过程名=表达式]|[Return 表达式]
　　[Exit Function]
　　[语句块]
End Function

功能:定义函数过程。

说明:

(1)Function 函数过程应以 Function 语句开头,以 End Function 语句结束,而中间则是描述函数过程操作的语句,称为函数体或者过程体。

(2)以关键字 Private 开头的通用过程是模块级的(私有的)过程,只能被本模块内的事件过程或其他过程调用。以关键字 Public 选项开头的通用过程是公有的或全局的过程,在应用程序的任何模块中都可以调用它。以 Friend 开头的通用过程只能在本项目或组件的范围外,被其他过程调用。Protected 与类的继承有关。

(3)函数名的命名规则与变量名的命名规则相同。在同一个模块中,函数过程名必须唯一,不能与模块变量同名,也不能与调用该函数过程的调用程序中的局部变量同名。在函数体内,可以像使用简单变量一样使用函数名。

(4)"参数列表"中的参数称为形式参数,简称形参,它可以是变量名或数组名。若有多个参数时,各参数之间用逗号分隔。VB.NET 的过程可以没有参数,但一对圆括号不可以省略。不含参数的过程称为无参过程,带有参数的过程称有参过程。每个形参的定义格式有以下几种：

格式1：

[Optional] ByVal 变量名 As 类型

格式2：

[Optional] ByRef 变量名 As 类型

格式3：

ByVal|ByRef ParamArray 参数数组名() As 类型

功能：定义形参。

说明：ByVal 表示其后的形参是按值传递参数，或称为"传值"方式；ByRef 表示其后的参数是按引用传递参数，或称为"传址"方式。如果形式参数之前有 Optional 关键字，则表示该参数是一个可选参数。ParamArray 关键字用来声明参数数组，参数数组可以用来接受任意多个实参。"格式1"和"格式2"中的变量名也可以是数组名，若是数组名应在其后加上圆括号"()"。

(5) As 类型，定义函数过程返回值的数据类型，若缺省，则为 Object。

(6) 在函数过程体内通过"过程名＝表达式"给过程名赋值，所赋的值就是函数过程的返回值。也可以直接使用 Return 表达式语句来返回函数值，表达式的值就是函数过程的返回值。

(7) Exit Function，退出函数过程。

(8) 过程的定义是相对独立的，一个过程并不从属于另一个过程，即 Function 函数过程不能嵌套定义，在函数过程中不可以再定义 Sub 过程或 Function 过程。

2. 建立函数过程

(1) 在窗体中建立函数过程

在窗体中建立函数过程的一般步骤如下：

① 在"解决方案资源管理器"对话框中，找到需要的窗体并双击它。

② 打开代码对话框。

③ 在窗体的代码窗口的通用声明段中定义函数过程，直接输入函数过程代码，如图 5-2 所示。

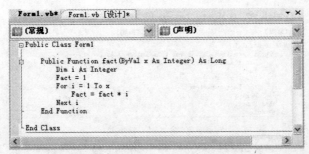

图 5-2　在窗体中建立函数过程

(2) 在模块中建立函数过程

为项目添加模块并在模块中建立函数过程的一般步骤如下：

① 执行"项目"菜单中的"添加模块"命令，弹出如图 5-3 所示的"添加新项"对话框。

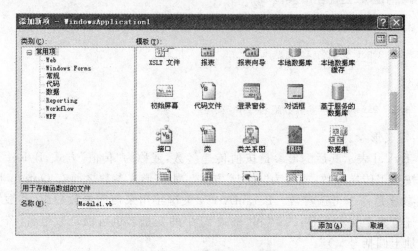

图 5-3　"添加新项"对话框

② 在"添加新项"对话框的"模板"内选择"模块"，在"名称"文本框中输入模块文件名（图中为"Module1.vb"）；然后单击"添加"按钮，在代码对话框中将显示建立起来的该模块的模板，如图 5-4 所示。

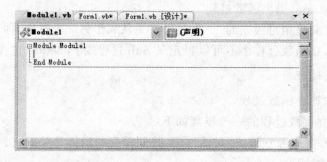

图 5-4　创建的模块文件的模板

③ 在如图 5-4 所示的光标所在处可以输入要建立的函数过程代码，如图 5-5 所示。

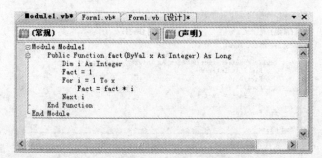

图 5-5　输入要建立的函数过程代码

④ 单击工具栏上的 ■ 按钮或选择"文件"→"保存 Module1.vb"选项,都会把模块文件保存起来,同时也保存了建立在其中的函数过程。

5.1.2 调用函数过程

1. 函数过程的调用方法

函数过程的调用和标准函数相同。

格式:

函数过程名([参数列表])

功能:调用函数过程。

说明:

(1)参数列表,列表中的参数称为实际参数,简称实参。主程序或过程通过实参将数据传递给被调过程使用,要是函数被正确调用,实参的个数、位置、类型与形参要完全一致。实参可以是同类的常量、变量和表达式。

(2)调用 Function 过程,需要给参数加上括号,当调用无参函数,括号可以缺省。

(3)由于函数过程名返回一个值,故与标准函数一样,函数过程不能作为单独的语句使用,只能作为表达式或者表达式中的一部分,如 $c=\mathrm{fact}(m)/(\mathrm{fact}(n) * \mathrm{fact}(m-n))$。

2. 函数过程调用的执行过程

Function 过程必须在事件过程或其他过程中显式调用,否则函数过程代码就永远不会被执行。在调用程序中,程序执行到调用函数过程的语句后,系统就会将控制转移到被调用的函数过程的定义部分。调用函数过程的执行过程如图 5-6 所示:主程序开始运行,当运行遇到调用 fun1()过程的语句,程序转去执行 fun1()过程;在 fun1()过程的执行过程中又遇到调用 fun2()过程的调用语句,程序又转去执行 fun2()过程;当 fun2()过程执行完毕后,程序返回到 fun1()过程继续执行;fun1()过程执行完毕后,程序返回到主程序继续执行,直到程序执行结束。

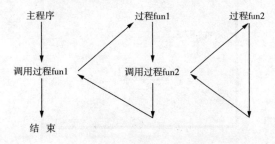

图 5-6 函数过程调用示意图

【例 5-2】 编写一个 Max()函数,求 3 个学生中计算机成绩的最高分。

【操作步骤】

① 启动 VS。

② 选择"文件"→"新建项目"选项,弹出"新建项目"对话框。在该对话框的"项目类

型"中选择"Visual Basic"下的"Windows",在"模板"选项中选择"Windows 窗体应用程序",在"名称"文本框中输入项目的名称,本例为"5-用过程实现 Max 函数",如图 5-7 所示。

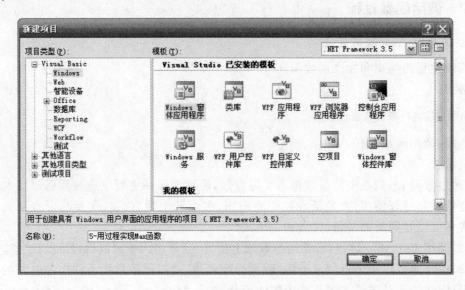

图 5-7 "新建项目"对话框

③ 在窗体上建立一个按钮控件,在"属性"窗口中修改它的 Text 属性为"运行";然后再插入 3 个标签控件,在"属性"窗口中设置它们的 Text 属性。其中要把 Label3 的 Text 属性设置为"空串",以便在程序运行时不显示任何内容,只有在求出结果时才显示对应内容;而 Label1、Label2 的 Text 属性如图 5-8 所示。

图 5-8 程序的设计界面

④ 双击按钮控件,进入代码编写窗口。
输入以下代码:

```
Private Sub Button1_Click(ByVal sender As System.Object, ByVal e As System.EventArgs) _
Handles Button1.Click
```

```
    Dim a As Integer, b As Integer, c As Integer, d As Integer
    a = Val(InputBox("请输入第一个学生的计算机成绩"))
    b = Val(InputBox("请输入第二个学生的计算机成绩"))
    c = Val(InputBox("请输入第三个学生的计算机成绩"))
    d = Max(Max(a, b), c)    '连续两次调用 Max()函数,将函数返回的最大值赋给变量 d
    Label3.Text = d
End Sub
```

⑤ 将光标放置在代码窗口第一行代码"Public Class Form1"的后面,单击"回车"键,输入如下代码,实现 Max()函数的定义。

```
Public Function Max(ByVal x As Integer, ByVal y As Integer) As Integer
    If x > y Then            '通过比较,将最大值赋予 Max
        Max = x              '给函数名 Max 赋值
    Else
        Max = y              '给函数名 Max 赋值
    End If
End Function
```

完成后的代码窗口如图 5-9 所示。

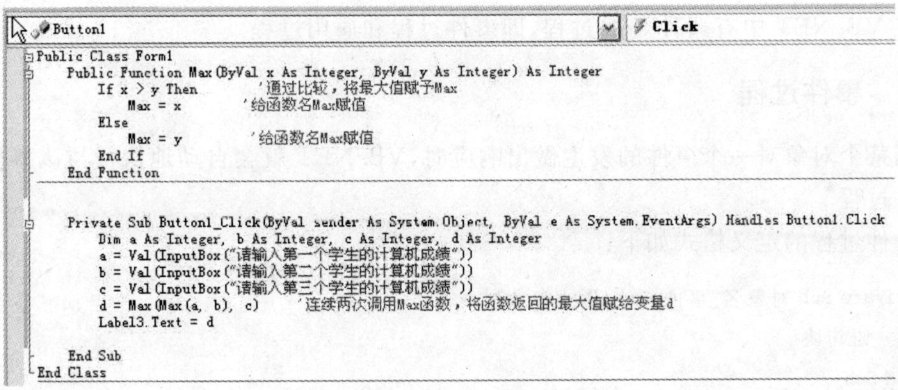

图 5-9 代码窗口

⑥ 单击常用工具栏中的 ▶ 按钮(或按下键盘的 F5 键),运行的窗口界面如图 5-8 所示。单击"运行"按钮,弹出要求用户输入学生成绩的对话框,如图 5-10 所示。

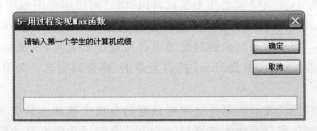

图 5-10 要求用户输入学生成绩的对话框

⑦ 输入"72",然后单击"确定"按钮,会再次弹出如图 5-10 所示的对话框,依次再输入"98"、"56"两个数据。程序运行结果如图 5-11 所示。

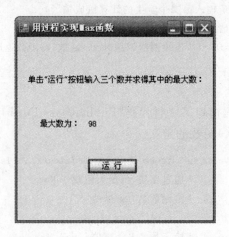

图 5-11　程序的运行结果界面

5.2　Sub 过程

在 VB.NET 中有两种 Sub 过程,即事件过程和通用过程。

5.2.1　事件过程

当某个对象对一个事件的发生做出响应时,VB.NET 就会自动地执行与该事件相关的事件过程。

事件过程的定义格式如下:

Private Sub 对象名_事件名([〈形式参数列表〉])
　　语句块
End Sub

功能:建立一个事件过程。

说明:

(1)一个对象的事件过程名前都有一个"Private"关键字,这表示该事件过程只能在定义的模块中被调用,在该模块之外不能被调用,即它的使用范围是模块级的。

(2)事件过程名是由对象的实际名称(Name 属性值)、下划线和事件名组合而成的。其中事件名是 VB.NET 为某对象能触发的事件所规定的名称,不能自己命名,如 Click、Load 等都是事件名。例如,在 Button1 控件上单击,将会调用名字为 Button1_Click 的事件过程。

(3)"形式参数列表"表示该事件过程所具有的参数个数和参数类型,由 VB.NET 系统的事件本身所决定,用户不能随意添加(如 Load 事件过程就没有参数)。

在 VB.NET 中,建立事件过程有专门的方法,其操作步骤如下:

①双击窗体或控件,打开代码对话框。
②在代码对话框的"对象"列表框中选择一个对象,如选择"Button1",如图 5-12 所示。

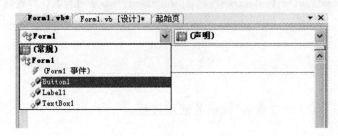

图 5-12 选择对象名

③在"事件过程"列表框中选择一个事件过程后,如选择"Click",如图 5-13 所示。

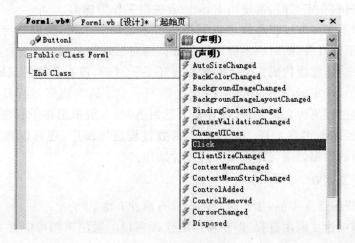

图 5-13 选择事件过程

④ 选择事件过程后,就会在代码对话框中自动产生该事件过程的模板,如图 5-14 所示。此时就可以在插入点处编写发生 Button1_Click 事件时应该执行的代码。

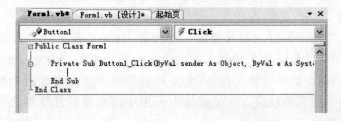

图 5-14 产生的 Button1_Click 事件过程模板

5.2.2 通用过程

通用过程与事件过程不同,它不依赖于任一对象,也不是由对象的某个事件激活的,只能由别的过程来调用。通用过程可以在窗体或模块中定义。

1. 定义通用过程

格式：

[Private|Friend|Public|Protected|Protected Friend] Sub 子过程名([参数列表])

    语句块

    [Exit Sub]

    [语句块]

End Sub

功能：建立一个由"子过程名"标识的通用过程。

说明：

(1)定义子程序过程时，以关键字 Sub 开头，结束于 End Sub，在它们之间是描述过程的操作语句块，称为子程序或过程体；Exit Sub 表示退出子过程，返回到主调过程的调用处。而函数过程在定义时，都使用 Function 关键字作为标志。

(2)子过程不像函数过程那样可以利用函数名返回一个值，所以在定义子程序过程中没有过程类型的设置，同时也不能在子过程体内对子过程名赋值。

(3)把某一功能模块代码定义为函数过程还是子过程，没有严格的规定，但只要能用函数过程定义的，肯定能用子过程定义；反之则不一定。通常当该过程具有一个返回值时，则使用函数过程更为直观；当过程有多个返回值时，一般采用在子程序过程中设置多个按地址方式传递的参数实现。子过程比函数过程适用面广，还可以被设计成无返回值，完成一系列的数据处理与计算无关的各种操作。

2. 建立通用过程

与函数过程的建立类似，建立通用过程具有两种方法。

(1)在窗体中建立通用过程，即在窗体的代码窗口的通用声明段中建立通用过程，直接输入通用过程代码。

(2)在模块中建立通用过程，即通过添加模块的方式，在模块的插入点所在处输入要建立的通用过程代码。在此不再赘述。

【例 5-3】 编写一个过程实现任意两个整型数据的内容互换。

【算法分析】

该过程要实现两个数据内容互换的一个操作，而并非是通过过程返回某个具体的值，所以一般采用子过程形式来实现。首先为子过程定义一个有意义的名称，如 Swap；其次，要考虑实现两个数据内容互换，需要外界提供给子程序过程两个数据，因此，必须定义两个相同类型的形参；最后，在过程体中采用中间变量的互换算法，实现数据互换。具体数据交换子程序定义如下：

```
Private Sub Swap(ByRef a As Integer, ByRef b As Integer)
    Dim t As Integer
    t = a
    a = b
    b = t
```

End Sub

3. 调用 Sub 过程

调用子过程有两种格式。

格式1：

Call 子过程名([参数列表])

格式2：

子过程名[(参数列表)]

功能：调用执行"子过程名"指定的过程。

说明：

(1)调用子过程是一个独立的语句。

(2)要求列表中的实参与形参列表中的个数、类型、顺序都相同。

【例5-4】 通过调用例5-3中的数据交换子程序，实现三个学生计算机成绩的降序排列。

【操作步骤】

① 启动 VS。

② 选择"文件"→"新建项目"选项，弹出"新建项目"对话框。在该对话框的"项目类型"中选择"Visual Basic"下的"Windows"，在"模板"选项中选择"Windows 窗体应用程序"，在"名称"文本框中输入项目的名称，本例为"5-三个学生计算机成绩的降序排列"，如图5-15所示。

图5-15 "新建项目"对话框

③ 在窗体上建立一个按钮控件，在"属性"窗口中修改它的 Text 属性为"排序"，然后再插入4个标签控件，在"属性"窗口中设置它们的 Text 属性。其中要把 Label2、Label4 的 Text 属性设置为"空串"，以便在程序运行时不显示任何内容，只有在求出结果时才显示对应内容。而 Label1、Label3 的 Text 属性设置为

Label1.Text＝"排序前 x,y,z 的值分别为："

Label3.Text＝"排序后 x,y,z 的值分别为："

如图 5-16 所示。

图 5-16 程序的设计界面

④ 双击按钮控件，进入代码编写窗口。

输入以下代码：

```
Private Sub Button1_Click(ByVal sender As System.Object, ByVal e As System.EventArgs) _
Handles Button1.Click
    Dim x, y, z As Integer
    x = InputBox("请输入第一个学生计算机成绩")
    y = InputBox("请输入第二个学生计算机成绩")
    z = InputBox("请输入第三个学生计算机成绩")
    Label2.Text = " " & x & " " & y & " " & z
    x = Val(x)
    y = Val(y)
    z = Val(z)
    If x <= y Then Call Swap(x, y)      '带 Call 的子过程调用
    If x <= z Then Swap(x, z)           '不带 Call 的子过程调用
    If y <= z Then Call Swap(y, z)      '带 Call 的子过程调用
    Label4.Text = Str(x) & Str(y) & Str(z)
End Sub
```

⑤ 将光标放置在代码窗口第一行代码"Public Class Form1"的后面，单击"回车"键，输入如下代码，实现 Swap 过程的定义。

```
Private Sub Swap(ByRef a As Integer, ByRef b As Integer)
    Dim t As Integer
    t = a
    a = b
    b = t
```

End Sub

完成后的代码窗口如图 5-17 所示。

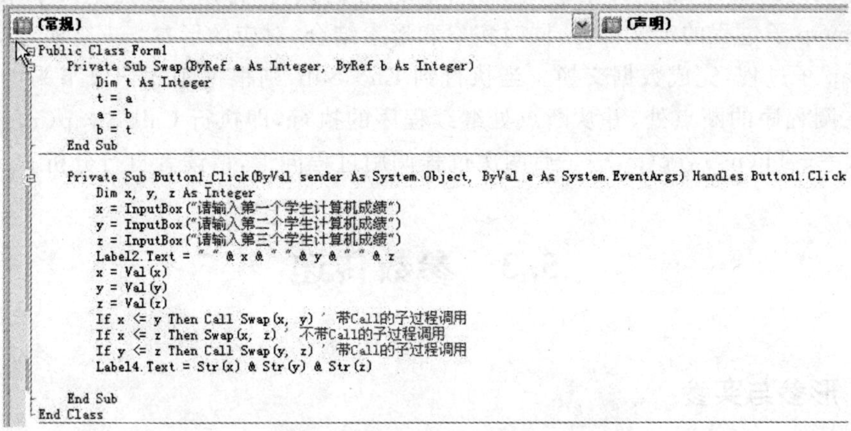

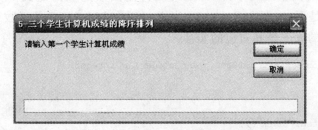

图 5-17　代码窗口

⑥ 单击常用工具栏中的 ▶ 按钮(或按下键盘的 F5 键),运行的窗口界面如图 5-16 所示。单击"排序"按钮,弹出要求用户输入学生成绩的对话框,如图 5-18 所示。

图 5-18　要求用户输入学生成绩的对话框

⑦ 输入"78",然后单击"确定"按钮,会再次弹出如图 5-18 所示的对话框(只是提示文字有些变化),依次再输入"65"和"90"两个数据。程序运行结果如图 5-19 所示。

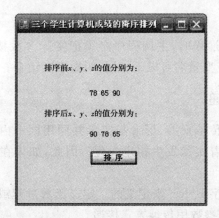

图 5-19　程序的运行结果界面

在上述程序运行过程中,调用子过程的执行流程类似于函数过程的调用。当用户单击命令按钮,触发命令按钮的单击事件过程的执行。当顺序执行到 Call Swap(x,y),发现有子过程的调用,系统立即中断该单击事件过程的执行,将该中断点记录下来;然后马上转去 Swap 子过程的定义部分,同时实参和形参结合,对应的形参 a、b 被实参 x、y 替代执行 Swap 子过程,完成数据交换。当执行到 End Sub,则根据刚才记录下来的中断点,返回到主调程序的断点处,并从断点处继续程序的执行,即执行 Call Swap(x,y)后续语句 If $x<=z$ Then Swap(x,z)。后两次过程调用过程同上,请读者自行分析。

5.3 参数传递

5.3.1 形参与实参

形参是出现在 Sub 或 Function 过程定义的形参表中的变量名;而实参是在调用 Sub 或 Function 过程时,传递给相应过程的变量名、常数或表达式,它们包含在过程调用的实参表中。

例如,在下面的程序代码中,第一至第三行是函数过程的定义部分,在函数过程名 Max 后面的 x、y 是形参;而在 Button1_Click 过程中 Max(a,b)是函数调用部分,此函数过程名 Max 后面的 a、b 是其对应的实参。

```
Private Function Max(x as integer, y as integer) as integer
    '过程代码
End Function
Private SubButton1_Click ()
    Dim a as integer, b as integer, c as integer
    '部分过程代码
    C = max(a,b)    '调用函数过程 Max
    '部分过程代码
End Sub
```

在调用函数过程和子过程时,主调程序必须把实际参数按位置依次传递给形式参数,实参表与形参表中对应变量名可以不相同,叫做形实结合。

5.3.2 传址参数的传递

传址是将实参的地址传给形参,形参与实参共同用同一内存单元。在过程执行时,形参发生任何变化就意味着实参发生相应变化。因此,如果在过程体中改变形参,实际上被改变的是实参。

传址方式是通过关键字 ByRef 来定义的。定义函数过程或者子过程时,如果形参前面有关键字 ByRef,表示该参数用传址方式传递。

【例 5-5】 传址方式的实例。

【操作步骤】

① 启动 VS。

② 选择"文件"→"新建项目"选项,弹出"新建项目"对话框。在该对话框的"项目类型"中选择"Visual Basic"下的"Windows",在"模板"选项中选择"Windows 窗体应用程序",在"名称"文本框中输入项目的名称,本例为"5-传址方式的实例",如图 5-20 所示。

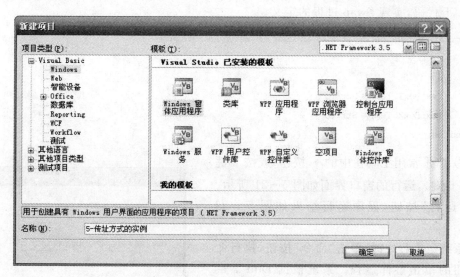

图 5-20 "新建项目"对话框

③ 在窗体上建立一个按钮控件,在"属性"窗口中修改它的 Text 属性为"运行",然后再插入 4 个标签控件和 4 个文本框控件,在"属性"窗口中设置 Label1、Label2、Label3 和 Label4 的 Text 属性如下:

Label1. Text = "$m=$"

Label2. Text = "$n=$"

Label3. Text = "$x=$"

Label4. Text = "$y=$"

设计好的程序界面如图 5-21 所示。

图 5-21 程序的设计界面

④ 双击按钮控件,进入代码编写窗口。

输入以下代码:

```
Private Sub Button1_Click(ByVal sender As System.Object, ByVal e As System.EventArgs) _
    Handles Button1.Click
    Dim x As Integer, y As Integer
    x = 10
```

```
y = 15
Call Value(x, y)
TextBox3.Text = Str(x)
TextBox4.Text = Str(y)
End Sub
```

⑤ 将光标放置在代码窗口第一行代码"Public Class Form1"的后面,单击"回车"键,输入如下代码,实现 Swap 过程的定义。

```
Private Sub Value(ByRef m As Integer, ByRef n As Integer)
    m = m * 2
    n = n - 5
    TextBox1.Text = Str(m)
    TextBox2.Text = Str(n)
End Sub
```

⑥ 单击常用工具栏中的 ▶ 按钮(或按下键盘的 F5 键),运行的窗口界面如图 5-21 所示。单击"运行"按钮,程序运行结果如图 5-22 所示。

系统运行程序时,单击"命令"按钮,执行命令按钮的单击事件过程。系统根据 Dim x as integer,y as integer 变量定义语句,在内存为 x、y 分配了相应的存储单元。当执行到 Call Value(x,y)语句时,将实参变量 x 的地址传递给形参 m,变量 y 的地址传给形参 n,即形参和实参共享同一存储单元。在 Value 过程中的赋值语句 $m=m*2$;$n=n-5$,分别将 m 的值改变

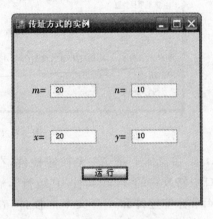

图 5-22 程序的运行结果界面

为 20,将 n 的值变为 10,所以输出 m、n 的值分别为 20、10。因为形参 m、n 与对应的 x、y 共享存储单元,所以 m、n 的值改变,就相当于对应实参变量 x、y 的改变。返回事件过程继续执行过程调用后的语句,输出 x、y 的值分别为 20、10。

由此可见,当形参与实参按"传址"方式结合时,实参的值跟随形参的值的变化而变化。

5.3.3 传值参数的传递

在调用带参数的函数过程或者子过程时,实参的值复制给函数过程或者子过程的形参,称为值传递(传值)。无论函数过程体中形参怎样变化,实参均不受影响。在 VB. NET 中,传值方式通过在形参前加关键字 ByVal 来实现。在定义函数过程或子过程时,如果形参前面有关键字 ByVal,则该参数采用传值方式。传值方式也是 VB. NET 默认的参数传递方式。

【例 5-6】 按值传递的实例。

说明：程序的所有设计内容及过程都与例 5-5 相同，只是把定义过程中的 ByRef 改成 ByVal，即

```
Private Sub Value(ByVal m As Integer, ByVal n As Integer)
    m = m * 2
    n = n - 5
    TextBox1.Text = Str(m)
    TextBox2.Text = Str(n)
End Sub
```

运行程序时，单击"命令"按钮，执行命令按钮的单击事件过程。系统根据 Dim x as integer，y as integer 变量定义语句，在内存为 x、y 分配了相应的存储单元。当执行到 Call Value(x,y)语句时，将实参变量 x 的值 10 传递给形参 m，变量 y 的值 15 传给形参 n。在 Value 过程中的赋值语句 $m=m*2$；$n=n-5$，分别将 m 的值改变为 20，将 n 的值变为 10，所以输出 m、n 的值分别为 20、10。因为形参 m、n 都是"传值"参数，并没有改变实参 x、y 的值，该过程运行完毕后，形参的值不会保留，返回事件过程继续执行过程调用后的语句，输出 x、y 的值分别为 10、15。程序输出结果如图 5-23 所示。

在上面的例 5-4 中，如果将 Swap 过程中的参数传递方式改为传值方式，则不会出现排序后的效果。程序运行结果如图 5-24 所示。

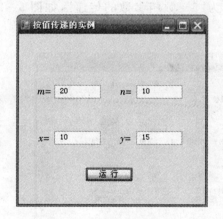

图 5-23 程序的运行结果界面

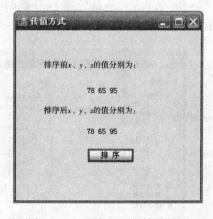

图 5-24 程序的运行结果界面

5.3.4 数组参数的传递

格式 1：

ByVal 形参数组名() As 类型

格式 2：

ByRef 形参数组名() As 类型

在调用带有形参数组的过程时，只需将对应的实参数组名放在实参表中即可，实参数组名后面不需带圆括号。

122 Visual Basic.NET 程序设计

在被调用过程中,可以对形参数组用 Redim 重新定义大小。若形参数组是按值传递的参数,则在被调过程中,无论是改变形参数组元素的值还是重新定义形参数组的大小,均不会影响对应的实参数组。若形参数组是按地址传递的参数,则在被调函数中,改变形参数组某元素的值也将影响到实参数组对应元素的值;若在被调用函数中改变形参数组的大小,则实参数组的大小也随之改变。

【例 5-7】 编写一个通用过程来求任意一维数组中的最大值,并把最大值存放在最后一个元素的后面(新增加的一个元素)。

【算法分析】

显然编写的通用过程应有一个形参数组接收传进来的实参数组,又希望通过该形参数组的一个新增加的元素来返回各数组元素的最大值,因此该形参数组应该是按地址传递的。为了给形参数组增加一个元素,可在通用过程中用 UBound() 函数得到形参数组的下标上界,然后使用 ReDim 语句重新定义形参数组的大小为原来的大小加 1,注意要使用 Preserve 关键字保证数组原来的元素大小不变。

【操作步骤】

① 启动 VS。

② 选择"文件"→"新建项目"选项,弹出"新建项目"对话框。在该对话框的"项目类型"中选择"Visual Basic"下的"Windows",在"模板"选项中选择"Windows 窗体应用程序",在"名称"文本框中输入项目的名称,本例为"5-数组参数的传递",如图 5-25 所示。

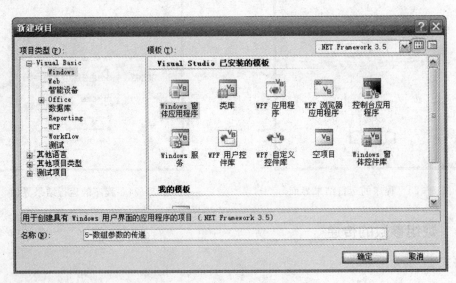

图 5-25 "新建项目"对话框

③ 在窗体上建立两个按钮控件,在"属性"窗口中分别修改它们的 Text 属性为"产生随机数组"、"求最大值";然后再插入两个标签控件和两个文本框控件,在"属性"窗口中设置 Label1 和 Label2 的 Text 属性如下:

Label1.Text="随机产生的数组如下:"

Label2.Text="该数组中的最大值为:"

设计好的程序界面如图 5-26 所示。

图 5-26 程序的设计界面

④ 双击按钮控件 Button1,进入代码编写窗口。

输入以下代码:

```
Private Sub Button1_Click(ByVal sender As System.Object, ByVal e As System.EventArgs) _
Handles Button1.Click
    Dim i As Integer
    Randomize()        '随机数初始化
    TextBox1.Text = " "
    For i = 0 To 9     '本循环随机产生 10 个数组元素值
        Arr(i) = Int(90 * Rnd() + 10)
        TextBox1.Text = TextBox1.Text + CStr(Arr(i)) + " "
    Next i
TextBox2.Text = " "    '当多次执行程序时,为了避免出现结果的混淆,所以将显示最大值结果的
                        文本框清空,当重新求出最大值时再显示出来
End Sub
```

⑤ 双击按钮控件 Button2,进入代码编写窗口。

输入以下代码:

```
Private Sub Button2_Click(ByVal sender As System.Object, ByVal e As System.EventArgs) _
Handles Button2.Click
    Max(Arr)                                   '调用过程求数组 Arr 的最大值
    TextBox2.Text = CStr(Arr(UBound(Arr, 1)))  '显示最大值,即数组的最后一个元素值
End Sub
```

⑥ 将光标放置在代码窗口第一行代码"Public Class Form1"的后面,单击"回车"键,输入如下代码,实现 Max 过程的定义。

```
Private Arr(9) As Single              '存放随机产生的数组元素
Private Sub Max(ByRef a() As Single)   '求形参数组 a 中的各元素最大值并存放到最后一个元素
                                        的后面(新增加的元素)
    Dim i As Integer, L As Integer = 9, Max As Integer
    ReDim Preserve a(L + 1)
    '重新定义数组的大小为原来的大小加1,并保持原来的值不变。多出来的一个元素用来存放
     最大值
    a(L + 1) = 0                      '给最后一个元素赋初值 0
    Max = a(0)
    For i = 1 To L                    '该循环是求数组中的最大值
        If a(i) > Max Then
            Max = a(i)
        End If
    Next i
    a(L + 1) = Max                    '将最大值放在新增加的元素位置
End Sub
```

⑦ 单击常用工具栏中的 ▶ 按钮(或按下键盘的 F5 键),运行的窗口界面如图 5-26 所示。单击"产生随机数组"按钮,程序运行结果如图 5-27 所示。

⑧ 单击"求最大值"按钮,程序运行结果如图 5-28 所示。

图 5-27　程序的运行结果界面

图 5-28　程序的运行结果界面

> **注意:**
> 　　不可以在通用过程中用 UBound()函数得到形参数组的下标上界进行运算,因为 Max 过程用的是传址方式,所以按下一次 Button2 按钮执行程序时就会把数组元素加 1,这样当按下多次时它的数组元素不止 10 个。这里用的是常量 9,为的是保证无论程序执行多少次数组都只有 10 个元素不变,也才能求出正确的最大值。读者可以将 Max 过程第二行的"L=9"改成"L=UBound(a,1)"试一试,会发现如果在某一次运行结果求得的最大值是 98,而再次运行产生的随机数组中最大值不超过 98 时,求得的最大值也是 98。

5.3.5 可选参数

过程参数可以是可选的,并且在过程被调用时不必提供过程参数。"可选参数"在过程定义中由关键字 Optional 指示。使用可选参数需注意以下几点。

(1)过程定义中的每个可选参数都必须指定默认值。
(2)可选参数的默认值必须是一个常量表达式。
(3)过程定义中跟在可选参数后的每个参数也都必须是可选的。

格式:

Optional ByVal|ByRef 形参名 As 类型标识符 = 默认值

功能:调用带有可选参数的过程时,可以选择是否提供该参数。如果不提供,过程将使用为该参数声明的默认值。当省略参数列表中的一个或多个可选参数时,使用连续的逗号来标记它们的位置。

下面的调用示例提供了第一个和第四个参数,省略了第二个和第三个可选参数:

Call Subname(arg1, , , arg4)   '省略了第二个和第三个可选参数

过程在运行时无法检测到给定的可选参数是否已被省略,如果要知道这一点,可以设置一个不可能的值作为可选参数的默认值;然后在过程中检查该可选参数的值是否为此默认值,若是,则说明该参数被省略。

【例 5-8】 已知在窗体上有一个名为 TextBox1 的文本框和一个名为 Button1 的命令按钮,有程序代码如下,请观察程序的执行结果。

【程序代码】

```
Private Function tj(Optional ByVal a As Integer = 0,Optional ByVal b As Integer = 0,Optional _
ByVal c As Integer = 0)
    Dim Num As Integer = 0
    If a > 0 Then Num = Num + 1
    If b > 0 Then Num = Num + 1
    If c > 0 Then Num = Num + 1
    If Num = 0 Then
        MsgBox("没有正数")
    End If
    Return (Num)
End Function
Private Sub Button1_Click(ByVal sender As System.Object, ByVal e As System.EventArgs) _
Handles Button1.Click
    Dim X As Integer = 3, y As Integer = 4
    Dim zs As Single
    zs = tj(X, , y) : TextBox1.Text = Str(zs)
End Sub
```

程序执行结果如图 5-29 所示。

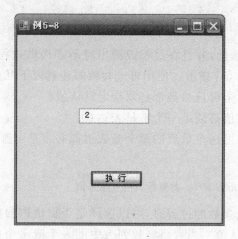

图 5-29 程序的运行结果界面

> 📖 提示：
> 可以看到在调用过程 tj 时省略了一个参数，所以将使用为该参数声明的默认值 0 参与运算。

5.4 变量的作用域

变量可以在过程体中、窗体及标准模块的过程外定义，在不同的地方定义的变量能够使用的程序段是不同的，能够使用变量的程序段称为变量的作用域。根据变量的作用域不同，可以把变量分为语句块级变量、局部变量、模块级变量和全局变量等 4 类。

5.4.1 语句块级变量

语句块指的是一组语句，如 For…Next、If…Then…Else…End If、While…End While 等语句中的一组语句就是一个语句块。在一个语句块中声明的变量就是语句块级变量，这类变量只能在本语句块中使用，离开了本语句块将不能再使用。语句块级变量通常用 Dim 定义，例如：

```
k = 9
While k > 0
    Dim m As Integer
    m = m + k * k
    k -= 1
```

```
        X = k
End While
```

在该语句块中定义的变量 m 就是语句块级变量,在 While…End While 之外将不能使用该变量。

5.4.2 局部变量

局部变量又称过程级变量,是指在过程内定义的变量。其中,局部变量的作用域仅为定义它的过程内,离开了该过程,该变量将不能被使用。局部变量由 Dim 和 Static 语句声明。

【例 5-9】 Dim 定义局部变量示例。

```
Private Sub Button1_Click(ByVal sender As System.Object, ByVal e As System.EventArgs) _
Handles Button1.Click
    Dim Var1 As Integer
    Var1 = Var1 + 1
    TextBox1.Text = Str(Var1)
End Sub
Private Sub Button2_Click(ByVal sender As System.Object, ByVal e As System.EventArgs) _
Handles Button2.Click
    Dim Var1 As Integer = 10
    Var1 = Var1 + 1
    TextBox2.Text = Str(Var1)
End Sub
```

在这两个事件过程中均声明了局部变量 Var1,但是每个局部变量 Var1 只在本过程中使用。在其他过程中也可以定义同名的局部变量,但互不干扰,程序在运行过程中会作为两个不同的局部变量处理。同时,用 Dim 定义的变量并不占用固定的存储空间,超出它的作用范围后,该存储空间将自动释放;下次再执行该过程时将重新初始化,所以,将用 Dim 定义的变量又称之为动态变量。因此,程序运行后,无论单击多少次 Button1 和 Button2,第一个文本框中只会显示数值 1,第二个文本框中只会显示数值 11。程序的运行结果如图 5-30 所示。

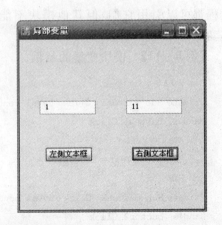

图 5-30 程序的运行结果界面

用 Static 定义的局部变量又称为静态变量。静态变量一旦定义就将在程序的整个运行期间占用固定的存储空间,一直存在,不被释放。如果在某个过程中定义了一个静态变量,调用过程退出后,由于静态变量并没有释放,下一次再调用该过程时,静态变量将保持上一次退出时的值,而不是初始值。Dim 与 Static 的区别可以参看下面的例题。

【例 5 - 10】 Dim 与 Static 的区别示例。

```
Private Sub Button1_Click(ByVal sender As System.Object, ByVal e As System.EventArgs) _
Handles Button1.Click
    Dim Var1 As Integer
    Var1 = Var1 + 1
    TextBox1.Text = Str(Var1)
End Sub
Private Sub Button2_Click(ByVal sender As System.Object, ByVal e As System.EventArgs) _
Handles Button2.Click
    Static Var1 As Integer = 10
    Var1 = Var1 + 1
    TextBox2.Text = Str(Var1)
End Sub
```

程序运行后,各单击 5 次命令按钮 Button1 和 Button2,用 Dim 定义的动态变量值始终为 1;而用 Static 定义的静态变量每次累加 1,所以变量值为 15。运行结果如图 5 - 31 所示。

5.4.3 模块级变量

在窗体模块、标准模块或类的所有过程的前面用 Private 或 Dim 定义的变量为模块级变量。其作用域是定义的模块,在模块内的所有过程都可以引用它们,但其他模块不能访问这些变量。

图 5 - 31 程序的运行结果界面

【例 5 - 11】 模块变量的示例。

```
Dim Var1 As Integer
Private Sub Button1_Click(ByVal sender As System.Object, ByVal e As System.EventArgs) _
Handles Button1.Click
    Var1 = Var1 + 1
    TextBox1.Text = Str(Var1)
End Sub
Private Sub Button2_Click(ByVal sender As System.Object, ByVal e As System.EventArgs) _
Handles Button2.Click
    Var1 = Var1 + 1
    TextBox2.Text = Str(Var1)
End Sub
```

在过程外用 Private 或 Dim 定义的变量是模块级变量,它能够被本模块中的所有过程使用。本例中变量 Var1 使用关键字 Dim 定义在窗体模块中,所以它是模块级变量,在本窗体的代码中都有效。

程序运行时,依次各单击 3 次"左侧文本框"按钮和"右侧文本框"按钮,然后再单击一次"左侧文本框"按钮。每次执行命令按钮的单击事件过程时,变量 Var1 都是指同一个变量,所以每次不管单击的是本窗体的哪一个命令按钮,都会累加 1,因此,程序的运行结果为 7 和 6,如图 5-32 所示。

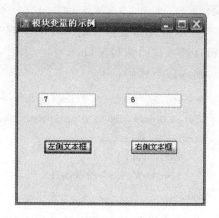

图 5-32　程序的运行结果界面

5.4.4　全局变量

全局变量是在窗体模块、标准模块和类的所有过程之外用关键字 Public 和 Shared 定义的变量,其作用域为整个程序。全局变量定义后,本模块中的过程和同一项目中的所有其他模块中的过程均可以使用该变量。由于全局变量具有被同一项目中的所有模块中的多个过程共同使用的特点,所以可以使用全局变量在多模块多过程之间进行数据传递。

【例 5-12】　模块级变量与全局变量作用范围的示例。

【操作步骤】

① 启动 VS。

② 选择"文件"→"新建项目"选项,弹出"新建项目"对话框。在该对话框的"项目类型"中选择"Visual Basic"下的"Windows",在"模板"选项中选择"Windows 窗体应用程序",在"名称"文本框中输入项目的名称,本例为"例 5-12-全局变量作用范围的示例",如图 5-33 所示。

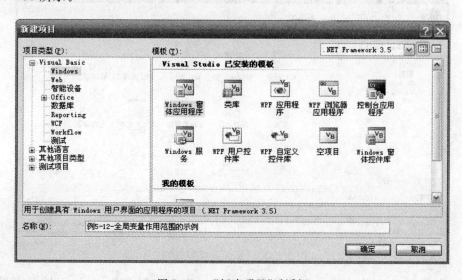

图 5-33　"新建项目"对话框

③ 在窗体上建立两个按钮控件,在"属性"窗口中分别修改它们的 Text 属性为"左侧文本框、"右侧文本框",然后再插入两个文本框控件。设计好的程序界面如图 5-34

所示。

④ 双击按钮控件 Button1("左侧文本框"按钮),进入代码编写窗口。

输入以下代码:

```
Private Sub Button1_Click(ByVal sender As _
System.Object, ByVal e As System.EventArgs) _
Handles Button1.Click
    Var1 = Var1 + 1
    TextBox1.Text = Str(Var1)
End Sub
```

⑤ 双击按钮控件 Button2("右侧文本框"按钮),进入代码编写窗口。

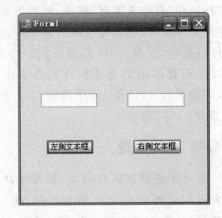

图 5-34 Form1 的程序设计界面

输入以下代码:

```
Private Sub Button2_Click(ByVal sender As System.Object, ByVal e As System.EventArgs) _
Handles Button2.Click
    Var1 = Var1 + 1
    TextBox2.Text = Str(Var1)
End Sub
```

⑥ 选择"项目"→"添加新项"选项,弹出"添加新项"对话框,在"模板"选项中选择"Windows 窗体",在"名称"文本框中输入"Form2.vb",如图 5-35 所示。

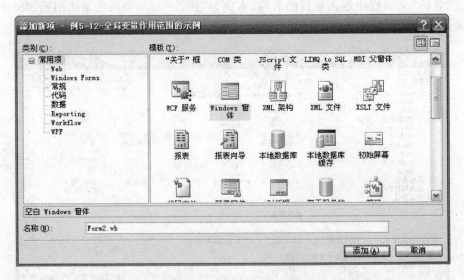

图 5-35 "添加新项"对话框

⑦ 在 Form2 窗体中建立一个按钮控件和一个文本框控件,设计好的程序界面如图 5-36 所示。

⑧ 双击按钮控件 Button3,进入代码编写窗口。

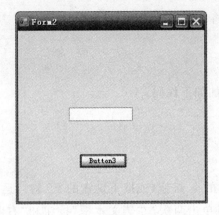

图 5-36 Form2 的程序设计界面

输入以下代码：

```
Private Sub Button3_Click(ByVal sender As System.Object, ByVal e As System.EventArgs) _
Handles Button3.Click
    Var1 = Var1 + 1
    TextBox1.Text = Str(Var1)
End Sub
```

⑨ 进入 Form1 窗体代码编写窗口。

输入以下代码：

```
Private Sub Form1_Click(ByVal sender As Object, ByVal e As System.EventArgs) _
Handles Me.Click
    Form2.Show()        '在 Form1 窗体上单击鼠标左键时显示 Form2 窗体
End Sub
```

⑩ 选择"项目"→"添加新项"选项，弹出"添加新项"对话框，在"模板"选项中选择"模块"，在"名称"文本框中输入"Module1.vb"，如图 5-37 所示。

图 5-37 "添加新项"对话框

⑪ 单击"添加"按钮，将出现如下代码：

```
Module Module2
End Module
```

在这两行代码之间添加如下代码：

```
Module Module1
    Public Var1 As Integer
End Module
```

⑫ 单击常用工具栏中的 ▶ 按钮（或按下键盘的 F5 键），运行的窗口界面如图 5-34 所示。程序运行时，依次各单击两次"左侧文本框"按钮和"右侧文本框"按钮，然后再单击一次"左侧文本框"按钮，运行结果如图 5-38 所示。在窗体 Form1 的空白处单击鼠标左键打开窗体 Form2，单击 Form2 中的"Button3"按钮，运行结果如图 5-39 所示。

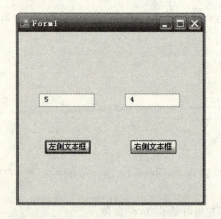
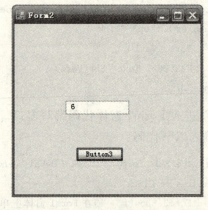

图 5-38　Form1 程序的运行结果界面　　图 5-39　Form2 程序的运行结果界面

上面程序代码可以总结如下：

Form1 代码部分：

```
Public Class Form1
    Private Sub Button1_Click(ByVal sender As System.Object, ByVal e As System.EventArgs)_
    Handles Button1.Click
        Var1 = Var1 + 1
        TextBox1.Text = Str(Var1)
    End Sub
    Private Sub Button2_Click(ByVal sender As System.Object, ByVal e As System.EventArgs)_
    Handles Button2.Click
        Var1 = Var1 + 1
        TextBox2.Text = Str(Var1)
    End Sub
    Private Sub Form1_Click(ByVal sender As Object, ByVal e As System.EventArgs)_
    Handles Me.Click
```

```
        Form2.Show()
    End Sub
End Class
```

Form2 代码部分：

```
Public Class Form2
    Private Sub Button3_Click(ByVal sender As System.Object, ByVal e As System.EventArgs)_
    Handles Button3.Click
        Var1 = Var1 + 1
        TextBox1.Text = Str(Var1)
    End Sub
End Class
```

Module1 的代码部分：

```
Module Module1
    Public Var1 As Integer
End Module
```

每次执行命令按钮的单击事件过程时，因为变量 Var1 被关键字 Public 定义为全局变量，Var1 对于整个项目均有效，所以 Var1 的值都会累加 1。

小　结

本章比较完整地介绍了 Function 过程与 Sub 过程的定义方法和使用方法，而且比较详细地介绍了参数传递的几种方式及变量的作用域，并通过一些有代表性的例题对这些内容进行了讲解和比较。本章的主要内容如下：
- Function 过程的定义和调用。
- Sub 过程的定义和调用方法。
- 参数传递的几种方式及区别。
- 变量的作用域。
- 动态变量和静态变量。

练　习　题

选择题

1. 对于 VB.NET 语言的过程，下列叙述中正确的是(　　)。
   A. 过程的定义不能嵌套，但过程调用可以嵌套
   B. 过程的定义可以嵌套，但过程调用不能嵌套
   C. 过程的定义和调用都不能嵌套
   D. 过程的定义和调用都可以嵌套

2. 有过程定义如下：

Private Sub fun(ByVal x As Integer, ByVal y As Integer, ByVal z As Integer)

则下列调用语句不正确的是(　　)。

  A. Call Fun(a,b,c) B. Call Fun(3,4,c) C. Fun a, ,5 D. Fun(a,b,c)

3. 在过程中定义的变量，如果希望在离开该过程后，还能保存过程中局部变量的值，就应该使用(　　)关键字在过程中定义局部变量。

  A. Dim   B. Private   C. Public   D. Static

4. 在过程内定义的变量(不在语句块中)为(　　)。

  A. 全局变量   B. 模块级变量   C. 局部变量   D. 静态变量

填空题

1. 在定义过程时，如果希望某形参按传址传递，则应在该形参前加上关键字(　　)。
2. 在定义过程时，如果希望某形参为可选参数，则应在该形参前加上关键字(　　)。
3. (　　)是在窗体模块、标准模块和类的所有过程之外用关键字 Public 和 Shared 定义的变量，其作用域为整个程序。
4. 通用过程与函数过程的最根本区别在于(　　)。

编程题

1. 简述什么是传值和传址调用。
2. 编写程序求出 100 之内的所有孪生素数，所谓孪生素数是指差为 2 的两个素数，如 5 和 7 就是孪生素数。要求：判断某数是否为素数要用一个函数过程来实现。
3. 编写一个 Sum 函数，求 5 个学生的数学总分。

第6章 程序调试和异常处理

任何程序员都无法保证自己编写的程序不出现错误(Bug),根据错误的性质,可以将错误分成语法错误、运行时错误和逻辑错误。调试(Debug)是任何开发工程中一个必要的部分,因为它可以帮助程序员找到运行时和逻辑中的错误。Visual Studio.NET 有一个构建到开发环境中的复杂的调试器,这个调试器适用于 Visual Studio.NET 支持的所有语言。由于错误是难免的,因此异常处理是任何程序的必要部分,当发生异常后,就需要程序员编写异常处理程序来解决问题。本章主要讲解 VB.NET 的错误类型、可用的一些调试功能及调试程序的方法和异常处理语句的使用。

6.1 程序调试

在 VB.NET 应用程序的设计、编写和运行中,随时可能出现这样或那样的错误。这些错误(或异常)会使用户对代码的理解变得更加困难。

6.1.1 程序中的错误类型

为了便于找出程序中的错误,可以将错误分为 3 类:语法错误、运行时错误和逻辑错误。

1. 语法错误

语法错误是指在程序代码中,存在不符合 VB.NET 语法规则的语句而产生的错误。如关键字输入错误、变量类型不匹配、过程或函数未定义、函数缺少必要的参数等。如果出现此类错误,VB.NET 开发环境在代码输入过程中,就会自动检测出来,并在错误代码下面标上波浪线,同时在任务列表窗口上也会显示警告信息。当把鼠标移到波浪线上方时,系统会显示出错的原因,如图 6-1 所示。

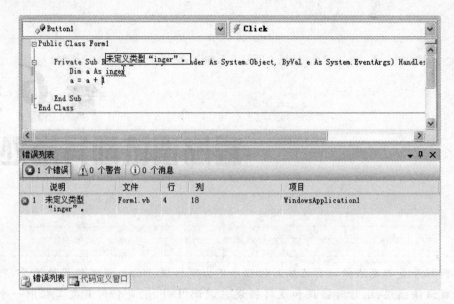

图 6-1 语法错误检测提示信息

2. 运行时错误

运行时错误(也称异常)是指程序在编译通过后,运行代码时发生的错误。这类错误往往是由指令代码执行了非法操作引起的,如运算表达式中的分母为 0、数组下标越界、试图打开一个不存在的文件等。运行时错误在程序编辑和编译过程中不会被发现,只有在运行时才会发现。当程序发生了运行时错误,系统会弹出异常提示对话框,程序终止运行。例如,求 $1/1! + 1/2! + \cdots + 1/10!$ 的过程,因为语句中缺少了 $s=1$ 的语句,s 初值默认为 0。该程序段没有语法错误,但在编译后的执行过程中,产生"算术运算导致溢出"错误,运算表达式中的分母为 0,系统弹出错误信息对话框,如图 6-2 所示。此时可单击 ▮▮ 按钮,会中断正在进行的调试进入设计阶段,修改代码。

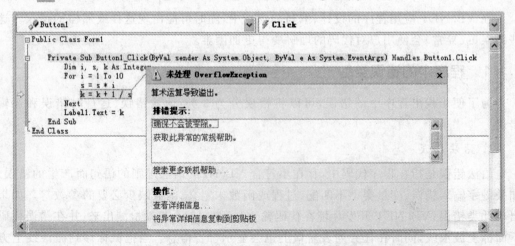

图 6-2 算术运算导致溢出错误

3. 逻辑错误

逻辑错误是一种只能由人工发现的更隐蔽的错误。由于程序代码中不含有语法错误及运行时错误,因此不能在编辑和运行过程中发现此类错误。程序能够正常运行,但却无法得到预期的运行结果。这种应用程序未按预期方式执行或给出错误结果时,就发生了逻辑错误,也称为设计错误,如运算符使用错误、语句的次序不对、循环语句的初值或终值定义错误等。例如,求 10! 的过程,因为语句中缺少了 $s=1$ 的语句,程序不会发生语法错误和运行时错误,但却给出了错误的运行结果,如图 6-3 所示。

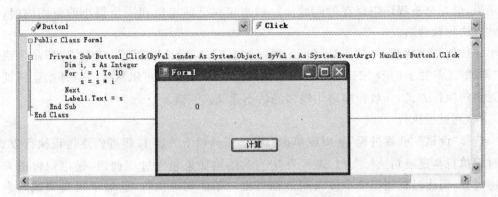

图 6-3 逻辑错误

6.1.2 程序的调试

当程序出现了逻辑错误或运行时错误而又难以解决时,就应该借助于程序调试工具对程序进行调试。通过程序的调试,可以纠正程序中的错误。为了更正程序中发生的不同错误,VB.NET 提供了多种调试工具,如设置断点、插入观察变量、逐行执行和过程跟踪、各种调试窗口等。

程序调试大致可以分为两个阶段:程序初调和程序细调。

1. 程序初调

程序初调阶段,主要是排除语法错误和运行时错误,粗略定位程序中的逻辑错误,以便进一步进行细致调试(如断点调试或单步调试)。应用程序设计完之后,按 F5 键,或单击"运行"→"启动"选项,或单击"调试"工具栏上的 ▶ 按钮运行程序。如果没有错误将运行出最终的结果;如果执行中遇到错误,系统将提示错误发生,在输出窗口和任务列表中显示程序中出现错误的位置和错误原因。出现的错误为语法错误或运行时错误,可以根据出现错误的位置和错误原因进行修改。

> **注意:**
> 如果程序里有死循环,可以选择"调试"→"停止调试"选项,或单击工具栏上的 ■ 按钮终止程序运行。

2. 程序细调

经过程序初调阶段的修改，程序里不再有语法错误或运行时错误了，但运行结果不正确，这就说明程序里有逻辑错误。为了有效地查找逻辑错误，VB.NET 提供了跟踪程序执行的方式。在 VB.NET 中，提供了逐语句、逐过程、断点执行等几种跟踪程序执行的方式。

(1) 逐语句执行

逐语句执行是指一次执行一条语句，这种方式又称为单步执行。每执行一条语句之后，程序设计人员可以通过"即时"窗口、"局部变量"窗口或"监视"窗口来查看语句的执行结果，借此分析程序中存在的问题。一般当错误已经定位到一个很小的范围内时，使用此方法比较合适。

在任何调试状态下，只要是停止于程序的某一处，选择"调试"→"逐语句"命令或单击"调试"工具栏上的 ![] 按钮进入逐语句执行方式。当然，也可以从程序一开始运行就进入逐语句执行方式，一般程序语句较多的话不建议这么做。

(2) 逐过程执行

选择"调试"→"逐过程"选项或单击"调试"工具栏上的 ![] 按钮进入逐过程执行方式。逐过程执行与逐语句执行类似，差别在于当前语句如果包含过程调用，逐语句将进入被调用过程；而逐过程则把整个被调用过程当做一条语句来执行，这对于提高调试效率是十分必要的。

(3) 断点执行

此种方式是调试程序的一种重要运行方式。程序中加入断点，进入调试状态后，程序会在有断点的语句处停止运行（前提是断点前无错误能运行到断点处），这时可以使用各种调试窗口对断点附近的代码进行跟踪，快速发现错误。

> **提示：**
> 当对某段代码有所怀疑时，通过设置断点来监视程序的运行状况是最方便的调试方式，再加上逐语句执行方式的配合，能够大大加快确定错误的速度。如果程序中含有 Stop 语句，则程序运行到 Stop 语句处也将中断运行。

① 设置和删除断点

在一条语句处设置断点的简单方法是在代码窗口中该语句行的最左边栏处用鼠标单击，该处就会出现一个红色圆点表示断点，同时该行语句背景变红，如图 6-4 所示；或者将光标停在某语句处，按下 F9 键也可以设置断点。当启动了包含断点的项目时，应用程序将暂停在有一个黄色箭头指向的断点处，如图 6-5 所示。删除断点的方法是在有断点的地方单击；如果想清除所有断点，按 Ctrl+Shift+ F9 组合键或是选择"调试"→"清除所有的断点"选项即可。

② 断点窗口

VB.NET 有一个专门的窗口来管理断点，选择"调试"→"窗口"→"断点"选项，打开"断点"窗口，如图 6-6 所示。此窗口的作用是让程序员快速地跳到另一个断点的代码位置。

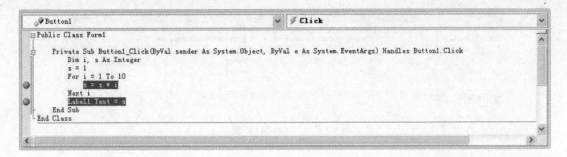

图 6-4 设置断点

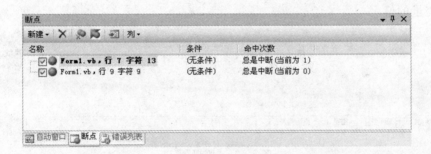

图 6-5 遇到断点停止的调试状态

图 6-6 断点窗口

3. 调试窗口

逐行查看代码,可能看不出问题,必须配合调试窗口才能看出程序执行过程的变化,也才能够找出程序的错误。在VB.NET中提供5个主要的调试窗口。

(1) 自动窗口

"自动窗口"窗口用于显示当前这行代码以及上、下行代码使用到的相关变量的值。"自动窗口"的窗口只能在运行模式或中断模式下打开,选择"调试"→"窗口"→"自动窗口"选项,打开"自动窗口"的窗口,如图6-7所示。

(2) 局部变量

"局部变量"窗口用于显示当前过程中所有局部变量的值。"局部变量"只能在运行模式或中断模式下打开,选择"调试"→"窗口"→"局部变量"选项,打开"局部变量"窗口,如图6-8所示。

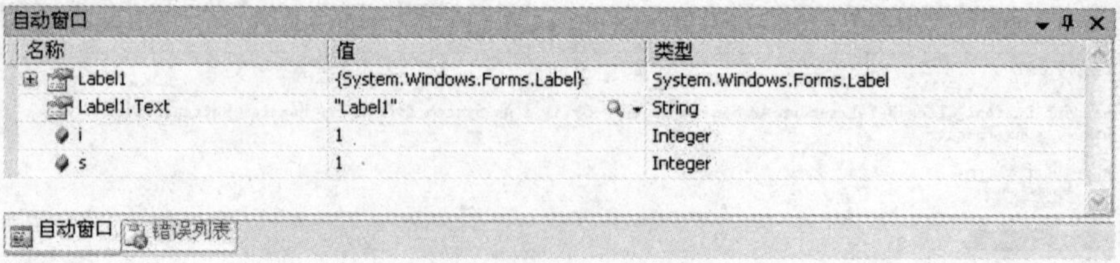

图 6-7 "自动窗口"窗口

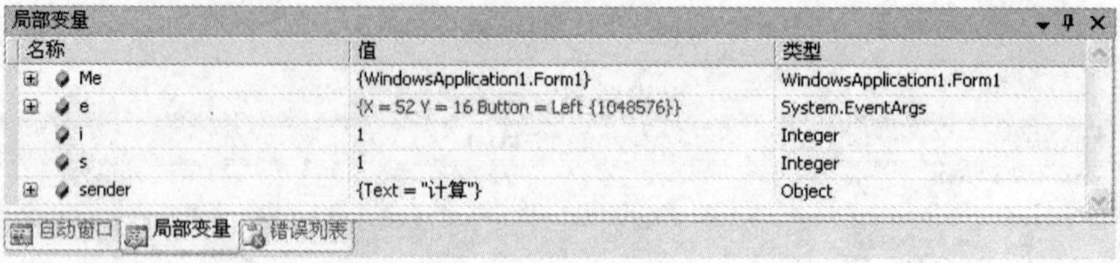

图 6-8 "局部变量"窗口

（3）监视

"监视"窗口用于查看指定的特别表达式。"监视"只能在运行模式或中断模式下打开。选择"调试"→"窗口"→"监视"选项，打开"监视"窗口，如图 6-9 所示。执行程序过程中，当遇到断点的时候，程序就会停下来。在"监视"窗口中输入变量 s，这样就可以监控这个变量的值。

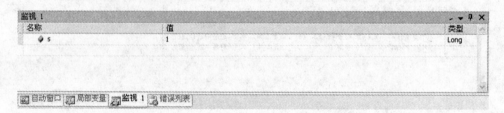

图 6-9 "监视"窗口

（4）即时窗口

"即时窗口"窗口用于调试程序。在调试应用程序执行函数或语句等操作时，可以用来查看变量并更改变量的值。选择"调试"→"窗口"→"即时窗口"选项，打开"即时窗口"窗口。如果要查看 s 的值，可以在命令窗口中输入"? s"，按回车键后就可以看到其当前值，如图 6-10 所示。

图 6-10 "即时窗口"窗口

(5) 调用堆栈

"调用堆栈"窗口用于跟踪多个过程调用的顺序流程。"调用堆栈"只能在运行模式或中断模式下打开,选择"调试"→"窗口"→"调用堆栈"选项,打开"调用堆栈"窗口,如图 6-11 所示。

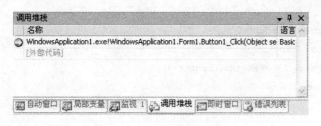

图 6-11 "调用堆栈"窗口

6.2 异常处理

异常是指在程序执行过程期间发生的错误或意外事件,通常也将运行时错误称为异常。异常通常是由于代码中的错误、操作资源的无法访问、公共语言运行时环境中发生的意外所造成的。程序发布以后,在运行过程中发生了意料不到的错误而产生异常时的状态被称为异常状态。利用人工检查和程序调试,可以发现和改正大部分程序中存在的错误,但是,有些异常是不可避免或无法完全预见的。例如,要打开外部存储器上的某个文件时,却出现了文件不存在错误。这种错误不能靠改变程序来纠正,只能依靠提示用户打开正确文件的方法来解决,这就需要为程序加入捕捉异常和处理异常的代码,这个过程称为异常处理。VB.NET 环境提供了非结构化异常处理方法和结构化异常处理方法。

6.2.1 非结构化异常处理

在"非结构化异常处理"中,是将 On Error 语句放在代码块的开始处,它将处理在该块内发生的任何错误。如果在执行 On Error 语句后过程中引发了异常,程序转移到 On Error 语句中指定的行参数(行号或行标签)所在的行。行参数指定了异常处理程序的位置。

1. On Error GoTo 〈行号〉

该语句假定错误处理代码在所需"行号"参数中的指定行处开始。如果发生运行时错误,则程序跳转到该参数中指定的行号和行标签,并激活错误处理程序。指定行必须与 On Error GoTo 语句位于同一过程中,否则 VB.NET 将生成编译器错误。Err 对象具有 Number 和 Description 等属性,这些属性帮助用户获取错误信息。Number 属性包含了一个数值,该数值是由 VB.NET 为程序错误分配的;Description 属性包含与 Number 属性对应的错误信息。

【例 6-1】 使用 On Error 语句来处理异常示例。

```
Private Sub Form1 _ Click ( ByVal sender As Object, ByVal e As System. EventArgs)_
Handles Me. Click
    On Error GoTo ErrorCode
    Dim Months() As String = {"Jan", "Feb", "Mar", "Apr", "May"}
    Dim Counter As Integer = 0
    For Counter = 0 To 6
        MessageBox. Show(Months(Counter))
    Next Counter
    Exit Sub
ErrorCode:
    MessageBox. Show("程序出现错误！,代码为:" & Err. Number & " 说明" & Err. Description)
End Sub
```

在这个例子中，一个名为 Months 的数组被声明创建用来存储月份的名称，For…Next 语句用作显示数组的每一个元素。数组包括 5 个元素，For…Next 语句重复 6 次，On Error 语句处理异常。只要异常产生，程序就跳至 ErrorCode 那一行。这种情况下，代码就会显示一个错误信息，如图 6-12 所示。

图 6-12 非结构化异常错误信息提示

> **注意：**
> 代码中的 Exit Sub 是用来阻止错误处理代码在没有异常产生的时候执行。

2. On Error GoTo 0

该语句用于禁止当前过程中任何可用的错误处理代码块。如果不包含 On Error GoTo 0 语句，则当退出过程时，其中的所有异常处理代码块都将被自动禁止。

> **注意：**
> On Error GoTo 0 语句并不表示第 0 行是错误处理代码的起始，即使过程中包含第 0 行。

3. On Error GoTo -1

该语句用来禁止当前过程中任何可用的异常。如果不包含 On Error GoTo-1 语句,则当退出它的过程时,异常将被自动禁止。

> **注意:**
> On Error GoTo −1 语句并不表示第 −1 行是错误处理代码的起始,即使过程中包含第 −1 行。

4. On Error Resume Next

该语句将控制流转移到下一个错误引起行的位置。使程序员可以将错误处理程序放在将要发生错误的位置,而不需将程序流程转移到过程中的另一个位置。可以使用 Resume、Resume Next 和 Resume〈行号〉语句而不用 On Error 语句。
- 使用 Resume 语句将控制流移回错误产生行。
- 使用 Resume Next 语句将控制流移动到错误产生的下一行。
- 使用 Resume〈行号〉语句将控制流移动到指定行。

使用非结构化异常处理可能会导致更为复杂的代码,这可能会让程序修改起来更加麻烦。此外,这种异常结构可能会导致程序性能下降,所以,推荐使用 VB.NET 的结构化异常处理,因为这样处理错误会更加容易。

6.2.2 结构化异常处理

结构化异常处理方法可以把程序中出现的异常进行统一处理,同时程序代码仍然可以运行。

1. 结构异常处理的形式

在 VB.NET 环境中,Try…Catch…Finally…End Try 语句专门用于结构化异常处理。

格式:
```
Try
    Try 监控语句块
    …        '此代码块可能会产生异常
[Catch[exception[As type]][When 逻辑表达式]
    Catch 异常处理语句块
    …]       '此代码块可以捕获 Try 监控语句块中产生的异常
[Finally
    Finally 语句块
    …]       '此语句块是处理完异常后将执行的代码
End Try
```

功能:当需要保护的代码在执行中发生错误时,VB.NET 将检查 Catch 内每个 Catch 子句块。若找到条件与错误的 Catch 语句匹配,则执行该语句块内的处理代码;否则产生错误,程序中断。Catch 语句块与 Select Case 语句在功能上相似。

说明：

① Try 语句块是被监控的程序代码。在程序的执行过程中，如果此段代码发生了异常，则程序会抛出异常（VB.NET 开发环境已经为开发者想到并定义了可能发生的异常），被抛出的异常可以被后面的 Catch 语句进行捕获，从而处理这个异常。

② Catch 语句用于捕获 Try 语句所发生的异常。其格式中的 exception 是异常的名称，此名称不需要声明。As type 表示这个异常的类型，异常的类型可以是 VB.NET 环境已有的异常类型，也可以是用户自定义的异常类型，如 System.DivideByZeroException 异常类型表示除数为 0 而产生的异常。When 逻辑表达式说明 Catch 语句块必须满足的条件。Catch 语句块是可选项，如果省略则执行 Finally 语句块。

③ Finally 语句块中的代码是发生异常处理后所执行的内容。只要 Try 语句发生了异常，如果 Finally 语句块中有代码，就执行其中的内容。虽然 Finally 是可选项，但是 Finally 块和 Catch 语句块不能同时省略。

【例 6-2】 IndexOutRangeException 的异常错误的处理方法示例。

```
Private Sub Form1_Click(ByVal sender As Object, ByVal e As System.EventArgs) Handles Me.Click
    Dim Months() As String = {"Jan", "Feb", "Mar", "Apr", "May"}
    Try
        For Counter = 0 To 6
            MessageBox.Show(Months(Counter))
        Next Counter
    Catch ex As System.IndexOutOfRangeException
        MessageBox.Show(ex.ToString)
    Finally
        Erase Months
    End Try
End Sub
```

在这个例子中，产生一个"IndexOutRangeException"的异常错误，使用 Try…Catch…Finally 语句进行处理。当异常发生时，会弹出一个消息框指出该错误。本例中的错误信息提示如图 6-13 所示。

图 6-13 结构化异常错误信息提示

在使用结构化异常处理的时候需要注意以下几点：

● 可以用 Exit Try 或者 GoTo 语句跳出 Try…Catch 结构。这两种方法都会执行 Finally 代码块中的代码。

● Try 代码块可以在其他 Try 代码块以内嵌套，不过建议不要在同一函数或方法中这样做。
- 多个 Catch 语句允许对应同一 Try 代码块,而且事实上也鼓励在嵌套使用 Try 代码块的情况下采用多个 Catch 语句。

2. 常见的异常类

VB.NET 的异常类都是 Exception(命名空间 System)类的实例,是所有异常类的基础类。每次发生异常时,都创建一个新的 Exception 对象实例 ex,查看其属性可以确定代码位置、类型以及出现异常的原因。该类有以下两个重要的属性:

(1) Message 属性,该属性是只读属性,包含对异常原因的描述信息。

(2) InnerException 属性,该属性也是一个只读属性,它包含这个异常的"内部异常"。如果它不是 NULL,就指出当前的异常是作为对另外一个异常的回答而被抛出。产生当前异常的异常可以在 InnerException 属性中得到。各种异常类代表的含义如表 6-1 所示。

表 6-1 常见异常类

异常类	说 明
Exception 类	应用程序执行期间发生任何错误时,均会产生该类异常
SystemException 类	是为 System 命名空间中的预定义异常定义的基类
ArithmeticException 类	代表因算术运算、类型转换或转换操作中的错误而引发的异常
DivideByZeroException 类	代表试图用零除整数值或十进制数值时引发的异常
OverflowException 类	代表进行算术运算、类型转换或转换操作导致溢出时引发的异常
NotFiniteNumberException 类	代表当浮点值为正无穷大、负无穷大或非数字时引发的异常
ArrayTypeMismatchException 类	代表当试图在数组中存储类型不正确的元素时引发的异常
ArgumentException 类	代表当向过程提供参数时,其中一个或多个无效时引发的异常
ArgumentNullException 类	代表当将空引用(在 Visual Basic 中为 Nothing)传递给不接受它作为有效参数的方法时引发的异常
ArgumentOutOfRangeException 类	代表当参数值超出调用的过程所定义的允许取值范围时引发的异常
FormatException 类	代表当参数格式不符合调用过程的参数规范时引发的异常
IndexOutOfRangeException 类	表示试图访问下标超出数组界限的数组元素时引发的异常
NotSupportedException 类	表示当调用的过程不受支持,或试图读取、查找或写入不支持调用功能的流时引发的异常
NullReferenceException 类	代表尝试取消引用空对象的引用时引发的异常。
OutOfMemoryException 类	代表没有足够的内存继续执行程序时引发的异常
StackOverflowException 类	代表挂起的过程调用过多而导致执行堆栈溢出时引发的异常

【例 6-3】 下面的异常处理程序段依次检查数组下标越界、算术表达式计算问题,

最后检查普通异常。具体代码如下,错误信息显示如图 6-14 所示。

```
Private Sub Form1_Click(ByVal sender As Object,ByVal _
e As System.EventArgs) Handles Me.Click
    Dim a() As Integer = {0, 1, 2}
    Try
        a(2) = 100/a(0)
    Catch ex As IndexOutOfRangeException    '数组下标越界异常
        MsgBox(ex.Message)
    Catch ex As ArithmeticException         '算术表达式计算异常
        MsgBox(ex.Message)
    Catch ex As Exception                   '普通异常,多有没有考虑到的其他异常
        MsgBox(ex.Message)
    End Try
End Sub
```

图 6-14　错误信息提示

3. 用户自行触发异常

在 VB.NET 中除了程序产生异常外,用户还可以为了某种应用目的自己产生并抛出异常。用户自己产生并抛出异常需要使用 Throw 语句。

格式:

```
Throw 异常对象
```

功能:用来创建可用结构化异常处理代码(Try…Catch…Finally…End Try)或非结构化异常处理代码(On Error GoTo)处理的异常。如果该语句在 Catch 语句块中将把异常发送到调用该过程的代码中。

【例 6-4】 按照用户的需要通过代码产生并抛出异常示例(程序本身没有异常)。

```
Private Sub Form1_Click(ByVal sender As Object, ByVal e As System.EventArgs)_
Handles Me.Click
    Dim x
    Try
        If x = 0 Then
            Throw New Exception("程序运行期间发生了一个异常")
        End If
    Catch ex As Exception
        MsgBox("错误:" & ex.Message)
    End Try
End Sub
```

程序运行后产生的错误提示信息如图 6-15 所示。

图 6-15　错误信息提示

小 结

本章介绍了 VB.NET 中的调试技术和异常处理技术。在编写代码时难免存在这样或者那样的错误,并且大部分错误很难通过阅读代码来查找并更正,这就需要借助于开发环境提供的调试器对程序进行调试。本章的主要内容如下:
- 程序中的错误类型及调试技术。
- 程序的异常处理。

练 习 题

选择题

1. ( )语句的作用是,如果在过程中出现运行错误,将把流程跳到发生错误的语句的下一条语句,再继续进行。使用该语句可以将错误处理过程放置于错误可能发生的地方,从而不需要在发生错误时将程序流程跳转到其他位置。
   A. On Error GoTo〈行号〉
   B. On Error Resume Next
   C. On Error GoTo 0
   D. On Erro GoTo-1
2. 下列关于 Try…Catch…Finally…End Try 语句的说明中,不正确的是( )。
   A. Catch 块可以有多个
   B. Finally 块是可选的
   C. Catch 块也是可选的
   D. 可以只有 Try 块
3. 关于异常,下列的说法中不正确的是( )。
   A. 用户可以根据需要抛出异常
   B. 在被调过程中可通过 Throw 语句把异常传回给调用过程
   C. 用户可以自己定义异常
   D. 在 VB.NET 中有的异常不能被捕获
4. 下列说法正确的是( )。
   A. 在 VB.NET 中,编译时对数组下标越界将做检查
   B. 在 VB.NET 中,程序运行时,数组下标越界也不会产生异常
   C. 在 VB.NET 中,程序运行时,数组下标越界是否产生异常由用户确定
   D. 在 VB.NET 中,程序运行时,数组下标越界一定会产生异常

填空题

1. 根据错误的性质,可以将错误分成三类:语法错误、运行错误和( )错误。
2. 在编写程序时,有些语句下面出现波浪线,说明该处出现了( )错误。
3. ( )对话框用于显示当前被监视表达式的值,只能在运行模式或中断模式下打开。
4. Exception 类有两个重要的属性,其中( )属性包含对异常原因的描述信息。

简答题

1. 简述异常的含义。
2. 什么是结构化异常处理？

编程题

1. 编写程序，实现输入一个正整数 n，求 $n!$ 的通用过程。要求能够捕获溢出异常和其他异常。
2. 编写程序，实现一个验证月份的程序，要求在输入月份时，若输入月份为 1～12 的整数，不发生错误；若输入其他数字，结果显示"不合理月份"，输入字母时，会显示系统错误。

第 7 章 Windows 窗体与控件

通过前面几章的学习,我们已经掌握了 VB.NET 的基本语法和编程规则,有了以上基础之后,就可以进入用户界面编程了。用户界面是在用户运行程序时所看到的部分,通常由一个主窗口或窗体以及若干个控件(如按钮、文本框等)组成。控件是构成用户界面的要素,是重要的可视化编程工具,VB.NET 提供了大量的 Windows 控件供程序员使用。掌握了控件的属性、事件和方法,就可以轻松地编写出精彩的应用程序。本章主要介绍窗体的属性和事件以及常用控件的使用方法。

7.1 窗 体

窗体是 Windows 应用程序的基本单位,它实际上是一块空白的面板,就像绘画时所使用的画布一样。创建 Windows 应用程序时,可以通过在窗体上添加控件来建立应用程序的用户界面,然后通过编写代码来实现应用程序的操作功能。

7.1.1 窗体简介

VB.NET 应用程序的基本构造模块是窗体(Form)对象,是运行应用程序时与用户交互操作的实际窗口。窗体有自己的属性、方法和事件,用于控制其外观和行为。

窗体是一小块屏幕区域,通常为矩形,可用来向用户显示信息并接受用户输入的信息。

窗体是用户与计算机交互的重要工具,几乎任何一个应用程序的所有功能都是通过窗体来完成的。窗体像一张画布,可以在上面进行界面设计。窗体实际上是一个容器,可以容纳所有的控件,从而实现系统所要求的功能。

定义窗体用户界面的最简单方法是将控件放在其表面上。窗体对象包括公开定义的外观属性、行为、方法以及用户交互的事件。通过设置窗体的属性以及编写响应其事件的代码,可自定义该对象,以满足应用程序的要求。

VB.NET 中的标准窗体与 Windows 的窗口非常类似,也包含控制菜单、标题栏、最大化/最小化按钮、关闭按钮,窗体外观如图 7-1 所示。

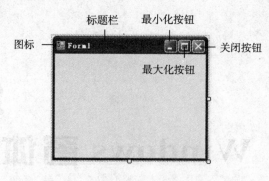

图 7-1　窗体外观

(1)标题栏:显示窗体标题。

(2)图标:控制菜单图标。用鼠标单击图标,可以打开控制菜单,可以对窗体进行移动、最大化、最小化及关闭等操作。

(3)最大化按钮:单击该按钮可以使窗体扩大至整个屏幕。

(4)最小化按钮:单击该按钮则把窗体缩小为一个图标。

(5)关闭按钮:单击该按钮可以关闭窗体。

7.1.2　窗体的创建

1. 建立窗体

操作步骤如下:

①启动 VB.NET,选择"文件"→"新建项目"选项,打开"新建项目"对话框,如图 7-2 所示。

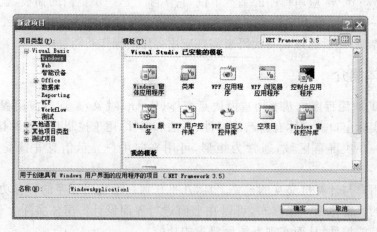

图 7-2　"新建项目"对话框

②在"项目类型"列表框中选择"Visual Basic"选项,在"模板"框中选择"Windows 窗体应用程序",然后填写应用程序的名称,最后单击"确定"按钮,显示项目设计界面,则建立了项目的第一个窗体,系统默认为 Form1。

2.改变窗体尺寸

窗体的大小可以通过修改属性窗口的 Size 属性值来实现,也可以用鼠标拖放来实现。用鼠标拖放的方法是首先将窗体置为当前窗体(用鼠标单击窗体),将鼠标光标置于窗体边框的控制点上,显示符号"↔"后按住鼠标左键进行拖放,如图 7-3 所示。

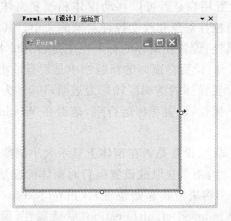

图 7-3　调整窗体大小

7.1.3　窗体的常用属性

(1)AllowDrop 属性:设置用户是否可在程序运行时拖动窗体。

(2)AutoScroll 属性:当控件被放置在窗体工作区之外时,设置滚动条是否会自动出现。

(3)AutoscrollMargin 属性:该属性有 Width 和 Height 两个属性,其中 Width 属性设置水平滚动条中空白部分的宽度,Height 属性设置垂直滚动条中空白部分的高度。

(4)AutoscrollMinsize 属性:设置窗口每次自动滚动的最小值,该属性有 Width 和 Height 两个属性,分别用来设置水平滚动的值和垂直滚动的值。

(5)BackgroundImage 属性:以平铺方式设置窗体背景图案。在属性窗口中,可以单击该属性右边的"…"(省略号),打开一个"加载图片"对话框,用户可以选择一个图形文件装入。

(6)ControlBox 属性:设置在窗体的标题栏中是否显示控制菜单。

(7)FormBorderStyle 属性:此属性决定了窗体的边框类型,以决定窗体的标题栏状态与可缩放性,有 7 种不同取值:None(窗体无边框,无法移动及改变大小);FixedSingle(窗体为单线边框,不可改变窗体边框大小,有最大化/最小化等按钮);Fixed3D(显示 3D 边框效果,不可改变窗体边框大小,有最大化/最小化等按钮);FixedDialog(固定的对话框样式,不可改变窗体边框大小,有最大化/最小化等按钮);Sizable(默认属性,可改变窗体边框大小,有最大化/最小化等按钮);FixedToolWindow(用于工具窗口,不可改变窗体边框大小,无最大化/最小化按钮);SizableToolWindow(窗体外观与工具条相似,有关闭按钮,能改变大小)。

(8)Icon 属性:设置窗体图标。窗体的图标指定为在任务栏中表示该窗体的图片以及指定为窗体的控件框显示的图标。要修改 VB.NET 默认的图标,可以在属性窗口中单击 Icon 设置框右边的"…"(省略号),打开一个"加载图标"对话框,用户可以选择一个图标文件装入。

(9) IsMDIContainer 属性:设置该窗体是否是 MDI(多文档界面)窗体的容器。

(10) Locked 属性:设置用户是否可以移动窗体和改变窗体的大小。如果为真,则用户不能移动窗体上的任何控件对象和改变控件对象的大小。其默认属性为 False。

(11) MaximizeBox 属性:设置在窗体的标题栏中是否有最大化按钮。

(12) MinimizeBox 属性:设置在窗体的标题栏中是否有最小化按钮。

(13) Opacity 属性:设置窗体的透明度,0%为透明,100%为不透明。

(14) ShowInTaskbar 属性:设置程序运行后,是否在 Windows 的任务栏上显示该窗口的图标。

(15) SizeGgripStyle 属性:设置是否在窗体上显示大小调整手柄。

(16) StartPosition 属性:用来获取或设置运行时窗体的起始位置。有 5 种不同取值: Manual(窗体的位置和大小将决定其起始位置);CenterScreen(窗体在屏幕上居中,其尺寸在窗体大小中指定);WindowsDefaultLocation(默认属性,窗体定位在 Windows 默认位置,其尺寸在窗体大小中指定);WindowsDefaultBounds(窗体定位在 Windows 默认位置,其边界也由 Windows 默认决定);CenterParent(窗体在其父窗体中居中)。

(17) Topmost 属性:设置该窗体是否显示在其他所有窗体之上。

(18) TransparencyKey 属性:设置在窗体上透明显示的颜色。当在此处设置一种颜色后,具有相同 BackColor 的窗体区域将透明显示。在窗体的透明区域执行的任何鼠标操作(如鼠标单击)都将传输到该透明区域下的窗口。

(19) WindowState 属性:获取或设置窗体的状态。有 3 种不同取值:FormWindowState. Normal(正常显示);FormWindowState. Minimized(最小化形式显示);FormWindowState. Maximized(最大化形式显示)。

7.1.4 窗体的常用事件

窗体事件即响应窗体行为的动作。窗体事件有许多,下面仅介绍最常用的窗体事件。

1. Load 事件

Load 事件是在窗体被装入工作区时自动触发的事件。Load 事件过程通常给符号常量、属性变量和一般变量赋初值。

2. Click 事件

Click 事件是当程序运行后用鼠标单击对象时触发的事件。一旦触发了 Click 事件,便调用了相应的事件过程。

3. Move 事件

Move 事件是从内存中清除一个窗体时触发的事件。

4. Closed 事件

Closed 事件为关闭窗体时发生的事件。

7.1.5 窗体的常用方法

Form 提供了多种方法,可以方便地对窗体进行激活、显示、隐藏或关闭等操作。

1. Activate 方法

此方法的作用是激活窗体并给予它焦点。

格式:

`FormName.Activate()`

说明:FormName 是要激活的窗体名称。

2. Close 方法

此方法的作用是关闭窗体。

格式:

`FormName.Close()`

说明:FormName 是要关闭的窗体名称。

3. Hide 方法

此方法的作用是把窗体隐藏出来。

格式:

`FormName.Hide()`

说明:FormName 是要隐藏的窗体名称。

4. Show 方法

此方法的作用是让窗体显示出来。

格式:

`FormName.Show()`

说明:FormName 是要显示的窗体名称。

5. Refresh 方法

此方法的作用是刷新并重现窗体内容。

格式:

`FormName.Refresh()`

说明:FormName 是要刷新的窗体名称。

6. ShowDialog 方法

此方法的作用是将窗体显示为模式对话框。

格式：

FormName.ShowDialog()

说明：FormName 是要显示为模式对话框的窗体名称。

【例 7-1】 编写两个事件过程，程序运行界面如图 7-4 所示。

　　a）Load 事件运行效果　　　　b）Click 事件运行效果

图 7-4　程序运行界面

【程序代码】

```
Private Sub Form1_Load(ByVal sender As System.Object, ByVal e As System.EventArgs) Handles_
MyBase.Load
    FormBorderStyle = Windows.Forms.FormBorderStyle.Fixed3D
    Text = "装入窗体"
End Sub

Private Sub Form1_Click(ByVal sender As Object, ByVal e As System.EventArgs) Handles_
Me.Click
    FormBorderStyle = Windows.Forms.FormBorderStyle.FixedToolWindow
    Text = "单击窗体"
End Sub
```

7.2　控　件

控件（Control）是已经封装好的，并具有一定属性、方法和事件，可以提供一定功能的程序部件。控件按来源可分为内部控件和第三方提供的控件，本节主要介绍内部控件的使用。

7.2.1　控件的添加

在窗体上添加一个控件的步骤如下（以添加按钮为例）：

① 在工具箱中单击要添加的控件，本例是 Button 控件。

② 将指针移到窗体上，这时指针变成十字形。

③ 在要放置控件的位置按下鼠标左键不松开，拖动指针，随着拖动会形成一个不断变大的矩形，矩形代表控件的大小。

④ 释放鼠标左键,在矩形区上会出现一个 Button 控件,如图 7-5 所示。

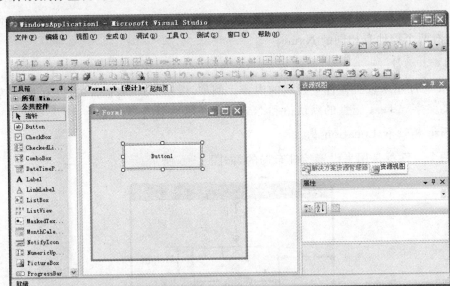

图 7-5 在窗体上添加一个 Button 控件

7.2.2 控件的移动和调整尺寸

移动控件的操作步骤如下:
① 将鼠标拖动到需要的位置。
② 选中控件,到属性窗口中修改 Location 属性。
③ 选中控件,同时按 Ctrl 键和箭头键可以微调控件位置。

调整控件的大小的操作步骤如下:
① 选中控件,控件上会出现尺寸句柄。
② 将鼠标指针指向尺寸句柄,拖动尺寸句柄直到所需的控件大小。角上的尺寸句柄可以同时调整控件的水平和垂直方向上的大小;而边上尺寸句柄可以调整控件的一个方向的大小。

另外,选中控件后,同时按 Shift 和箭头键,也可以调整控件的大小。

7.2.3 控件的通用属性

每个控件的外观是由一系列属性来决定的,如控件的大小、颜色、位置、名字等。不同的控件有不同的属性,也有相同的属性。通用属性表示大部分控件都有的属性。系统为每个属性提供了默认的属性值。在属性窗口中可以看到所选对象的属性设置。属性设置有两种方式:
● 在设计时通过属性窗口设置。
● 在代码设计窗口通过代码来设置。
此处只列出最常见的通用属性。

1. Name 属性

这个属性就和大家都有个姓名一样，是用来唯一标识一个控件的。在同一个窗体内，不能有两个控件有相同的 Name。

2. Text 属性

Text 属性用来设置控件上显示的内容。例如，按钮 Button 控件的 Text 属性为按钮上显示的文字。Text 属性的默认值和 Name 属性值一样。

3. Size 属性和 Location 属性

这两个属性都是用来设置控件布局的，如图 7-6 所示。

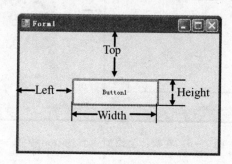

图 7-6 控件位置和大小示意图

- Location 属性：设置控件的位置，也可用 Left 和 Top 两个属性来表示，分别表示控件到窗体左边框和顶部的距离。对窗体来说，是表示窗体到屏幕左边框和顶部的距离。
- Size 属性：设置控件大小，也可用 Width 和 Height 两个属性来分别表示控件的宽度和高度。

4. Visible 属性

Visible 属性用来设置该控件是否可见。True 为可见，False 为不可见。

5. Enable 属性

Enable 属性用来设置该控件是否有效，是否响应外部事件。True（默认值）为有效，False 为无效。

6. Font 属性

Font 属性用来设置控件上字体的样式、大小、字形等。一般通过 Font 属性对话框设置，如图 7-7 所示。

7. ForeColor 属性和 BackColor 属性

它们都是颜色属性，用户可以在调色板里根据需要调整颜色，如图 7-8 所示。

- ForeColor 属性：设置或返回控件的前景颜色（即正文颜色）。
- BackColor 属性：设置或返回控件的正文以外的显示区域的颜色。

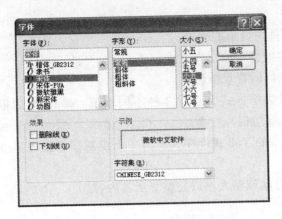
图7-7 Font属性对话框图

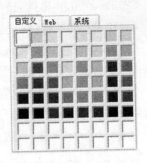
图7-8 颜色属性对话框

8. Dock 属性

Dock 属性是 VB.NET 中所有控件新增的属性,控件的 Dock 属性允许控件"附着"在窗体的一个边界上。例如,窗体上的 Button 控件,设置该控件的 Dock 属性为 Right,在显示窗体时,Button 控件将位于窗体的右边界,并从窗体的上边延伸到底边界,如图7-9所示。

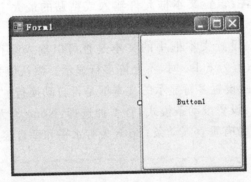
图7-9 Button 控件设置 Dock 属性

7.3 文本类控件和按钮控件

文本类控件用来显示或设置文本信息。VB.NET 最主要的文本控件有 Label 控件、TextBox 控件和 RichTextBox 控件。

7.3.1 Label 控件

Label 控件也称为标签控件,主要用来显示界面中固定的、不能编辑的信息。一般用于在窗体上进行文字说明,如用作标题或者用于对输入或输出区域的标识。该控件可以使用工具箱中的 A Label 图标来创建。

标签控件的主要属性如下。

(1) Text 属性：设置或返回标签控件内显示的文本。

(2) TextAlign 属性：设置标签控件中文本的对齐方式。

(3) BackColor 属性：设置或获取控件的背景颜色。

(4) BorderStyle 属性：设置或返回边框样式。它有 3 种不同取值：None(无边框)；FixedSingle(固定单边框)；Fixed3D(三维边框)。

(5) TabIndex 属性：设置或返回对象的 Tab 键顺序。所谓 Tab 键顺序是指按 Tab 键时，焦点在控件上切换的顺序。

(6) AutoSize 属性：设置控件能否自动调整大小以完整显示其内容。

7.3.2 TextBox 控件

TextBox 控件是一个文本编辑区域，可在该区域输入、编辑和显示正文内容，实现基本的人机交互。通常，TextBox 控件是用来让用户编辑其中的文本的。该控件可以使用工具箱中的 TextBox 图标来创建。

1. TextBox 控件的主要属性

(1) Text 属性：文本框最重要的属性，用来设置显示正文内容。

(2) MaxLength 属性：设置文本框允许输入或粘贴的最大字符个数，该属性值为 0 时，不限制输入的字符数。

(3) MultiLine 属性：设置文本框中的文本是否可以输入多行并以多行显示。值为 True 时，允许多行显示；值为 False 时，不允许多行显示。默认值为 False。

(4) WordWrap 属性：设置多行显示的文本框是否自动换行。

(5) ScrollBars 属性：设置滚动条模式，有 4 种选择：None 为无滚动条；Horizontal 为有水平滚动条；Vertical 为有垂直滚动条；Both 为有水平和垂直滚动条。

> **注意：**
> 只有 MultiLine 属性值为 True 时，ScrollBars 属性才有效。在 WordWrap 属性值为 True 时，水平滚动条将不起作用。

(6) Locked 属性：设置文本框是否可被编辑。值为 False 时，表示为可编辑。

(7) PassWordChar 属性：口令字符。在默认状态下，该属性被设置为空字符串(不是空格)，用户从键盘上输入时，每个字符都可以在文本框中显示出来。如果把 PassWordChar 属性设置为一个字符，如星号(*)，则文本框中键入字符时，显示的不是键入的字符，而是被设置的字符(星号)。不过文本框中的实际内容仍是输入的文本，只是显示的结果被改变了。利用这一特性，可以设置用户密码。

(8) SelectionStart 属性、SelectionLength 属性、SelectionText 属性：选中文本的起始、长度、内容。

(9) ReadOnly 属性：获取或设置文本框中的文本是否为只读。值为 True 时为只读，值为 False 时可读可写。

2. TextBox 控件的常用事件

(1) TextChanged 事件

当改变文本框的 Text 属性时会引发该事件。

(2) LostFocus 事件

当控件失去焦点时发生该事件。

(3) GotFocus 事件

当控件获得焦点时发生该事件。

3. TextBox 控件的常用方法

(1) AppendText 方法

此方法是在文本框当前文本尾部追加文本。

格式：

[文本框对象.]AppendText(str)

说明：参数 str 是要添加的字符串。

(2) Clear 方法

此方法为清除文本框中所有的文本。

格式：

[文本框对象.]Clear()

说明：该方法无参数。

(3) Focus 方法

此方法为文本框设置焦点，如果焦点设置成功，返回值为 True；否则，返回值为 False。

格式：

[文本框对象.]Focus()

说明：该方法无参数。

(4) Select 方法

此方法用来在文本框中设置选定文本。

格式：

[文本框对象.]Select(start,length)

说明：参数 start 设置选定文本的第一个字符的位置，length 设定要选定的字符数。

(5) SelectAll 方法

此方法为选定文本框中的所有文本。

(6) Copy 方法

此方法是将文本框中当前选定文本复制到剪贴板上。

格式：

［文本框对象.］Copy()

说明：该方法无参数。

(7) Cut 方法

此方法是将文本框中当前选定文本移动到剪贴板上。

格式：

［文本框对象.］Cut()

说明：该方法无参数。

(8) Paste 方法

此方法是将剪贴板上的内容替换成文本框中当前选定文本。

格式：

［文本框对象.］Paste()

说明：该方法无参数。

(9) Undo 方法

此方法为撤销文本框中的上一个编辑。

7.3.3 RichTextBox 控件

RichTextBox 控件允许用户输入和编辑文本。与 TextBox 控件相比较，RichTextBox 控件的文字处理功能更加丰富，不仅可以设定文字的颜色、字体，还具有字符串检索功能。另外，RichTextBox 控件还可以打开、编辑和存储 .rtf 格式文件、ASCII 文本格式文件及 Unicode 编码格式的文件。

1. RichTextBox 控件的主要属性

上面介绍的 TextBox 控件所具有的属性，RichTextBox 控件基本上都具有，除此之外，它还具有一些其他属性，如下所示。

- SelectedText 属性：获取或设定 RichTextBox 内的选定文本。
- SelectionColor 属性：更改选定文本的颜色。
- SelectionFont 属性：更改选定文本的字体。

2. RichTextBox 控件的常用方法

前面介绍的 TextBox 控件所具有的方法，RichTextBox 控件基本上都具有，除此之外，它还具有一些其他方法，如下所示。

(1) Redo 方法

此方法用来重做上次被撤销的操作。

格式：

RichTextBox 对象.Redo()

说明：该方法无参数。

(2) Find 方法

此方法用来从 RichTextBox 控件中查找指定的字符串。

格式：

RichTextBox 对象.Find(str)

功能：在指定的 RichTextBox 控件中查找文本，并返回搜索文本的第一个字符在控件内的位置。如果未找到搜索字符串，或者 str 参数指定的搜索字符串为空，则返回值为-1。

(3) SaveFile 方法

此方法用来把 RichTextBox 中的信息保存到指定的文件中。

格式 1：

RichTextBox 对象名.SaveFile(文件名)

功能：将 RichTextBox 控件中的内容保存到.rtf 格式文件中。

格式 2：

RichTextBox 对象名.SaveFile(文件名,文件类型)

功能：将 RichTextBox 控件中的内容保存到"文件类型"指定的格式文件中。

(4) LoadFile 方法

此方法将文本文件、.rtf 文件装入 RichTextBox 控件。

格式 1：

RichTextBox 对象名.LoadFile(文件名)

功能：将.rtf 格式文件或标准 ASCII 文本文件加载到 RichTextBox 控件中。

格式 2：

RichTextBox 对象名.LoadFile(数据流,数据流类型)

功能：将现有数据流的内容加载到 RichTextBox 控件中。

格式 3：

RichTextBox 对象名.LoadFile(文件名,文件类型)

功能：将特定类型的文件加载到 RichTextBox 控件中。

其中，文件类型或数据流类型的取值及含义如表 7-1 所示。

表 7-1 文件类型或数据流类型的取值及含义

文件类型或数据流类型	含 义
RichTextBoxStreamType.PlainText	纯文本流
RichTextBoxStreamType.RichText	.rtf 格式流
RichTextBoxStreamType.UnicodePlainText	采用 Unicode 编码的文本流

7.3.4 Button 控件

Button 控件又称按钮控件，是最简单、最常用的 Windows 窗口控件，允许用户通过单击来执行某种操作。如果某个按钮具有焦点,则可以使用鼠标、回车键或空格键单击该按钮。该控件可以使用工具箱中的 Button 图标来创建。

1. Button 控件的主要属性

(1) FlatStyle 属性:确定单击时按钮的外观。它有 4 种不同取值:Flat(该控件以平面显示);Popup(该控件以平面显示,当鼠标指针移动到该控件时该控件外观为三维);Standard(该控件外观为三维);System(该控件的外观是由用户的操作系统决定的)。

(2) Image 属性:给按钮指定一个图形(FlatStyle 属性必须设为 System)。

(3) ImageAlign 属性:获取或设置按钮控件上的图像对齐方式。

在设计作为对话框使用的窗体时,按需求在该窗体上添加两个特殊的按钮,它们分别通过按 Enter 键和 Esc 键来访问。

- 通过设置窗体的 AcceptButton 属性可以将某个按键设置为该窗体的"接受"按钮。若设置了此按钮,则用户每次按 Enter 键都相当于单击该按钮。
- 通过设置窗体的 CancelButton 属性可以将某个按键设置为该窗体的"取消"按钮。若设置了此按钮,则用户每次按 Esc 键都相当于单击该按钮。

2. Button 控件的常用事件

(1) Click 事件

当用户用鼠标左键单击按钮控件时,将发生该事件。

(2) MouseDown 事件

当用户在按钮控件上按下鼠标按钮时,将发生该事件。

(3) MouseUp 事件

当用户在按钮控件上释放鼠标按钮时,将发生该事件。

【例 7-2】 登录界面的设计。要求实现如下功能。

① 密码以 * 的形式显示;

② 如果用户名为 AAA 且密码为 123,则显示"欢迎登录本系统!";否则显示"用户名或密码错误!"。

根据要求在窗体上设计两个标签、两个文本框和两个按钮,按表 7-2 所示为其设置初始属性,程序运行界面如图 7-10 所示。

表 7-2 控件属性

控件名	属性名	属性值
Form1	Text	用户登录
Label1	Text	用户名
Label2	Text	密码
TextBox1	Text	空
TextBox2	Text	空
Button1	Text	登录
Button2	Text	退出

【程序代码】

```
Private Sub Form1_Load(ByVal sender As System.Object, ByVal e As System.EventArgs) _
Handles MyBase.Load
    TextBox2.PasswordChar = "*"          '设置密码显示字符
    TextBox2.Text = ""                    '把两个文本框内容清空
    TextBox1.Text = ""
    TextBox1.Focus()                      '使 TextBox1 获得焦点
End Sub
Private Sub Button1_Click(ByVal sender As System.Object, ByVal e As System.EventArgs) _
Handles Button1.Click
    If TextBox1.Text = "AAA" And TextBox2.Text = "123" Then
        MsgBox("欢迎登录本系统!")
    Else
        MsgBox("用户名或密码错误!")
    End If
End Sub
Private Sub Button2_Click(ByVal sender As System.Object, ByVal e As System.EventArgs) _
Handles Button2.Click
    End
End Sub
```

图 7-10 程序运行

【例 7-3】 设计字符选择程序,按表 7-3 所示为其设置初始属性,程序运行界面如图 7-11 所示。

表 7-3 控件属性

控 件 名	属 性 名	属 性 值
Form1	Text	字符选择
Label1	Text	输入字符
Label2	Text	开始位置
Label3	Text	字符长度

(续表)

控件名	属性名	属性值
TextBox1	Text MultiLine ScrollBars	空 True Both
TextBox2	Text	空
Button1	Text	字符选择

【程序代码】

```
Private Sub Button1_Click(ByVal sender As System.Object, ByVal e As System.EventArgs)_
Handles Button1.Click
    TextBox2.Text = TextBox1.SelectionStart    '获取选中文本的起始位置
    TextBox3.Text = TextBox1.SelectionLength   '获取选中文本的长度
End Sub
```

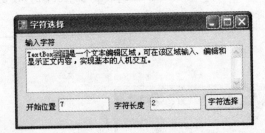

图 7-11 程序运行界面

【例 7-4】 设计文本框，按表 7-4 所示为其设置初始属性，程序运行界面如图 7-12 所示。

表 7-4 控件属性

控件名	属性名	属性值
Form1	Text	文本框方法示例
TextBox1	Text MultiLine	空 True
Button1	Text	Cut
Button2	Text	Copy
Button3	Text	Paste

【程序代码】

```
Private Sub Button1_Click(ByVal sender As System.Object, ByVal e As System.EventArgs)_
Handles Button1.Click
```

```
        TextBox1.Cut()
End Sub
Private Sub Button2_Click(ByVal sender As System.Object, ByVal e As System.EventArgs) _
Handles Button2.Click
        TextBox1.Copy()
End Sub
Private Sub Button3_Click(ByVal sender As System.Object, ByVal e As System.EventArgs) _
Handles Button3.Click
        TextBox1.Paste()
```

图7-12 程序运行

7.4 选择类控件

7.4.1 RadioButton 控件

RadioButton 控件又称单选按钮控件。单选按钮控件通常成组出现,用于为用户提供两个或多个互斥选项,即在一组单选按钮中只能选择一个。该控件可以使用工具箱中的 RadioButton 图标来创建。

1. RadioButton 控件的主要属性

(1) Checked 属性:设置或返回单选按钮是否被选中,选中时值为 True,没有选中时值为 False。

(2) AutoCheck 属性:获取或设置(在单击单选按钮时) Checked 值和控件的外观是否自动更改。

(3) Appearance 属性:获取或设置单选按钮控件的外观。

(4) Text 属性:用来设置或返回单选按钮控件内显示的文本,该属性也可以包含访问键,即前面带有"&"符号的字母。用户可以通过同时按 Alt 键和访问键来选中该控件。

(5) TextAlign 属性:获取或设置单选按钮上文本的对齐方式。

2. RadioButton 控件的常用事件

(1) Click 事件

当单击单选按钮时,将把单选按钮的 Checked 属性值设置为 True,同时触发 Click 事件。

(2) CheckedChanged 事件

当 Checked 属性值更改时,将触发 CheckedChanged 事件。

7.4.2 CheckBox 控件

CheckBox 控件又称复选框控件。与单选按钮控件类似,复选框也给用户提供一组选项供用户选择。但它与单选按钮又有不同,每个复选框都是一个单独的选项,用户既可以选择它,也可以不选择它,不存在互斥的问题,允许用户从其中选择零项、一项或多项。该控件可以使用工具箱中的 CheckBox 图标来创建。

1. CheckBox 控件的主要属性

(1) Checked 属性:获取或设置复选框的两个状态。如果复选框处于选中状态,则复选框显示选中标记(√),Checked 属性为 True;否则复选框为空,Checked 属性为 False(默认值)。

(2) Appearance 属性:获取或设置复选框控件的外观。

(3) CheckState 属性:获取或设置复选框的 3 个状态。

● Checked:复选框显示一个选中标记,或(外观为按钮时)该控件显示凹下外观 CheckBox1。

● Unchecked:复选框为空,或该控件显示凸起外观 CheckBox1。

● Indeterminate:复选框显示一个选中标记并变灰,或该控件以平面显示 CheckBox1。

(4) ThreeState:获取或设置复选框是否有 3 个状态。

(5) Text 属性:用来设置或返回复选框控件内显示的文本,与单选按钮一样,通过该属性可以为复选框创建访问键。

(6) CheckAlign 属性:获取或设置复选框的水平和垂直对齐方式。

2. CheckBox 控件的常用事件

(1) CheckStateChanged 事件

当 CheckState 属性的值更改时触发该事件。

(2) CheckedChanged 事件

当 Checked 属性的值更改时触发该事件。

7.4.3 GroupBox 控件

GroupBox 控件又称分组框控件,是一个围绕一组控件的框架(带或不带标题)。分组框是可用于定义控件组的容器控件,其典型的用法之一就是给单选按钮控件和复选框控件分组。该控件可以使用工具箱中的 GroupBox 图标来创建。

GroupBox 控件的主要属性如下。

(1) Controls 属性:获取包含在组框内的控件的集合。

(2) Text 属性:获取或设置该控件上显示的文本内容。

【例 7-5】 设计一个设置字体格式的应用程序,按表 7-5 所示为其设置初始属性,程序运行界面如图 7-13 所示。

表 7-5 控件属性

控 件 名	属 性 名	属 性 值
Form1	Text	字体设置
TextBox1	Text	VB.NET
RadioButton1	Text	宋体
RadioButton2	Text	隶书
RadioButton3	Text	黑体
RadioButton4	Text	8号
RadioButton5	Text	12号
GroupBox1	Text	字体
GroupBox2	Text	字号
Button1	Text	确定

【程序代码】

```
Private Sub Button1_Click(ByVal sender As System.Object, ByVal e As System.EventArgs) _
Handles Button1.Click
    If RadioButton1.Checked Then
        TextBox1.Font = New Font("宋体", TextBox1.Font.Size, TextBox1.Font.Style)
    ElseIf RadioButton2.Checked Then
        TextBox1.Font = New Font("隶书", TextBox1.Font.Size, TextBox1.Font.Style)
    Else
        TextBox1.Font = New Font("黑体", TextBox1.Font.Size, TextBox1.Font.Style)
    End If
    If RadioButton2.Checked Then
        TextBox1.Font = New Font(TextBox1.Font.Name, 8, TextBox1.Font.Style)
    Else
        TextBox1.Font = New Font(TextBox1.Font.Name, 12, TextBox1.Font.Style)
    End If
End Sub
```

图 7-13 程序运行界面

7.4.4 ListBox 控件

ListBox 控件又称列表框控件，是通过显示多个选项供用户选择，以达到与用户对话的目的。其最主要的特点是只能从中选择，而不能直接修改其中的内容。该控件可以使用工具箱中的 ListBox 图标来创建。

1. ListBox 控件的主要属性

(1) Items 属性：存放列表框中的内容。通过该属性，用户可以添加列表项、移除列表项和获得列表项的数目。

(2) MultiColumn 属性：指示列表框是否支持多列。值为 True 时表示支持多列，值为 False 时表示不支持多列。

(3) ColumnWidth 属性：获取或设置 ListBox 控件中列的宽度。

(4) SelectedIndex 属性：获取或设置 ListBox 控件中当前选定项的从 0 开始的索引。如果未选定任何项，则返回 −1。

(5) SelectedItem 属性：获取或设置 ListBox 控件中的当前选定项。

(6) Sorted 属性：如果该值为 True，指示 ListBox 控件中的列表项按字母排序；如果列表框中的值不按字母顺序排序，该值为 False。

(7) Text 属性：获取或设置 ListBox 控件中当前选定项的文本。

(8) ItemsCount 属性：获取列表框的项数。

(9) SelectionMode 属性：设置一次可以选中的表项数。它有 4 种不同取值：On(选一个)、None(不能选择)、MultiSimple(简单多选)、MultiExtended(扩展多选)。

2. ListBox 控件的常用方法

(1) Items.Add 方法

此方法用来向列表框插入一行文本。

格式：

对象.Items.Add(s)

说明：把参数 s 作为列表项添加到对象中。

(2) Items.Insert 方法

此方法用来在列表框中指定的位置插入一行文本。

格式：

对象.Items.Insert(n,s)

说明：把参数 s 作为列表项添加到对象中索引为 n 的位置处。

(3) Items.Remove 方法

此方法用来从列表框中删除一个列表项。

格式：

对象.Items.Remove(s)

说明：把参数 s 从列表对象中删除。

(4)Items.RemoveAt 方法

格式：

对象.Items.RemoveAt(Index)

说明：Index 表示要删除的选项在列表框或组合框中的位置。例如，若为第一个选项,则 Index 为 0。

(5)Items.Clear 方法

此方法用来清除列表框所有的文本。

格式：

对象.Items.Clear( )

说明：该方法无参数。

3.ListBox 控件的常用事件

ListBox 控件的常用事件主要有 Click 和 SelectedIndexChanged 两种。其中,当列表框中改变选中项时发生 SelectedIndexChanged 事件。

【例 7-6】 设计选课程序,按表 7-6 所示为其设置初始属性。程序运行界面如图 7-14 所示。

表 7-6 控件属性

控 件 名	属 性 名	属 性 值
Form1	Text	选课程序
ListBox1	Items	按图 7-14 所示设置若干选项
GroupBox1	Text	列数
RadioButton1	Text	多列
RadioButton2	Text	单列
TextBox1	Text	""
TextBox2	Text	""
Button1	Text	精确查找
Button2	Text	添加
Button3	Text	删除
Button4	Text	清除

【程序代码】

```
Private Sub Button1_Click(ByVal sender As System.Object, ByVal e As System.EventArgs) _
Handles Button1.Click
    Dim findstr As String, n As Integer
    findstr = TextBox1.Text                              '获取要查找的字符串
    n = ListBox1.FindStringExact(findstr)                '在列表框中精确查找
```

```
        If (n >= 0) Then                                          '如果找到
            ListBox1.SetSelected(n, True)                         '把找到的项选中
        Else                                                      '没有查找到
            MessageBox.Show("无此选项","找不到提示框")              '显示找不到信息
            If ListBox1.SelectedIndex >= 0 Then                   '如果有选中的项
                ListBox1.SetSelected(ListBox1.SelectedIndex, False)   '去除对该项的选择
            End If
        End If
End Sub
Private Sub Button2_Click(ByVal sender As System.Object, ByVal e As System.EventArgs) _
Handles Button2.Click
    ListBox1.Items.Add(TextBox2.Text)                             '添加项
End Sub
Private Sub Button3_Click(ByVal sender As System.Object, ByVal e As System.EventArgs) _
Handles Button3.Click
    If ListBox1.SelectedIndex >= 0 Then                           '如果有选中的选项
        ListBox1.Items.Remove(ListBox1.Items(ListBox1.SelectedIndex))   '删除选中选项
    Else                                                          '无选中的选项
        MessageBox.Show("没有选中项","无选中项对话框")             '显示提示信息
    End If
End Sub
Private Sub Button4_Click(ByVal sender As System.Object, ByVal e As System.EventArgs) _
Handles Button4.Click
    ListBox1.Items.Clear()                                        '清除所有的列表项
End Sub
```

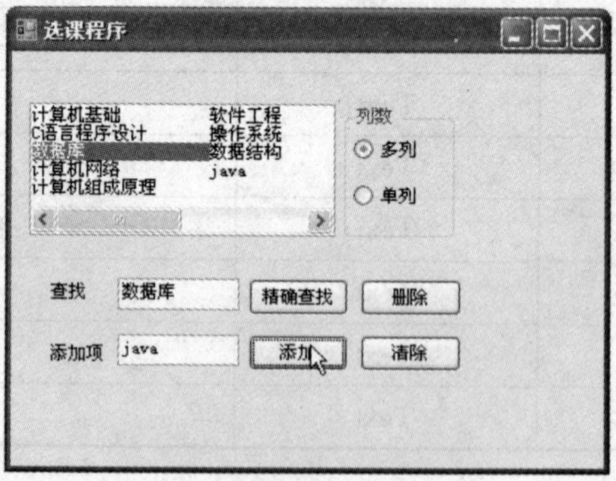

图 7-14　程序运行界面

7.4.5 ComboBox 控件

ComboBox 控件又称组合框控件,是组合了文本框和列表框的特性而形成的一种控件。组合框控件在列表框中列出可供用户选择的选项,当用户选定某项后,该项内容自

动装入文本框中。该控件可以使用工具箱中的 ComboBox 图标来创建。

ComboBox 控件的主要属性与 ListBox 控件的属性基本相同。组合框控件特有的属性是 DropDownStyle 属性,它用来设置组合框的式样,有 3 种不同的值:DropDown(下拉式组合框)、Simple(简单组合框)、DropDownList(下拉式列表框),如图 7-15 所示。

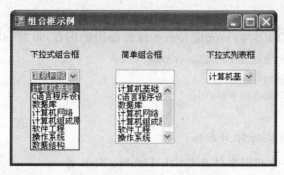

图 7-15 组合框示例

> **注意:**
> 组合框不能多选,无 SelectionMode 属性。

7.5 PictureBox 控件

PictureBox 控件又称图片框控件,常用于执行图形设计和图像处理程序。在该控件中可以加载的图像文件格式有位图文件(.bmp)、图标文件(.ico)、图元文件(.wmf)、.jpeg 文件和.gif 文件。该控件可以使用工具箱中的 PictureBox 图标来创建。

1. PictureBox 控件的主要属性

(1) Image 属性:设置控件要显示的图像以及把文件中的图像加载到图片框中。

① 设计时单击 Image 属性,在其后将出现"…"按钮,单击该按钮将出现一个"打开"对话框,在该对话框中找到相应的图形文件后单击"确定"按钮。

② 产生一个 Bitmap 类的实例并赋值给 Image 属性。形式如下:

```
Dim BP As Bitmap            '定义一个 Bitmap 类的对象
BP = New Bitmap("P1.jpg")   '根据文件生成 Bitmap 类的实例
PictureBox1.Image = BP      '把 Bitmap 对象赋值给图片框的 Image 属性
```

通过 Image.FromFile 方法直接从文件中加载。格式如下:

PictureBox 对象名.Image = Image.FromFile(图像文件名)

(2) SizeMode 属性:决定图像的显示模式。各种模式下的图片显示样式如下:
- AutoSize:调整 PictureBox 控件的大小,使其等于所包含的图像的大小。
- CenterImage:如果 PictureBox 比图像大,则图像将居中显示;如果图像比

PictureBox 大,则图片将居于 PictureBox 中心,而外边缘将被剪裁掉。
- Normal:图像位于 PictureBox 控件的左上角,如果图像比包含它的 PictureBox 大,则该图像将被剪裁掉。
- StretchImage:PictureBox 中的图像被拉伸或收缩,以适合 PictureBox 的大小。

2. 图片的删除

要清除图片框中的图片,首先应释放图像正使用的内存,再清除图片。代码如下:

```
If Not (PictureBox1.Image Is Nothing) Then
    PictureBox1.Image.Dispose()
    PictureBox1.Image = Nothing
End If
```

3. PictureBox 控件的常用事件

PictureBox 控件的常用事件有 Click、DoubleClick 等。

7.6 Timer 控件

Timer 控件又称计时器控件,主要作用是按一定的时间间隔周期性地触发一个名为 Tick 的事件。在设计时该控件不显示在窗体上,而是出现在窗体下的专用面板中;运行时该控件是不可见的。该控件可以使用工具箱中的 Timer 图标来创建。

1. Timer 控件的主要属性

(1) Interval 属性:决定两个 Tick 事件之间的时间间隔,其值以 ms(0.001s)为单位,默认值为 100。

(2) Enabled 属性:设置计时器是否正在运行。值为 True 时,计时器工作,产生 Tick 事件;值为 False 时,停止计时器工作,不产生 Tick 事件。

2. Timer 控件的常用事件

Timer 控件的常用事件是 Tick 事件,每隔 Interval 时间将触发一次该事件。

【例 7-7】 设计一个显示当前时间的电子钟程序,按表 7-7 所示为其设置初始属性,程序运行界面如图 7-16 所示。

表 7-7 控件属性

控件名	属性名	属性值
Form1	Text	电子钟
Button1	Text	开/关
Label1	Text	当前时间
	Fontsize	15
Timer1	Interval	500
	Enabled	False

图 7-16 程序运行界面

【程序代码】

```
Private Sub Timer1_Tick(ByVal sender As System.Object, ByVal e As System.EventArgs)_
Handles Timer1.Tick
    Label1.Text = Now                        '显示当前时间
End Sub
Private Sub Button1_Click(ByVal sender As System.Object, ByVal e As System.EventArgs)_
Handles Button1.Click
    Timer1.Enabled = Not Timer1.Enabled      '设置开关功能
End Sub
```

【例7-8】 利用计时器控件实现动画效果,按表7-8所示为其设置初始属性,程序运行界面如图7-17所示。

表7-8 控件属性

控件名	属性名	属性值
PictureBox1	Image	导入的图片
Button1	Text	开始
Button2	Text	暂停
Timer1	Interval Enabled	500 False

【程序代码】

```
Dim i As Integer = 0
Private Sub Timer1_Tick(ByVal sender As System.Object, ByVal e As System.EventArgs)_
Handles Timer1.Tick
    i = i + 1
    PictureBox1.Image = Image.FromFile(CStr(i) & ".jpg")    '导入图片
    If i = 4 Then i = 0                                      '图片循环
End Sub
Private Sub Button1_Click(ByVal sender As System.Object, ByVal e As System.EventArgs)_
Handles Button1.Click
    Timer1.Enabled = True                                    '打开计时器
End Sub
Private Sub Button2_Click(ByVal sender As System.Object, ByVal e As System.EventArgs)_
Handles Button2.Click
    Timer1.Enabled = False                                   '关闭计时器
End Sub
```

图 7-17　程序运行界面

7.7　ProgressBar 控件和 TrackBar 控件

7.7.1　ProgressBar 控件

ProgressBar 控件又称进度条控件，该控件在水平栏中显示适当的长度来指示进程的进度。当执行进程时，进度条用系统突出显示的颜色在水平栏中从左向右进行填充。该控件可以使用工具箱中的 ProgressBar 图标来创建。

1. ProgressBar 控件的主要属性

（1）Maximum 属性：设置或返回进度条能够显示的最大值。
（2）Minimum 属性：设置或返回进度条能够显示的最小值。
（3）Value 属性：设置或返回进度条当前的位置的值。
（4）Step 属性：该值用来决定每次调用 PerformStep 方法时，Value 属性增加的幅度。

2. ProgressBar 控件的常用方法

（1）Increment 方法
此方法用来按指定的数量增加进度条控件的 Value 属性值。
格式：

ProgressBar 对象.Increment(n)

说明：其功能是把 ProgressBar 对象指定的进度条对象的 Value 属性值增加 n。
（2）PerformStep 方法
此方法是按 Step 属性值来增加进度条控件的 Value 属性值。
格式：

ProgressBar 对象.PerformStep( )

说明：此方法无参数。

【例 7-9】 进度条示例,按表 7-9 所示为其设置初始属性,程序的运行界面如图 7-18 所示。

表 7-9 控件属性

控 件 名	属 性 名	属 性 值
Form1	Text	进度条示例
Button1	Text	开始计算

【程序代码】

```
Private Sub Button1_Click(ByVal sender As System.Object, ByVal e As System.EventArgs) _
Handles Button1.Click
    Dim Counter As Integer
    Dim Workarea(90000) As String
    ProgressBar1.Minimum = LBound(Workarea)
    ProgressBar1.Maximum = UBound(Workarea)
    ProgressBar1.Visible = True
    ProgressBar1.Value = ProgressBar1.Minimum        '设置进度条的值为 Minimum
    For Counter = LBound(Workarea) To UBound(Workarea)  '在整个数组中循环设置数组中每项
                                                        的初始值
        Workarea(Counter) = "Initial Value" & Counter
        ProgressBar1.Value = Counter
    Next Counter
    ProgressBar1.Visible = False
End Sub
```

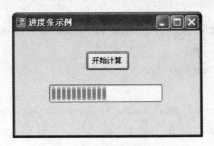

图 7-18 程序运行界面

7.7.2 TrackBar 控件

TrackBar 控件又称为滑块控件、跟踪条控件。该控件主要用于在大量信息中进行浏览,或用于以可视形式调整数字格式。该控件可以使用工具箱中的 TrackBar 图标来创建。

1. TrackBar 控件的主要属性

(1)Maximum 属性:设置或返回 TrackBar 进度条能够显示的最大值。

(2)Minimum 属性:设置或返回 TrackBar 进度条能够显示的最小值。

(3) Value 属性：设置或返回 TrackBar 当前位置的值。
(4) Orientation 属性：指示滑块是水平方向还是垂直方向。
(5) LargeChange 属性：指示当滑块长距离移动时对 Value 值进行增减的值。
(6) SmallChange 属性：指示当滑块短距离移动时对 Value 值进行增减的值。
(7) TickFrequency 属性：指示滑块控件上绘制的刻度之间的增量。
(8) TickStyle 属性：指示如何显示滑块上的刻度线，有以下 4 种取值。
- Both：刻度线位于控件的两边。
- BottomRight：刻度线位于水平控件的底部或垂直控件的右侧。
- None：没有刻度线。
- TopLeft：刻度线位于水平控件的顶部或垂直控件的左侧。

2. TrackBar 控件的常用事件

TrackBar 控件的常用事件是 ValueChanged，当 TrackBar 控件的 Value 属性值改变时触发该事件。

【例 7-10】 TrackBar 控件应用示例，按表 7-10 所示为其设置初始属性，程序运行界面如图 7-19 所示。

表 7-10 控件属性

控件名	属性名	属性值
Form1	Text	TrackBar 控件应用示例
TextBox1	Text	""
TrackBar1	Maximum	100

【程序代码】

```
Private Sub TextBox1_TextChanged(ByVal sender As System.Object, ByVal e As System.EventArgs)_
    Handles TextBox1.TextChanged
    TrackBar1.Value = TextBox1.Text
End Sub
Private Sub TrackBar1_Scroll(ByVal sender As System.Object, ByVal e As System.EventArgs)_
    Handles TrackBar1.Scroll
    TextBox1.Text = TrackBar1.Value
End Sub
```

图 7-19 程序运行界面

7.8 滚动条控件

Windows 窗体的滚动条控件用来方便地改变可视浏览区域的范围,一般情况下,滚动条要和其他控件组合使用。滚动条控件分为两类:水平滚动条(HScrollBar)和垂直滚动条(VScrollBar),除方向不同外,水平滚动条和垂直滚动条的结构和操作是一样的,本节的以水平滚动条为例进行介绍。滚动条的两端各有一个滚动箭头,在滚动箭头之间有一个滚动框,滚动框与两端箭头之间的区域称为滚动区域,水平滚动条结构如图 7-20 所示。该控件可以使用工具箱中的 HScrollBar 图标来创建。

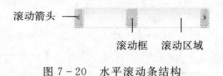

图 7-20 水平滚动条结构

1. 滚动条控件的主要属性

(1) Maximun 属性:滚动框处于最大位置时所代表的值,默认值为 100。
(2) Minimun 属性:滚动框处于最小位置时所代表的值,默认值为 0。
(3) SmallChange 属性:用户单击滚动条两端箭头时,Value 属性增加和减少的值。
(4) LargeChange 属性:用户单击滚动条区域时,Value 属性增加和减少的值。
(5) Value 属性:滑块所处位置所代表的值,默认值为 0。

2. 滚动条控件的主要事件

(1) Scroll 事件
当拖动滑块时会触发该事件。
(2) ValueChange 事件
当 Value 属性改变时触发该事件。

【例 7-11】 用滚动条设置一个调色板程序,要求用户输入数值数据,该数值数据在代码中用以调节颜色和透明度,按表 7-11 所示为其设置初始属性,程序运行界面如图 7-21 所示。

表 7-11 控件属性

控件名	属性名	属性值
Form1	Text	调色板
TextBox1	Text	""
TextBox2	Text	VB.NET
TrackBar1	Maximum	100
Label1	Text	红
Label2	Text	绿
Label3	Text	蓝

(续表)

控件名	属性名	属性值
HScrollBar1	Maximun	279
	Minimun	0
	SmallChange	1
	LargeChange	10
HScrollBar1	Maximun	279
	Minimun	0
	SmallChange	1
	LargeChange	10
HScrollBar1	Maximun	279
	Minimun	0
	SmallChange	1
	LargeChange	10
Button1	Text	设置前景色
Button2	Text	设置背景色

【程序代码】

```
Dim red As Integer, green As Integer, blue As Integer, a As Integer
Private Sub HScrollBar1_Scroll(ByVal sender As System.Object, ByVal e As System.Windows._
Forms.ScrollEventArgs) Handles HScrollBar1.Scroll
    red = HScrollBar1.Value
    green = HScrollBar2.Value
    blue = HScrollBar3.Value
TextBox1.BackColor() = Color.FromArgb(red, green, blue)
End Sub
Private Sub HScrollBar2_Scroll(ByVal sender As System.Object, ByVal e As System.Windows._
Forms.ScrollEventArgs) Handles HScrollBar2.Scroll
    red = HScrollBar1.Value
    green = HScrollBar2.Value
    blue = HScrollBar3.Value
    TextBox1.BackColor() = Color.FromArgb(red, green, blue)
End Sub
Private Sub HScrollBar3_Scroll(ByVal sender As System.Object, ByVal e As System.Windows._
Forms.ScrollEventArgs) Handles HScrollBar3.Scroll
    red = HScrollBar1.Value
    green = HScrollBar2.Value
    blue = HScrollBar3.Value
    TextBox1.BackColor() = Color.FromArgb(red, green, blue)
End Sub
Private Sub Button1_Click(ByVal sender As System.Object, ByVal e As System.EventArgs)_
```

```
Handles Button1.Click
    TextBox2.ForeColor = TextBox1.BackColor
End Sub
Private Sub Button2_Click(ByVal sender As System.Object, ByVal e As System.EventArgs) _
    Handles Button2.Click
    TextBox2.BackColor = TextBox1.BackColor
End Sub
```

图 7-21 程序运行界面

小 结

本章主要介绍了 Windows 窗体与控件,首先介绍了窗体的相关属性及方法,接着介绍了大多数控件都具有的通用属性,对各种基本控件的使用都进行了详细介绍。这些基本控件是应用程序界面设计的最基本元素,是应用程序和用户进行交互的联系渠道,因此应用十分广泛。本章的主要内容如下:

- 窗体的创建、属性和事件等。
- 控件的添加及属性等。
- 文本类控件和按钮控件的应用。
- 选择类控件的应用。
- PictureBox 控件与 Timer 控件的应用。
- ProgressBar 控件和 TrackBar 控件以及滚动条控件的应用。

练 习 题

选择题

1. 要更改窗体标题栏上的系统图标,应设置窗体的(　　)属性。
   A. Image　　　　　　　　　　　　B. Picture
   C. Icon　　　　　　　　　　　　　D. Bitmap
2. 要使文本框控件能够显示多行且能自动换行,应设置它的(　　)属性。
   A. MaxLength 和 MultiLine　　　　B. MultiLine 和 WordWrap
   C. PasswordChar 和 MultiLine　　　D. MaxLength 和 WordWrap

3. 要屏蔽文本框控件中的密码字符,应设置文本框控件的( )属性。
   A. Text   B. PasswordChar
   C. MultiLine   D. 其他
4. 要使复选框控件能够显示出 3 种状态,首先应设置它的( )属性。
   A. ThreeState   B. Checked
   C. CheckState   D. Indeterminate
5. Timer 控件的 Interval 属性值可以用来获取或设置计时器开始计时之间的时间间隔,该属性值以( )为单位。
   A. s   B. ms
   C. min   D. h
6. 如果要将控件的各个边界停靠在它的父容器的对应边界上,并适当改变大小,应将控件的 Dock 属性设置为( )。
   A. Fill   B. Right
   C. Left   D. None

填空题

1. 取默认值的情况下,文本框控件(TextBox)处于可编辑状态,可通过( )属性设置来锁定文本框,只供用户读取文本框内的数据。
2. 复选框控件(CheckBox)的 Checked 属性值为( )时,复选框处于选中状态。
3. 单选按钮控件(RadioButton)的 CheckedChanged 事件在( )时发生。
4. 使用( )方法可以完成 ListBox 控件中列表项的添加;使用( )方法可以完成单个列表项的清除。
5. 要清除图片框中的图片,首先应释放图像( ),再清除图片。
6. 如果 TextBox 控件中显示的文本发生了变化,将会发生( )事件。
7. 当复选框能够显示 3 种状态时,可通过它的( )属性来设置或返回复选框的状态。
8. 要使 ListBox 控件能够显示多列,应把它的( )属性值设置为 True。
9. 要使 PictureBox 中显示的图片刚好填满整个图片框,应把它的( )属性值设置为 PictureBox-SizeMode.StretchImage。
10. Timer 控件的( )属性用来设置定时器两次 Tick 事件发生的时间间隔。
11. 滚动条、TrackBar、ProgressBar 等控件的当前位置值均可通过( )属性来得到。

编程题

1. 编写程序,设计一个用单选按钮选择旅游路线的程序。界面设计如图 7-22 所示。

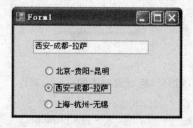

图 7-22

2. 编写程序,设计一个用单选按钮和复选框选修课程的程序,界面设计如图 7-23 所示。课程有两组:一是限选课,"VB.NET 程序设计"和"C/C++程序设计"课程中只能选择一门;二是任选课,可以任意选择。学生每选择或改选一门课程,学生的选课情况立即显示在右边的多行文本框中。

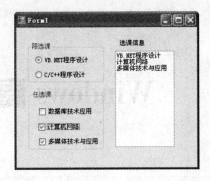

图 7-23

3. 编写程序,设计一个调整图片大小的程序。在窗体上画一个图片框、一个垂直滚动条和一个按钮(标题为"设置属性"),通过属性窗口在图片框中装入一个图形,图片框的宽度与图形的宽度相同,图片框的高度任意,如图 7-24 所示。编写适当的事件过程,程序运行后,如果单击按钮,则设置垂直滚动条的如下属性:

　　Minimum = 40
　　Maximum = 130
　　LargeChange = 10
　　SmallChange = 2

之后就可以通过移动滚动条上的滚动块来放大或缩小图片框。

4. 编写程序,设计一个 10s 的倒计时器。
5. 编写程序,设计一个能对列表框进行项目添加、修改和删除的应用程序,界面设计如图 7-25 所示。

图 7-24

图 7-25

第 8 章 Windows 高级界面设计

用户界面是人机交互的重要环节,是应用程序的一个重要组成部分。在开发应用程序时,设计出一个美观、简单、易用的应用程序界面,将有助于软件得到用户的认同。设计用户界面除了可以使用前面章节介绍的控件之外,还经常用到菜单、工具栏、状态栏、对话框等界面元素。另外根据需要,有时还需把应用程序设计成多文档界面形式。本章主要介绍对话框和菜单控件的使用以及多窗体、工具栏、状态栏的设计与鼠标、键盘事件的处理。

8.1 对话框

对话框是 Windows 程序中常见的一种要素,应用程序可通过对话框向用户提示信息或接受用户输入的信息。在 VB. NET 中,程序员可以自己定义对话框,也可以使用 VB. NET 提供的通用对话框控件和系统提供的标准对话框来与应用程序进行人机交互。其实在前面的章节中,标准对话框已经使用过很多次,如 MsgBox 就是一个标准对话框。在 Windows 应用程序中,通用的对话框有打开文件、保存文件、颜色、字体、打印框等。在 VB. NET 中,这些常用的对话框是基本控件,用户使用时只需向窗体中添加该控件对象,同时在窗体设计器下方的组件栏上显示相应的图标。

8.1.1 OpenFileDialog 控件

OpenFileDialog 控件又称"打开文件"对话框。它仅仅提供了一个供用户选择所要打开文件的界面,并不能真正打开一个文件,打开文件的具体工作还要通过编程来完成。该控件可以使用工具箱中的 SaveFileDialog 图标来创建。

1. OpenFileDialog 控件的主要属性

(1)Title 属性:获取或设置对话框标题,默认值为空字符串("")。如果标题为空字符串,则系统将使用默认标题打开。

(2)Filter 属性:获取或设置当前文件名筛选器字符串,该字符串决定对话框的"另存

为文件类型"或"文件类型"中出现的选择内容。对于每个筛选选项,筛选器字符串都包含筛选器说明、垂直线条(|)和筛选器模式,不同筛选选项的字符串由垂直线条隔开。例如,如果在"文件类型"列表框中显示下列3种文件类型以供用户选择:

① Documents(*.doc),表示扩展名为.doc的Word文件;
② Text Files(*.txt),表示扩展名为.txt的文本文件;
③ All Files(*.*),则表示所有文件。

那么,Filter属性应设为

Documents(*.doc)|*.doc|Text Files(*.txt)|*.txt|All Files|*.*

(3) FilterIndex 属性:获取或设置文件对话框中当前选定筛选器的索引。第一个筛选器的索引为1,默认值为1。

(4) InitialDirectory 属性:该属性用来指定"打开文件"对话框的初始目录。

(5) FileName 属性:获取在打开文件对话框中选定的文件名的字符串。文件名既包含文件路径也包含扩展名。如果未选定文件,该属性将返回空字符串("")。

(6) MultiSelect 属性:获取或设置一个值,该值指示对话框是否允许选择多个文件。如果对话框允许同时选定多个文件,则该属性值为True,反之属性值为False。默认值为False。

(7) FileNames 属性:获取对话框中所有选定文件的文件名。每个文件名都既包含文件路径又包含文件扩展名。如果未选定文件,该方法将返回空数组。

(8) RestoreDirectory 属性:获取或设置一个值,该值指示对话框在关闭前是否还原当前目录。假设用户在搜索文件的过程中更改了目录,则该属性值为True,那么,对话框会将当前目录还原为初始值;若该属性值为False,则不还原成初始值。默认值为False。

2. OpenFileDialog 控件的常用方法

(1) ShowDialog 方法

此方法用于显示打开文件的对话框,然后判断它的返回值。用户单击"取消"按钮时,返回值为DialogResult.Cancel;单击"打开"按钮时,返回 DialogResult.OK。

格式:

OpenFileDialog.ShowDialog()

(2) Reset 方法

此方法用于对 OpenFileDialog 窗口进行重置,将对话框的各项设置恢复到默认值。

格式:

OpenFileDialog.ShowDialog()

3. OpenFileDialog 控件的常用事件

当用户单击"打开"按钮时会激发这个事件。在实际应用中,一般通过 ShowDialog 方法的返回值来编写响应代码。

8.1.2 SaveFileDialog 控件

SaveFileDialog 控件又称"保存文件"对话框。它为用户在存储文件时提供一个标准用户界面,供用户选择或键入所要存入文件的路径和文件名。它与"打开文件"对话框一样,它并不能提供真正的存储文件操作,存储文件的操作需要用户编程来完成。该控件可以使用工具箱中的 SaveFileDialog 图标来创建。

SaveFileDialog 控件也具有 FileName、Filter、FilterIndex、InitialDirectory、Title 等属性,这些属性的作用与 OpenFileDialog 对话框控件基本一致,此处不再赘述。

> **注意:**
> 上述两个对话框只返回要打开或保存的文件名,并没有真正提供打开或保存文件的功能,程序员必须自己编写文件打开或保存程序,才能真正实现文件的打开和保存功能。

【例 8-1】 制作一个简单文字编辑器,使其具有"直接加载文件"和"另存为新文件"的功能,如图 8-1 和 8-2 所示。按表 8-1 所示为其设置初始属性,程序运行界面如图 8-3 所示。

表 8-1 控件属性

控件名	属性名	属性值
Form1	Text	简单文字编辑器
RichTextBox1	Text	空
Button1	Text	打开文件
Button2	Text	保存文件

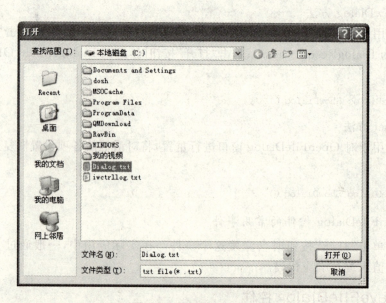

图 8-1 "打开"对话框

图8-2 "另存为"对话框

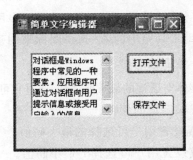

图8-3 程序运行界面

【程序代码】

```
Private Sub Button1_Click(ByVal sender As System.Object, ByVal e As System.EventArgs)_
Handles Button1.Click
    OpenFileDialog1.InitialDirectory = "C:\"    '设置对话框中显示的初始目录
    OpenFileDialog1.Filter() = "txt file(*.txt)|*.txt|all files(*.*)|*.*"
    '设置文件名筛选器字符串,决定"文件类型"框中出现的文件类型
    OpenFileDialog1.FilterIndex = 1
    '设置对话框中选定筛选器的索引为1,即"文件类型"框中出现的是"txt file(*.txt)"
    OpenFileDialog1.RestoreDirectory = True    '设置对话框在关闭前还原当前目录
    If OpenFileDialog1.ShowDialog() = DialogResult.OK Then
    '显打开文件对话框,如果用户单击了"打开"按钮,就把所选文件读入RichTextBox1
        RichTextBox1.LoadFile(OpenFileDialog1.FileName, RichTextBoxStreamType.PlainText)
        '文本文件
    End If
End Sub
Private Sub Button2_Click(ByVal sender As System.Object, ByVal e As System.EventArgs)_
Handles Button2.Click
    SaveFileDialog1.InitialDirectory = "C:\"    '设置对话框中显示的初始目录
```

```
            SaveFileDialog1.Filter() = "txt file(*.txt)|*.txt|all files(*.*)|*.*"
            '设置文件名筛选器字符串,决定"文件类型"框中出现的文件类型
            SaveFileDialog1.FilterIndex = 1
            '设置对话框中选定筛选器的索引为1,即"文件类型"框中出现的是"txt file(*.txt)"
            SaveFileDialog1.RestoreDirectory = True    '设置对话框在关闭前还原当前目录
            If SaveFileDialog1.ShowDialog() = DialogResult.OK Then
            '显打开文件对话框,如果用户单击了"保存"按钮,RichTextBox1 内容写入所选文件中
                RichTextBox1.SaveFile(SaveFileDialog1.FileName, RichTextBoxStreamType.PlainText)
                '文本文件
            End If
        End Sub
```

8.1.3 FontDialog 控件

FontDialog 控件又称"字体"对话框,在"字体"对话框中用户可以根据大小、颜色、样式选择字体。该控件可以使用工具箱中的 FontDialog 图标来创建。

1. FontDialog 控件的主要属性

(1) Font 属性:该属性是字体对话框的最重要属性,通过它可以设定或获取字体信息。

(2) Color 属性:设定或获取字符的颜色。

(3) MaxSize 属性:获取或设置用户可选择的最大磅值。

(4) MinSize 属性:获取或设置用户可选择的最小磅值。

(5) ShowColor 属性:获取或设置一个值,该值指示"字体"对话框是否显示颜色选择框。如果显示颜色选择框,属性值为 True,反之属性值为 False。默认值为 False。

(6) ShowEffects 属性:获取或设置一个值,该值指示对话框是否包含允许用户指定删除线、下划线和文本颜色选项的控件。如果对话框包含设置删除线、下划线和文本颜色选项的控件,属性值为 True,反之属性值为 False。默认值为 True。

2. FontDialog 控件的常用方法

(1) ShowDialog 方法

此方法用于显示打开"字体"的对话框。

格式:

```
DialogName.ShowDialog()
```

说明:DialogName 是要打开的"字体"对话框名称。

(2) Reset 方法

此方法用于对 FontDialog 窗口进行重置,将对话框的各项设置恢复到默认值。

格式:

```
DialogName.ShowDialog()
```

说明:DialogName 是要重置的"字体"对话框名称。

8.1.4 ColorDialog 控件

ColorDialog 控件又称颜色对话框,主要用来弹出 Windows 中标准的"颜色"对话框。该控件可以使用工具箱中的 ColorDialog 图标来创建。

1. ColorDialog 控件的主要属性

(1) AllowFullOpen 属性:获取或设置一个值,该值指示用户是否可以使用该对话框定义自定义颜色。如果允许用户自定义颜色,属性值为 True,否则属性值为 False。默认值为 True。

(2) FullOpen 属性:获取或设置一个值,该值指示用于创建自定义颜色的控件在对话框打开时是否可见。值为 True 时可见,值为 False 时不可见。

(3) AnyColor 属性:获取或设置一个值,该值指示对话框是否显示基本颜色集中可用的所有颜色;值为 True 时,显示所有颜色;值为 False 时,不显示所有颜色。

(4) Color 属性:获取或设置用户选定的颜色。

2. ColorDialog 控件的常用方法

(1) ShowDialog 方法

此方法用于显示打开"颜色"对话框。

格式:

`DialogName.ShowDialog()`

说明:DialogName 是要打开的"颜色"对话框名称。

(2) Reset 方法

此方法用于对 ColorDialog 窗口进行重置,将对话框的各项设置恢复到默认值。

格式:

`DialogName.ShowDialog()`

说明:DialogName 是要重置的"颜色"对话框名称。

【例 8-2】 为例 8-1 的简单文字编辑器增加设置字体格式功能和字体颜色功能,分别如图 8-4 和图 8-5 所示。按表 8-2 所示为其设置初始属性,程序运行界面如图 8-6 所示。

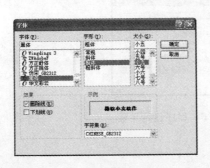
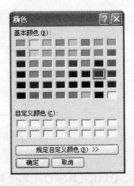

图 8-4 "字体"对话框　　图 8-5 "颜色"对话框

表 8-2 控件属性

控件名	属性名	属性值
Button3	Text	设置字体
Button4	Text	设置颜色

【程序代码】

```
Private Sub Button3_Click(ByVal sender As System.Object, ByVal e As System.EventArgs)_
Handles Button3.Click
    FontDialog1.ShowDialog()
    FontDialog1.MaxSize = 16            '字体允许的最大值为 16 磅
    FontDialog1.ShowColor = True        '允许字体对话框中出现颜色选项
    FontDialog1.ShowEffects = True      '允许字体对话框中出现效果选项(删除线和下划线)
    '若在字体对话框中单击"确定"按钮,则返回后将文本框中的文字设置为用户指定的字体和颜色
    If FontDialog1.ShowDialog = DialogResult.OK Then
        RichTextBox1.Font = FontDialog1.Font
        RichTextBox1.ForeColor = FontDialog1.Color
    End If
End Sub
Private Sub Button4_Click(ByVal sender As System.Object, ByVal e As System.EventArgs)_
Handles Button4.Click
    ColorDialog1.ShowDialog()
    ColorDialog1.AnyColor = True        '允许使用任何颜色
    ColorDialog1.Color = RichTextBox1.ForeColor   '在颜色对话框中显示当前颜色
    '若用户在"颜色"对话框中单击"确定"按钮,则返回后以用户指定的颜色显示文本框中文字
    If ColorDialog1.ShowDialog = DialogResult.OK Then
        RichTextBox1.ForeColor = ColorDialog1.Color
    End If
End Sub
```

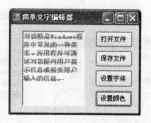

图 8-6 程序运行界面

8.1.5 PageSetupDialog 控件

PageSetupDialog 控件又称"页面设置"对话框,可以使用工具箱中的 PageSetupDialog 图标来

创建。用户可以通过该对话框来设置边框和边距调整、页眉和页脚以及纵向或横向打印。

1. PageSetupDialog 控件的主要属性

（1）AllowMargins 属性：设置是否启动对话框的边距部分。

（2）AllowOrientation 属性：设置是否启动对话框的方向部分（纵向或横向）。

（3）AllowPaper 属性：设置是否启动对话框的纸张来源和纸张大小。

2. PageSetupDialog 控件的常用方法

（1）ShowDialog 方法

此方法用于显示打开"页面设置"对话框。

格式：

`DialogName.ShowDialog()`

说明：DialogName 是要打开的"页面设置"对话框名称。

（2）Reset 方法

此方法用于对 PageSetupDialog 窗口进行重置，将对话框的各项设置恢复到默认值。

格式：

`DialogName.ShowDialog()`

说明：DialogName 是要重置的"页面设置"对话框名称。

8.1.6　PrintDialog 控件

PrintDialog 控件又称"打印"对话框，可以使用工具箱中的 PrintDialog 图标来创建。使用 PrintDialog 控件可以显示 Windows 标准的"打印"对话框，在该对话框中用户可以选择打印机、选择要打印的页及页码范围等。

PrintDialog 控件的主要属性如下。

（1）AllowCurrentPage 属性：设置是否显示"当前页"选项。

（2）AllowSomePage 属性：设置是否显示"页"选项。

（3）PrinterSettings 属性：设置通过此对话框指定的打印机设置信息。

> **注意：**
> 该对话框并不负责具体的打印任务，要想在应用程序中控制打印内容必须使用 PrintDocument 控件。

8.1.7　PrintDocument 控件

PrintDocument 控件又称打印文档对象控件，该控件可以使用工具箱中的 PrintDocument 图标来创建。通常可创建 PrintDocument 对象以设置对打印方式的属性描述，然后调用 Print 方法开始打印进程。

1. PrintDocument 控件的主要属性

(1)DefaultPageSettings 属性:设置要打印的所有页的默认设置。

(2)DocumentName 属性:设置要打印文档时要显示的文档名。

(3)PrinterSettings 属性:设置打印文档的打印机信息。

2. PrintDocument 控件的常用方法

此控件的常用方法为 Print 方法,用于执行打印文档的进程,其格式如下:

```
PrintDocumentName.Print()
```

说明:PrintDocumentName 是要打印文档的名称。

3. PrintDocument 控件的常用事件

(1)BeginPrint 事件

在调用 Print 方法并且在打印文档的第一页前发生该事件。

(2)EndPrint 事件

在打印文档的最后一页后发生该事件。

(3)PrintPage 事件

当打印当前页时发生该事件。

(4)QueryPageSettings 事件

该事件在 PrintPage 事件之前发生。

【例 8-3】 对例 8-2 的简单文字编辑器进行修改,实现页面设置功能和文档打印功能,分别如图 8-7 和图 8-8 所示。按表 8-3 所示为其设置初始属性,程序运行界面如图 8-9 所示。

表 8-3 控件属性

控件名	属性名	属性值
Button5	Text	页面设置
Button6	Text	打印设置

【程序代码】

```
Private Sub Button5_Click(ByVal sender As System.Object, ByVal e As System.EventArgs)_
Handles Button5.Click
    PageSetupDialog1.ShowDialog()
End Sub
Private Sub Button6_Click(ByVal sender As System.Object, ByVal e As System.EventArgs)_
Handles Button6.Click
    Dim result As DialogResult = PrintDialog1.ShowDialog()
    If result = Windows.Forms.DialogResult.OK Then
        PrintDocument1.Print()
    End If
End Sub
```

图 8-7 页面设置功能

图 8-8 "打印"对话框

图 8-9 程序运行界面

8.1.8 消息对话框与输入对话框

除了可以使用上述的多种标准对话框外,在 VB.NET 中还可以使用函数来弹出消息对话框和输入对话框。弹出消息对话框与输入对话框需调用的函数分别是 MsgBox() 函数和 InputBox() 函数。

1. 消息对话框

消息对话框是一种用来显示一条消息,并且等待用户对这条消息做出反馈的对话框。可以调用 MsgBox() 函数制作信息对话框,一个结构完整的消息提示对话框构成如图 8-10 所示。

(1) 标题:显示在消息对话框标题栏中的文本,如此图的标题为"系统提示对话框"。

(2) 提示信息:消息对话框中部显示的信息,如此图的提示信息为"这是一个测试对话框"。

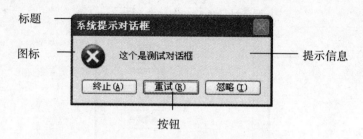

图 8－10　消息框结构图

(3)图标:图标用来表示消息的种类和消息的重要程度。如此图中的 ⊗ 就是一种图标。

(4)按钮:在消息对话框的下部将排列一些供用户选择的按钮,如此图就有"终止"、"重试"和"忽略"3 个按钮。消息对话框中可以提供的按钮有"确定"、"取消"、"终止"、"重试"、"忽略"、"是"和"否"7 种。

要弹出消息对话框,应调用 MsgBox()函数,该函数的调用格式及功能如下。

格式:

MsgBox(Prompt[,Buttons][,Title])

功能:弹出消息对话框,并返回用户选择按钮的对应值。

说明:

(1)参数 Prompt 是一个字符串型的必选参数,用来设置消息对话框的提示信息。提示信息的最大长度为 1024 个字符;显示内容可以是单行或多行,在设定多行时,行与行之间通过回车符(Chr(13))、换行符(Chr(10))或回车换行符的组合(Chr(13)&Chr(10))分隔。

(2)参数 Buttons 是一个可选参数,用来设定消息对话框要显示的按钮类型、图标样式及指定哪一个按钮为默认的活动按钮。在 VB.NET 中,按钮类型、图标样式和默认活动按钮的序号均有一个对应的常量和数值,分别如表 8－4、表 8－5 和表 8－6 所示。

表 8－4　按钮类型及其对应值

常量	值	按钮类型
MsgBoxStyle.OKOnly	0	显示"确定"按钮
MsgBoxStyle.OKCancel	1	显示"确定"和"取消"按钮
MsgBoxStyle.AbortRetryIgnore	2	显示"终止"、"重试"和"忽略"按钮
MsgBoxStyle.YesNoCancel	3	显示"是"和"否"和"取消"按钮
MsgBoxStyle.YesNo	4	显示"是"和"否"按钮
MsgBoxStyle.RetryCancel	5	显示"终止"和"取消"按钮

表 8-5 图标类型及其对应值

常 量	值	图标类型
MsgBoxStyle.Critical	16	显示 ❌ 图标
MsgBoxStyleQuestion	32	显示 ❓ 图标
MsgBoxStyle.Exclamation	48	显示 ⚠ 图标
MsgBoxStyle.Information	64	显示 ⓘ 图标

表 8-6 默认按钮及其对应值

常 量	值	默认按钮
MsgBoxStyle.DefaultButton1	0	第一个按钮是默认的活动按钮
MsgBoxStyle.DefaultButton2	256	第二个按钮是默认的活动按钮
MsgBoxStyle.DefaultButton3	512	第三个按钮是默认的活动按钮

Button 参数的值是上述 3 个值之和,在实际编程中既可以使用数值,也可以使用常量。

(3) 参数 Title 也是一个可选参数,用来设置在消息对话框中显示的标题信息。如果省略了该参数,VB.NET 将把应用程序名显示在标题栏中。

(4) 该函数的返回值对应于用户所单击的按钮,可能的返回值如表 8-7 所示。

表 8-7 MsgBox 函数的返回值

用符号常量表示的返回值	用数值表示的返回值	用户单击的按钮
MsgBoxResult.OK	1	OK
MsgBoxResult.Cancel	2	Cancel
MsgBoxResult.Abort	3	Abort
MsgBoxResult.Retry	4	Retry
MsgBoxResult.Ignore	5	Ignore
MsgBoxResult.Yes	6	Yes
MsgBoxResult.No	7	No

2. 输入对话框

输入对话框的功能是供用户输入信息,可通过调用 InputBox()函数来弹出输入对话框。输入对话框一般由标题、提示信息、"确定"按钮、"取消"按钮和一个供用户输入的文本框组成,一个结构完整的输入对话框构成如图 8-11 所示。

图 8-11 输入对话框结构图

InputBox()函数的调用格式及功能如下。

格式：

InputBox(Prompt[,Title][,Default][,X坐标][,Y坐标])

功能：当用户将信息输入到文本框，并单击"确定"按钮后，InputBox()函数将把用户所输入的信息作为字符串返回。当单击输入框的"取消"按钮时，InputBox()函数的返回值是一个空字符串。

说明：

(1)参数 Prompt 是一个必选的字符串参数，用来设置输入对话框的提示信息，最大长度为 1024 字节，可换行。

(2)参数 Title 是一个可选参数，用于设置输入对话框标题栏中显示的字符串。如果省略 Title 参数，VB.NET 将把应用程序名放在标题栏中。

(3)参数 Default 也是一个可选参数，用来设置显示在文本框中的默认字符串，如果省略 Default 参数，则文本框初始值为空。

(4)X 坐标和 Y 坐标也是一组可选参数，用来确定对话框左上角在屏幕上的位置。

【例 8-4】 信息框与输入对话框示例，其程序运行界面如图 8-12 所示。

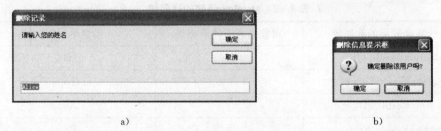

a)　　　　　　　　　　　　　　　　　b)

图 8-12 程序运行界面

【程序代码】

```
Private Sub Form1_Click(ByVal sender As Object, ByVal e As System.EventArgs) Handles _
Me.Click
    Dim XM As String
    XM = InputBox("请输入您的姓名","删除记录","Alice")
    MsgBox("确定删除该用户吗?", MsgBoxStyle.Question + MsgBoxStyle.OkCancel + _
    MsgBoxStyle.DefaultButton2,"删除信息提示框")
End Sub
```

8.2 菜单简介

菜单是标准的图形界面元素,是用户与应用程序进行交互的主要方式,用户对文档的大多数操作命令都可以从菜单中找到,为了能提供强大的菜单设计功能,.NET 类库把菜单做成了标准的控件类,供开发人员编程使用。

菜单是图形用户界面的重要组成部分,用户可以依据需要定制不同风格的菜单。根据菜单的使用方式可以分为下拉式菜单和快捷式菜单。

8.2.1 下拉式菜单

下拉式菜单是位于窗体顶部,窗体标题栏下的菜单,只要单击菜单栏中的菜单项就可以进行相应的操作。如在窗口中单击"文件"、"编辑"等菜单时所显示的就是下拉菜单。

在下拉菜单系统中,一般有一个主菜单,即菜单栏(位于窗口标题栏的下方),其中包含一个或多个选项,分别称为菜单标题(或主菜单、顶层菜单)。当单击一个菜单标题时,一个包若干个菜单命令(下拉菜单项)的列表(即下拉菜单)就被打开,根据功能不同,多以分隔符隔开,有的菜单命令的右端具有三角符号,当鼠标指针指向该菜单命令时,会弹出下级子菜单;有的菜单命令的左边具有"√",表示该菜单命令正在使用。下拉式菜单的基本组成结构如图 8-13 所示。

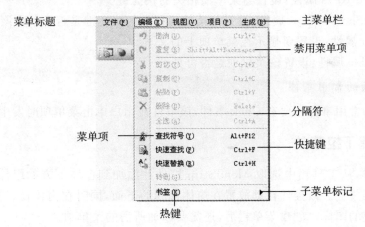

图 8-13 下拉式菜单基本构成结构图

8.2.2 快捷菜单

快捷菜单又称弹出式菜单,是可在窗体内浮动的菜单。它独立于下拉菜单,只要在某个区域右击就可以弹出快捷菜单。它的内容可能会根据右击区域的不同而有所不同。在程序中至少含有一个菜单项的菜单都可以作为弹出式菜单,在其窗体上显示的位置可以变化,具有较大的灵活性。

快捷菜单与下拉式菜单的组成结构大致相同。最大的差别在于快捷菜单是没有菜单标题的。

8.3 MenuStrip 控件与下拉菜单的创建

8.3.1 MenuStrip 控件

创建下拉式菜单需要使用 MenuStrip 控件,下拉式菜单是窗体菜单结构的顶级容器。创建支持高级用户界面和布局的自定义菜单时,可通过添加快捷键、选中标签、图像和分隔符来增强菜单的可用性和可读性。该控件可以使用工具箱中的 MenuStrip 图标来创建。

1. MenuStrip 控件的主要属性

(1) Checked 属性:设置是否选中菜单命令。
(2) CheckState 属性:设置菜单项处于选中、未选中或不确定状态。
(3) DropDownItems 属性:获取此菜单项包含的子菜单项集合。
(4) Enabled 属性:设置该菜单项是否可用。
(5) Image 属性:显示在菜单命令中的图像。
(6) Name 属性:设置菜单项名称。
(7) ShotcutKeyDisplayString 属性:设置快捷键文本。
(8) ShotcutKeys 属性:设置与菜单项相关的快捷键。
(9) ShowShotcutKeys 属性:设置与菜单项相关的快捷键是否显示在该命令旁边。
(10) Text 属性:设置要显示在菜单项上的文本。
(11) Visible 属性:设置该菜单项是否可见。

2. 菜单项的常用事件

菜单项的常用事件主要有 Click 事件,该事件在用户单击菜单项时发生。

8.3.2 创建下拉菜单

在设计时,从工具箱中选取 MenuStrip 控件并添加到窗体下方的组件栏中,即为该窗体创建了菜单栏。该控件自动放置在窗体标题的下面,同时在窗体设计器下方的组件栏上出现相应的图标。创建菜单栏后,还需要添加所需的菜单项。

1. 添加标准菜单项

在添加菜单栏之后,可以快速插入一些包含图像的标准菜单项,这些菜单项分别包含在"文件"、"编辑"、"工具"以及"帮助"菜单中。具体操作方法如下:

单击 MenuStrip 控件右上角的小箭头,打开 MenuStrip 任务窗格,然后单击"插入标准项"连接,如图 8-14 所示。或者右键单击窗体设计器窗口下方的组件栏中的 MenuStrip 控件,然后在弹出的快捷菜单中选择"插入标准项"选项,如图 8-15 所示。此时会在菜单栏上添加 4 个菜单项,它们分别对应一个下拉菜单,如图 8-16 所示。

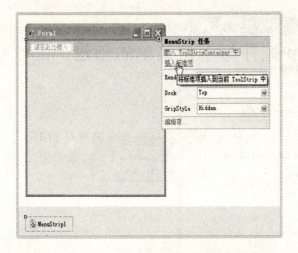

图 8-14　在任务窗格中选择"插入标准项"选项　　　图 8-15　选择"插入标准项"选项

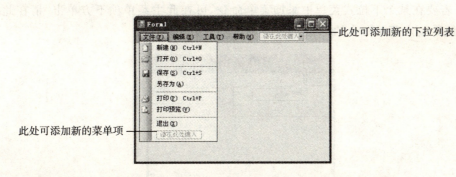

图 8-16　插入标准菜单项

2. 自定义菜单项

在添加菜单栏之后，也可以通过手工自定义方式在菜单栏中添加菜单项。具体操作步骤如下：

① 单击 MenuStrip 控件，在 MentiStrip1 顶部显示的"请在此处键入"框处输入菜单项的标题，如图 8-17 所示。在该菜单项访问键的字母前面添加一个 & 字符，并手动输入括号，该字母将以下划线形式显示。对于菜单栏中的菜单项，同时按 Alt 键和该字母键可以打开相应的下拉菜单。

② 若要在菜单栏中添加新的下拉菜单，可在其中已有菜单项的右侧单击"请在此处键入"框，然后输入新菜单项的标题；若要在一个菜单项的左侧添加新的菜单项，可右键单击该菜单项，在弹出的快捷菜单中选择"插入"→"MenuItem"选项，如图 8-18 所示。

图 8-17　创建下拉菜单

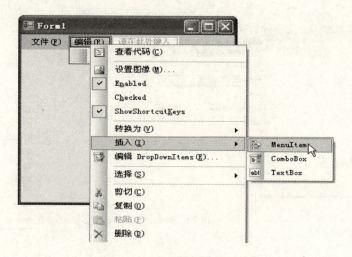

图 8-18　添加新的下拉菜单

③ 若要在某个下拉式菜单中添加菜单命令，可在此主菜单项下方单击"请在此处键入"框，然后输入菜单命令的标题，如图 8-19 所示。

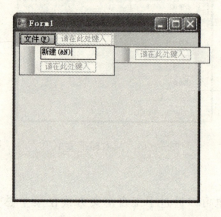

图 8-19　在下拉菜单中创建菜单项

④ 若要创建某个菜单命令的下一级子菜单，可在该菜单项右边单击"请在此处键入"框，然后输入菜单命令的标题。

⑤ 若要在下拉菜单中添加一个分隔线，单击"请在此处键入"框，然后输入一个分隔线"—"，或单击"请在此处键入"框右侧的向下箭头并选择添加的控件类型"Separator"，如图 8-20 所示。

菜单栏的控件类型如下。
- MenuItem：表示在菜单栏中添加菜单项。
- ComboBox：表示在菜单栏中显示组合框。
- Separator：表示在菜单栏中添加分隔线。
- TextBox：表示在菜单栏中显示文本框。

⑥ 若要删除一个菜单项，可右键单击该菜单项并选择"删除"命令。

图 8-20　添加分隔线

【例 8-5】将例 8-2 的简单文字编辑器添加菜单栏，按表 8-8 所示设置各菜单项的初始属性，程序运行界面如图 8-21 所示。

表 8-8　控件属性

控件名	属性名	属性值
打开 ToolStripMenuItem	Text	文件(&F)
打开文件 ToolStripMenuItem	Text	打开文件(&N)
保存文件 ToolStripMenuItem	Text	保存文件(&S)
退出 ToolStripMenuItem	Text	退出(&Q)
格式 ToolStripMenuItem	Text	格式(&O)
设置字体 ToolStripMenuItem	Text	设置字体(&F)
设置颜色 ToolStripMenuItem	Text	设置颜色(&C)

【程序代码】

```
Private Sub 打开文件 ToolStripMenuItem_Click(ByVal sender As System.Object, ByVal e As _
System.EventArgs) Handles 打开文件 ToolStripMenuItem.Click
    Call Button1_Click(sender, e)         '调用 Button1 的 Click 事件
End Sub
Private Sub 保存文件 ToolStripMenuItem_Click(ByVal sender As System.Object, ByVal e As _
System.EventArgs) Handles 保存文件 ToolStripMenuItem.Click
    Call Button2_Click(sender, e)         '调用 Button2 的 Click 事件
End Sub
Private Sub 退出 ToolStripMenuItem_Click(ByVal sender As System.Object, ByVal e As _
System.EventArgs) Handles 退出 ToolStripMenuItem.Click
    Application.Exit()                    '结束程序
End Sub
Private Sub 设置字体 ToolStripMenuItem_Click(ByVal sender As System.Object, ByVal e As_
System.EventArgs) Handles 设置字体 ToolStripMenuItem.Click
    Call Button3_Click(sender, e)         '调用 Button3 的 Click 事件
```

```
End Sub
Private Sub 设置颜色 ToolStripMenuItem_Click(ByVal sender As System.Object, ByVal e As_
System.EventArgs) Handles 设置颜色 ToolStripMenuItem.Click
    Call Button4_Click(sender, e)          '调用 Button4 的 Click 事件
End Sub
```

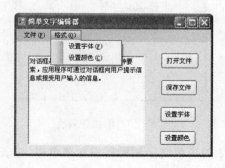

图 8-21 程序运行界面

8.4 ContextMenuStrip 控件与快捷菜单的创建

8.4.1 快捷菜单

ContextMenuStrip 控件可以用来创建快捷菜单,快捷菜单也是 Windows 窗体应用程序用户界面的重要组成部分。它在用户右键单击窗体或窗体中的控件时出现,且其中仅包含于当前对象相关的操作命令,方便用户在应用程序中使用。该控件可以使用工具箱中的 ContextMenuStrip 图标来创建,它可关联窗体中的任何控件。

1. ContextMenuStrip 控件的主要属性

(1) LayoutStyle 属性:设置快捷菜单项的显示方式。

(2) ShowCheckMargin 属性:设置是否在菜单项左边缘显示选中标记位置。

(3) ShowItemToolTips 属性:设置是否在菜单项显示工具提示。

2. ContextMenuStrip 控件的常用方法

格式:

ContextMenuStripName.Show()

说明:ContextMenuStripName 是要显示的快捷菜单名称。

3. ContextMenuStrip 控件的常用事件

(1) Closing 事件

在快捷菜单即将关闭时发生该事件。

(2) Opening 事件

在快捷菜单正在打开时发生该事件。

8.4.2 创建快捷菜单

在默认情况下,程序运行时不会自动显示快捷菜单。若要在程序运行期间显示快捷菜单,具体操作步骤如下:

① 将其与窗体或某个控件关联,即将窗体或控件的 ContextMenuStrip 属性设置为此快捷菜单的名称。

② 在代码中调用 ContextMenuStrip 控件的 Show 方法来显示快捷菜单。

【例 8-6】 为例 8-5 的简单文字编辑器添加快捷菜单,按表 8-9 所示设置各菜单项和控件初始属性,程序运行界面如图 8-22 所示。

表 8-9 控件属性

控件名	属性名	属性值
RichTextBox1	ContextMenuStrip	ContextMenuStrip1
剪切 ToolStripMenuItem	Text	剪切(&T)
	ShowShotcutKeys	Ctrl+X
复制 ToolStripMenuItem	Text	复制(&Y)
	ShowShotcutKeys	Ctrl+C
粘贴 ToolStripMenuItem	Text	粘贴(&P)
	ShowShotcutKeys	Ctrl+V

【程序代码】

```
Private Sub 剪切ToolStripMenuItem_Click(ByVal sender As System.Object, ByVal e As _
System.EventArgs) Handles 剪切ToolStripMenuItem.Click
    RichTextBox1.Cut()
End Sub
Private Sub 复制ToolStripMenuItem_Click(ByVal sender As System.Object, ByVal e As _
System.EventArgs) Handles 复制ToolStripMenuItem.Click
    RichTextBox1.Copy()
End Sub
Private Sub 粘贴ToolStripMenuItem_Click(ByVal sender As System.Object, ByVal e As_
System.EventArgs) Handles 粘贴ToolStripMenuItem.Click
    RichTextBox1.Paste()
End Sub
```

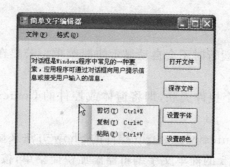

图 8-22 程序运行界面

8.5 工具栏

8.5.1 工具栏的主要属性

除了主菜单和快捷菜单外,通常还可以在窗体上添加一个工具栏,并将常用的菜单命令以图像按钮的形式放置其中。ToolStrip 控件又称工具栏控件,该控件可以使用工具箱中的 ToolStrip 图标来创建。ToolStrip 控件用于为工具栏对象提供容器,使用该控件可以创建自定义的常用工具栏,使其支持高级用户界面和布局功能。若工具栏没有足够空间显示界面项,则溢出功能会将其移到下拉菜单中。

1. ToolStrip 控件的主要属性

(1) GripStyle 属性:设置工具栏移动手柄是否可见。

(2) ImageList 属性:设置包含工具栏项上显示的图像的图像列表。

(3) Items 属性:获取属于工具栏的所有项。

(4) OverflowButton 属性:已启动溢出的工具栏的溢出按钮。

(5) ShowItemToolTrips 属性:设置是否在工具栏上显示工具提示。

(6) Stretch 属性:设置工具栏在工具栏容器上是否可拉伸。

使用 ToolStrip 控件创建工具栏可以放置到一个 ToolStripContainer 控件中,该控件又称为工具栏容器,在其左侧、右侧、顶部和底部都用来放置和漂浮工具栏、菜单栏和状态栏控件的面板。使用工具栏容器的 ToolStripContentPanel 面板可以在窗体中放置传统控件,任何工具栏容器控件在设计时均可直接选择并删除。工具栏容器的每个面板都是可扩展和可折叠的,并且可以用它包含的控件来调整大小。

2. ToolStripContainer 控件的主要属性

(1) BottomToolStripPanel 属性:获取工具栏容器的底部面板。

(2) BottomToolStripPanelVisual 属性:设置工具栏容器的底部面板是否可见。

(3) LeftToolStripPanel 属性:获取工具栏容器的左面板。

(4) LeftToolStripPanelVisual 属性:设置工具栏容器的左面板是否可见。

(5) RightToolStripPanel 属性:获取工具栏容器的右面板。

(6) RightToolStripPanelVisual 属性：设置工具栏容器的右面板是否可见。

(7) TopToolStripPanel 属性：获取工具栏容器的顶部面板。

(8) TopToolStripPanelVisual 属性：设置工具栏容器的顶部面板是否可见。

8.5.2　创建工具栏

在设计时，从工具箱中选取 ToolStrip 控件并添加到窗体下方的组件栏中，即为该窗体创建了工具栏。该控件自动放置在窗体菜单栏的下面，同时在窗体设计器下方的组件栏上出现相应的图标。刚添加的工具栏仅仅是一个容器，还需要将所需的控件添加到此工具栏中。

(1) 添加标准项

单击 ToolStrip 控件右上角的小箭头，打开 ToolStrip 任务窗格，然后单击"插入标准项"选项，如图 8-23 所示。或者右键单击窗体设计器窗口下方组件栏中的 ToolStrip 控件，然后在弹出的快捷菜单中选择"插入标准项"选项，如图 8-24 所示。

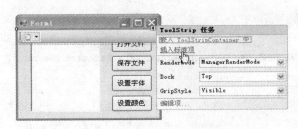

图 8-23　在任务窗格中选择"插入标准项"选项　　图 8-24　选择"插入标准项"选项

(2) 自定义标准项

在窗体上单击 ToolStrip 控件，然后在属性窗口中单击 Item 属性框右边的 ... 按钮，在弹出的"项集合编辑器"中选择并添加所需控件类型，如图 8-25 所示。

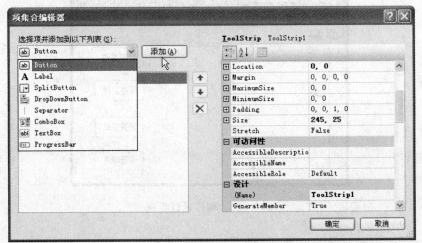

图 8-25　"项集合编辑器"连接

工具栏的控件类型如下。
- Button：创建一个支持文本和图像的工具栏按钮。
- Label：不可选的工具栏项，它呈现文本和图像，并且可以显示超链接。
- SplitButton：左侧标准按钮和右侧下拉按钮的组合。
- DropDownButton：在工具栏显示一个下拉按钮，单击时会显示一个下拉区域，供用户进行选择。
- Separator：分隔线，用于对工具栏中的控件进行分组。
- ComboBox：在工具栏中显示组合框。
- TextBox：工具栏中的文本框。
- ProgressBar：进度的完成状态。

添加工具栏控件后，可以使用属性窗口设置其属性，然后编写相应的时间处理程序。由于每个工具栏按钮通常对应于某个菜单项，因此可以通过在工具栏控件的事件处理程序中调用相应菜单项的方法来执行该菜单命令。

【例 8-7】 为例 8-5 的简单文字编辑器添加工具栏，工具栏上有"打开"和"保存"按钮。程序运行界面如图 8-26 所示。

【程序代码】

```
Private Sub ToolStripButton1_Click(ByVal sender As System.Object, ByVal e As System.EventArgs)_
Handles ToolStripButton1.Click
    Call Button1_Click(sender, e)
End Sub
Private Sub ToolStripButton2_Click(ByVal sender As System.Object, ByVal e As System.EventArgs)_
Handles ToolStripButton2.Click
    Call Button2_Click(sender, e)
End Sub
```

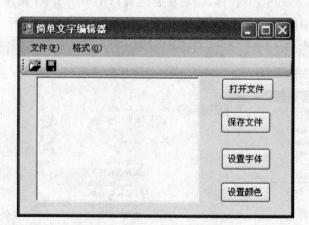

图 8-26　程序运行界面

8.6 状态栏

8.6.1 状态栏的主要属性

StatusStrip 控件又称状态栏控件,该控件可以使用工具箱中的 StatusStrip 图标来创建。使用该控件可以在窗体底部创建一个状态栏,用于显示窗体上对象的相关信息、对象的组件或应用程序中的相关信息。

1. StatusStrip 控件的主要属性

(1)CanOverflow 属性:设置状态栏是否支持溢出功能。
(2)GripStyle 属性:设置用于重新定位控件的手柄是否可见。
(3)Items 属性:获取在状态栏上显示的所有项的集合。
(4)ShowItemToolStrip 属性:设置状态栏是否显示工具提示。
(5)Stretch 属性:设置状态栏在状态栏容器上是否可拉伸。
(6)Text 属性:设置与此控件关联的文本。

2. StatusStrip 控件的常用事件

(1)MouseClick 事件
当用户单击该控件时,将发生该事件。
(2)MouseDoubleClick 事件
当用户双击该控件时,将发生该事件。

8.6.2 创建状态栏

在设计时,从工具箱中选取 StatusStrip 控件并添加到窗体下方的组件栏中,即为该窗体创建了状态栏。该控件自动放置在窗体设计器的底部,同时在窗体设计器下方的组件栏上出现相应的图标,单击控件上向下箭头,可选择要添加的控件类型,如图 8-27 所示。

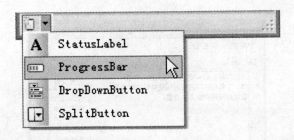

图 8-27 在状态栏上添加对象

状态栏的控件类型如下。
- StatusLabel:StatusStrip 控件中的一个面板,可以用于显示文本、图标或同时显示文本和图标。

- ProgressBar：显示进度的完成状态。
- DropDownButton：显示用户可以从中选择单个项的关联。
- SplitButton：作为标准按钮和下拉菜单的一个两部分控件。

【例8-8】 为例8-6的简单的文字编辑器添加状态栏，按表8-10所示设置各控件的初始属性，程序运行界面如图8-28所示。

表8-10 控件属性

控件名	属性名	属性值
Timer1	Interval	1000
	Enabled	True
ToolStripStatusLabel1	Text	空格
ToolStripStatusLabel4	Text	空格
ToolStripStatusLabel5	Text	空格

【程序代码】

```
Private Sub RichTextBox1_TextChanged(ByVal sender As System.Object, ByVal e As System.EventArgs) _
    Handles RichTextBox1.TextChanged
    ToolStripStatusLabel1.Text = "读写"                      '显示读写状态
    If RichTextBox1.Modified Then
        ToolStripStatusLabel4.Text = "未保存"                '显示当前有没有保存
    Else
        ToolStripStatusLabel4.Text = "已保存"                '显示当前有没有保存
    End If
End Sub
Private Sub Timer1_Tick(ByVal sender As System.Object, ByVal e As System.EventArgs) _
    Handles Timer1.Tick
    ToolStripStatusLabel5.Text = DateTime.Now.ToString("T")  '显示当前时间
End Sub
```

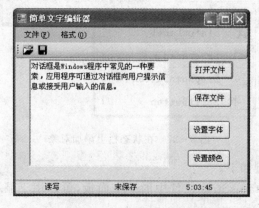

图8-28 程序运行界面

8.7 多窗体设计

一个简单的应用程序通常只包括一个窗体,称为单窗体程序。在实际应用中,单一窗体往往不能满足需要,必须通过多窗体来实现。在多窗体程序中,每个窗体可以有自己的界面和程序代码,以完成不同的操作。

8.7.1 添加窗体

如果程序中需要使用一个以上的窗体,就需要手工将其添加到项目中。具体操作步骤如下:

① 选择"视图"→"解决方案资源管理器"。

② 在"解决方案资源管理器"中,右击项目名称,选择"添加"→"添加 Windows 窗体"选项(图 8-29 所示),会打开"添加新项"对话框。

图 8-29 添加 Windows 窗体

③ 在"添加新项"对话框中,为窗体设置合适的名称,然后单击"添加"按钮。这样,一个新窗体即被加入当前项目中,如图 8-30 所示。依次可以添加多个新窗体,可以在起始页栏用鼠标切换窗体。

8.7.2 设置启动窗体

当在应用程序中添加了多个窗体后,默认情况下,应用程序中的第一个窗体被自动指定为启动窗体。若要指定其他窗体为启动窗体,具体操作步骤如下:

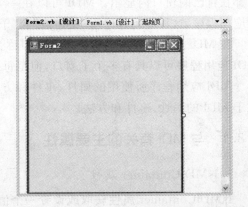

图 8-30 添加窗体

① 在"解决方案资源管理器"中，右击项目名称，选择"属性"选项，打开项目属性页并显示"应用程序"属性，如图8-31所示。

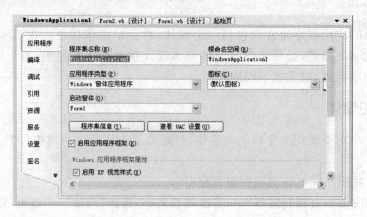

图8-31 设置启动窗体

② 在"启动窗体"下拉列表中选择要作为启动窗体的窗体。

除了设置项目的启动窗体作为一个应用程序的入口点外，也可以将Sub Main过程作为应用程序的启动对象，并在Sub Main过程中编写代码，以指定启动应用程序要执行的操作。

> **注意：**
> 不要通过在Sub Main过程中调用Show方法来显示窗体，否则启动应用程序时虽然会显示指定的窗体，但是它会在显示后关闭并退出应用程序。

8.8 MDI程序设计

多文档界面（Multiple Document Interface，MDI）是Windows应用程序的典型结构。利用MDI可以在一个包容式窗体中包含多个窗体，而且可以同时显示多个文档，每个文档都在自己的窗口内显示。MDI可以在一个单一的包容器窗体内建立和维护多个窗体的应用程序，这种应用程序由"父窗口"和"子窗口"构成。

在MDI应用程序中的应用程序窗口称为父窗口，应用程序内部的窗口称为子窗口。MDI应用程序可以具有多个子窗口，但是每个子窗口只能有一个父窗口。

MDI应用程序所使用的属性、事件和方法与单一窗体程序没有区别，但增加了专门用于MDI的属性、事件和方法。

8.8.1 与MDI有关的主要属性

1. IsMDIContainer 属性

IsMDIContainer属性获取或设置一个值，该值指示窗体是否为多文档界面子窗体的容器。IsMDIContainer属性可以在属性窗口中设置，也可以通过代码设置。

2. IsMDIChild 属性

IsMDIChild 属性获取一个值,该值指示该窗体是否为多文档界面子窗体。如果该窗体是 MDI 子窗体,则为 True;否则为 False。

3. MDIParent 属性

MDIParent 属性获取或设置此窗体的当前多文档界面父窗体。该属性不能在属性窗口中,只能通过代码设置,其格式如下:

子窗体对象.MDIPaxent = 父窗体对象

4. ActiveMDIChild 属性

ActiveMDIChild 属性返回当前活动的 MDI 子窗口的 Form,或者如果当前没有子窗口,则返回空引用(VB 中为 Nothing)。可使用此方法确定 MDI 应用程序中是否有任何打开的 MDI 子窗体,也可使用此方法从 MDI 子窗口的 MDI 父窗体或者从应用程序中显示的其他窗体对该 MDI 子窗口执行操作。如果当前活动窗体不是 MDI 子窗体,则可使用 ActiveForm 属性获得对它的引用。

8.8.2 与 MDI 有关的常用方法

一般只使用父窗体的 LayoutMDI 方法,其语句格式及功能如下。

格式:

MDI 父窗体名.LayoutMDI(Value)

功能:该方法用在 MDI 父窗体中排列 MDI 子窗体,以便导航和操作 MDI 子窗体。

说明:参数 Value 决定排列方式,取值有 MDILayout.AmangeIcons(所有 MDI 子窗体以图标的形式排列在 MDI 父窗体的工作区内)、MDILayout.TileHorizontal(所有 MDI 子窗口均水平平铺在 MDI 父窗体的工作区内)、MDILayout.TileVertical(所有 MDI 子窗口均垂直平铺在 MDI 父窗体的工作区内)和 MDILayout.Cascade(所有 MDI 子窗口均层叠在 MDI 父窗体的工作区内)。

8.8.3 与 MDI 有关的常用事件

常用的 MDI 父窗体的事件是 MDIChildActivate,当激活或关闭一个 MDI 子窗体时会发生该事件。

【例 8-9】 建立一个带菜单的 MDI 父窗体,通过菜单命令实现子窗体的建立和排列,按表 8-11 所示设置各控件初始的属性,程序运行界面如图 8-32 所示。

表 8-11 控件属性

控件名	属性名	属性值
Form1	Text	主窗体
	IsMDIContainer	True
文件 ToolStripMenuItem	Text	文件

控件名	属性名	属性值
打开 ToolStripMenuItem	Text	打开
退出 ToolStripMenuItem	Text	退出
排列图标 ToolStripMenuItem	Text	排列图标
层叠 ToolStripMenuItem	Text	层叠
水平平铺 ToolStripMenuItem	Text	水平平铺
垂直平铺 ToolStripMenuItem	Text	垂直平铺

【程序代码】

```vb
Private Sub 打开ToolStripMenuItem_Click(ByVal sender As System.Object, ByVal e As System._
EventArgs) Handles 打开ToolStripMenuItem.Click
    Dim NewChild As New Form2            '创建新的子窗体
    Static item As Short = 0             'item 为静态变量,能保留值待下一次使用
    item + = 1
    NewChild.MDIParent = Me              '设置当前窗体为新的子窗体的父窗体
    NewChild.Text = "子窗体" + CStr(item)
    NewChild.Show()                      '显示子窗体
End Sub
Private Sub 退出ToolStripMenuItem_Click(ByVal sender As System.Object, ByVal e As System._
EventArgs) Handles 退出ToolStripMenuItem.Click
    End
End Sub
Private Sub 排列图标ToolStripMenuItem_Click(ByVal sender As System.Object, ByVal e As _
System.EventArgs) Handles 排列图标ToolStripMenuItem.Click
    Me.LayoutMDI(MDILayout.ArrangeIcons)     '排列图标
End Sub
Private Sub 层叠ToolStripMenuItem_Click(ByVal sender As System.Object, ByVal e As System._
EventArgs) Handles 层叠ToolStripMenuItem.Click
    Me.LayoutMDI(MDILayout.Cascade)          '层叠
End Sub
Private Sub 水平平铺ToolStripMenuItem_Click(ByVal sender As System.Object, ByVal e As System._
EventArgs) Handles 水平平铺ToolStripMenuItem.Click
    Me.LayoutMDI(MDILayout.TileHorizontal)   '水平平铺
End Sub
Private Sub 垂直平铺ToolStripMenuItem_Click(ByVal sender As System.Object, ByVal e As System._
EventArgs) Handles 垂直平铺ToolStripMenuItem.Click
    Me.LayoutMDI(MDILayout.TileVertical)     '垂直平铺
End Sub
```

a)   b)

图 8-32 程序运行界面

8.9 鼠标和键盘事件

鼠标和键盘都是 Windows 环境中的主要输入设备,在程序中有时也需要对鼠标和键盘的动作做出响应,这就需要了解鼠标和键盘的一些事件。在此仅介绍窗体的鼠标和键盘事件,但同样适用于其他控件。

8.9.1 鼠标事件

在 Windows 环境下,使用鼠标可以很轻易地选取各种选项、按钮,移动对象的图标和插入点,编辑文档或者执行各种应用程序,所有的这些动作都可由鼠标事件来处理。VB.NET 共有 10 个鼠标事件。

(1) MouseCaptureChanged 事件

当控件失去鼠标捕获时,触发该事件。

(2) MouseClick 事件

在控件上单击鼠标时,触发该事件。

(3) MouseDoubleClick 事件

在控件上双击鼠标时,触发该事件。

(4) MouseDown 事件

在控件上检测到有鼠标被按住时,触发该事件。

(5) MouseEnter 事件

当鼠标指针进入控件的范围内时,触发该事件。

(6) MouseHover 事件

当鼠标指针停留在控件上时,触发该事件。

(7) MouseLeave 事件

当鼠标指针离开控件时,触发该事件。

(8) MouseMove 事件

在控件上检测到鼠标正在移动时,触发该事件。

(9) MouseUp 事件

在控件上检测到已按住的鼠标键被放开时,触发该事件。

(10) MouseWheel 事件

在移动鼠标轮并且控件有焦点时,触发该事件。

后面7个事件的发生是按一定顺序触发的,根据发生的先后顺序依次为 MouseEnter→MouseDown→MouseHover/MouseDown/MouseWheel→MouseUp→MouseLeave

在 MouseClick、MouseDoubleClick、MouseDown、MouseMove、MouseUp 和 MouseWheel 事件中可以使用 e.Button 来检测鼠标按钮是否被按下或放开。

① 如果检测到鼠标左键,那么 e.Button=MouseeButton.Left。

② 如果检测到鼠标中按钮,那么 e.Button=MouseeButton.Middle。

③ 如果没检测到鼠标按钮,那么 e.Button=MouseeButton.None。

④ 如果检测到鼠标右键,那么 e.Button=MouseeButton.Right。

为了确定 MouseClick、MouseDoubleClick、MouseDown、MouseMove、MouseUp 和 MouseWheel 事件中鼠标指针的位置,使 e.X 和 e.Y 来获取鼠标的 x 坐标和 y 坐标,为了确定鼠标单击的次数可以使用 e.Click。

【例 8-10】 确定在窗体上双击鼠标的位置以及次数,按表 8-12 所示设置控件初始属性,程序运行界面如图 8-33 所示。

表 8-12 控件属性

控件名	属性名	属性值
Form1	Text	鼠标事件
Label1	Text	空
Label2	Text	空

【程序代码】

```
Dim count As Integer
Private Sub Form1_MouseDown(ByVal sender As Object, ByVal e AsSystem.Windows.Forms. _
MouseEventArgs) Handles Me.MouseDown
    Label1.Text = "坐标为:(" & e.X.ToString & "," & e.Y.ToString & ")"
    If e.Clicks = 2 Then
        count + = 1
        Label2.Text = "双击鼠标次数为:" & count.ToString & "次"
    End If
End Sub
```

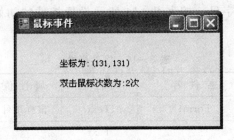

图 8-33 程序运行界面

8.9.2 键盘事件

在一般的应用程序中,经常用文本框来处理用户通过键盘输入的数据。而有些时候要处理一些较为特殊的按键或者组合按键时,或者要检查到底是哪个键被按下,这时就必须用更直接的方式进行处理。大多数 Windows 窗体程序都通过键盘事件来处理键盘输入或按键。VB.NET 提供的键盘事件共有 3 个:KeyDown 事件、KeyPress 事件和 KeyUp 事件。其中,KeyDown 事件和 KeyUp 事件过程能处理 KeyPress 事件无法处理的按键,如功能键、编辑键和组合键。这 3 个事件的发生顺序为

$$KeyDown \to KeyPress \to KeyUp$$

1. KeyDown 事件

当用户按下键盘按键不放的时候,就会触发 KeyDown 事件。

在 KeyDown 事件过程中,如果按下的键能被检测到,就表示该键具有键盘扫描码(KeyCode),可以通过表 8-13 所示的属性来获取按键的相关信息。

表 8-13 按键信息的相关属性

属 性 名	说 明
e.Alt	获取一个值,该值指示是否曾按下 Alt 键
e.Control	获取一个值,该值指示是否曾按下 Control 键
e.Handled	获取或设置一个值,该值指示是否处理过此事件
e.KeyCode	获取 KeyDown 或 KeyUp 事件的键盘代码
e.KeyData	获取 KeyDown 或 KeyUp 事件的键盘数据
e.KeyValue	获取 KeyDown 或 KeyUp 事件的键盘值
e.Modifers	获取 KeyDown 或 KeyUp 事件的修饰符标志。这些标志指示按下的 Ctrl、Shift 和 Alt 键的组合
e.Shift	获取一个值,该值指示是否曾按下 Shift 键
e.SuppresskeyPress	获取或设置一个值,该值指示键事件是否应传递到基础控件。如果键事件不应该发送到该控件,则为 True;否则为 False

【例 8-11】 如果按下字母 A~Z 的同时也按下了 Shift 键,那么显示大写的英文字

母,否则显示小写的英文字母。按表 8-14 所示设置控件的初始属性,程序运行界面如图 8-34 所示。

表 8-14 控件属性

控件名	属性名	属性值
Form1	Text	鼠标事件
Label1	Text	空
	FontSize	20

【程序代码】

```
Private Sub Form1_KeyDown(ByVal sender As Object, ByVal e As System.Windows.Forms. _
KeyEventArgs) Handles Me.KeyDown
    If e.KeyCode >= Keys.A And e.KeyCode <= Keys.Z Then
        If e.Shift = True Then
            Label1.Text = Chr(e.KeyCode)
            'Chr()函数用于返回与指定字符代码相关联的字符
        Else
            Label1.Text = Char.ToLower(Chr(e.KeyCode))
            'Char.ToLower 方法用来将 Unicode 字符的值转换为它的小写等效项
        End If
    End If
End Sub
```

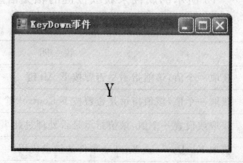

图 8-34 程序运行界面

2. KeyPress 事件

当用户在键盘上做按键动作时就会触发 KeyPress 事件。

> **注意:**
> 只有当被按的键具有 ASCII 码时,才能触发该事件。

有效的 KeyPress 按键信息的相关属性如表 8-15 所示。

表8-15 按键信息的相关属性

有效按键	ASCII码	有效按键	ASCII码
可显示的键盘字符	字符的ASCII码	BackSpace 和 Ctrl+BackSpace	8 和 27
Ctrl+A～Ctrl+Z	1～26	空格键	32
Enter 和 Ctrl+Enter	13 和 10		

在KeyPress事件过程中,所按键的字符可由e.KeyChar来获取其键值。例如,按下D键就会返回d,如果同时按Shift键和D键就会返回D。如果想把获得的键值转换为ASCII码,就需要使用Asr()函数。

在KeyPress事件过程中,可以利用e.Handled来设置是否可由键盘输入数据到具体的控件对象。如果e.Handled=True,那么表示不会将键盘数据输入到控件上。

【例8-12】 当按下键盘上的键码时,在窗体上显示对应按键的信息。按表8-16所示设置控件的初始属性,程序运行界面如图8-35所示。

表8-16 控件属性

控件名	属性名	属性值
Form1	Text	KeyPress事件
Label1	Text	空
	FontSize	20

【程序代码】

```
Private Sub Form1_KeyPress(ByVal sender As Objcct, ByVal e As System.Windows.Forms. _
KeyPressEventArgs) Handles Me.KeyPress
    Label1.Text = "你按的键是:" + e.KeyChar    '显示键盘码
End Sub
```

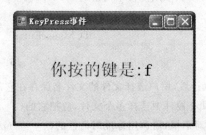

图8-35 程序运行界面

3. KeyUp事件

当用户放开已按下的键盘按键时,就会触发KeyUp事件。KeyUp事件获取按键信息的相关属性与KeyDown事件的相同,此处不再赘述。

小 结

本章主要介绍了创建高级程序界面所需用到的一些控件,并讨论了如何创建多窗体应用程序和 MDI 应用程序及鼠标、键盘事件。灵活运用本章与第 7 章的内容,可以创建功能强大的项目界面。本章的主要内容如下:
- 对话框、菜单、工具和状态栏等控件的介绍。
- 多窗体设计。
- MDI 程序设计。
- 鼠标和键盘事件。

练 习 题

选择题

1. 在设计菜单时,若希望某个菜单项前面有一个"√"号,应把该菜单项的( )属性设置为 True。
   A. Checked   B. RadioCheck
   C. ShowShortcut   D. Enabled
2. 要显示一个"页面设置"对话框,可以使用( )控件。
   A. OpenFileDialog   B. PrintDialog
   C. PageSetupDialog   D. PrintPreviewDialog
3. 若要在状态栏上显示文本或图标,可以在 StatusStrip 控件添加( )控件类型。
   A. StatusLabel   B. ProgressBar
   C. DropDownButton   D. SplitButton
4. 可通过设置 MDI 子窗体的( )属性来指定该子窗体的 MDI 父窗体。
   A. ActiveMDIChild   B. IsMDIChild
   C. IsMDIChild   D. MDIParent
5. 在下列的( )事件中可以获取用户按下的键的 ASCII 码。
   A. KeyPress   B. KeyUp
   C. KeyDown   D. MouseEnter

填空题

1. OpenFileDialog 对话框执行后,用户选择文件的文件名保存在它的( )属性中。
2. 如果希望在 OpenFileDialog 控件中选择多个文件,应把它的( )属性设置为 True。
3. 要显示 VB.NET 的标准对话框,需调用标准对话框的( )方法。
4. FontDialog 控件的( )属性用来获取或设置一个值,该值指示对话框是否包含允许用户指定删除线、下划线和文本颜色选项的控件。
5. 若想让菜单标题显示为"工具[T]",应把菜单项的 Text 属性值设置为( )。
6. 显示出标准对话框后,如果用户在对话框中单击"确定"按钮,则返回值为( )。
7. 若要把窗体设置为 MDI 父窗体,应把它的( )属性设置为 True。

编程题

1. 编写程序,设计一个查看图片的程序,利用打开文件对话框选择一个图形文件,显示该图形以及图形文件的路径和文件名信息。
2. 编写程序,设计一个具有算术运算及清除功能的菜单,从键盘上输入两个数,利用菜单命令求出它们的和、差、积或商,并显示出来。界面设计如图 8-36 所示。
3. 编写程序,设计一个用单选按钮打开各种通用对话框的程序。界面设计图 8-37 所示。

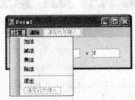

图 8-36　　　　　图 8-37

4. 编写程序,设计一个多窗体程序,介绍某计算机公司出售的微型计算机。程序由 5 个窗体构成,其中第一个窗体上有 4 个按钮,每个按钮上标示一种型号的微型计算机,当单击某个按钮时,在另外一个窗体上显示相应微型计算机的配置和价格。3 种型号的微型计算机分别是 E1343、E230 和 E2667,每种型号的微型计算机的配置和价格用一个窗体显示。微型计算机的配置包括处理器、内存、硬盘、显示器和光驱等。

第 9 章 面向对象程序设计

面向对象程序设计(Object Oriented Programming,OOP)是当前程序设计的主要方法,从结构化程序设计(Structure Programming)到面向对象的程序设计是软件设计方法上的一大进步,它解决了软件维护的复杂性和软件代码可重用性的难题,大大提高了软件开发效率。以前的VB版本并不支持完全的面向对象方法,而VB.NET却是一个完全的面向对象的程序设计语言,实现了面向对象的基本特征:类、对象、继承、重载、多态等等。本章主要讲解面向对象程序设计的基本概念、术语、类和对象的创建方法,事件的声明及其激发,接口和委托的声明和实现,以及在VB.NET中继承的使用和多态性的实现。

9.1 面向对象程序设计简介

9.1.1 面向对象程序设计的由来

早期的程序设计经历了"面向问题"、"面向过程"的阶段,随着计算机技术的发展,以及所要解决问题的复杂性越来越高,以往的程序设计方法已经不能适应发展的需要。面向对象的程序设计是20世纪80年代初提出来的,起源于SmallTalk语言。这种方法引入了新的概念和思维方式,对系统的复杂性进行概括、抽象和分类,使软件的设计与实现形成一个由抽象到具体、由简单到复杂的循序渐进的过程,使软件在程序设计中能够容易模仿建立真实世界模型的方法,从而解决了大型软件研制中存在的效率低、质量难以保证、调试复杂、维护困难等一系列问题。其总体思路是:将数据及处理这些数据的操作封装到一个称为类的数据结构中,在程序中使用的是类的实例,即对象。对象是代码与数据的集合,是封装好了的一个整体,具有一定的功能。程序是由一个个对象构成的,对象之间通过一定的"相互操作"传递信息,在消息的作用下,完成特定的功能。

9.1.2 面向对象程序设计的基本概念

面向对象的程序设计涉及类和对象、封装、继承及多态等几个基本概念。下面逐一介绍。

1. 类和对象

(1) 类和对象的关系

通常把具有相同性质和功能的事物所构成的集合叫做类。在 VB.NET 语言中,也可以把具有相同内部存储结构和相同一组操作的对象看成属于同一类。在指定一个类后,往往把属于这个类的对象称为类的实例。可以把类看成是对象的模板,把对象看成是类的实例。

在 VB.NET 程序中,类与对象的关系就类似于整数类型 Integer 与整型变量的关系。类和整数类型 Integer 代表的是一般的概念,对象和整型变量代表的是具体的实例。

(2) 对象的基本特征

一个对象建立后,其操作就通过与该对象相关的属性、事件和方法来描述。

① 属性

属性是对象所具有的物理性质及其特性的描述。VB.NET 程序中的对象都有许多属性,它们是用来描述和反映对象特征的参数。例如,控件名称(Name)、文本(Text)和字体(Font)等属性,用户通过设置对象的属性,可以定义对象的特征或某一方面的行为。

② 事件

事件是预先设定好的能够被对象识别和响应的某些操作,如单击(Click)事件、双击(Dblcilck)事件、装入(Load)事件和卸载(Unload)事件等。每个对象都可以对事件进行识别和响应,但不同的对象能识别的事件不全相同。同一事件,作用于不同对象,也会引发不同的反映,产生不同的结果。事件可以由用户触发(如 Click),也可以由程序代码或系统触发(如 Load)。

事件过程是处理特定事件而编写的一段程序,也称事件代码。当事件由用户或系统触发时,对象就会对该事件做出响应,响应某个事件后所执行的程序代码就是事件过程。一个对象可以识别一个或多个事件,因此可以使用一个或多个事件过程对用户或系统的事件做出响应。

③ 方法

方法是面向对象的程序设计语言,为程序设计人员提供了一种特殊的过程。方法是附属于对象的行为和动作,也可以理解为指示对象动作的命令。

> **提示:**
> 方法与事件过程类似,只是方法用于完成某种特定的功能而不一定响应某一事件,它属于对象的内部函数,不同的对象具有不同的方法。

2. 封装

面向对象的核心概念是封装。所谓封装,就是将用来描述客观事物的一组数据和操作组装在一起,形成一个类。它具有对内部细节隐藏保护的能力,类内的某些成员能以对外隐藏的特性被保护起来。在 VB.NET 中,类是实现封装的工具,封装保证了类具有较好的独立性,防止外部程序破坏程序,破坏类的内部数据,同时便于程序的维护和修改。

3. 继承

继承是一个形象、易于理解的术语。例如,子承父业、继承遗产等都涵盖了这一名词所连接的两个层次之间的关系,即继承者拥有被继承者所有的相关属性及行为。在面向对象的程序设计中,继承是一种连接类与类的层次模型,利用现有类派生出新类的过程称为继承。一个新类继承了原来类所有的属性、事件和方法,并且增加了属于自己的新属性和新操作,那么称这个新类为派生类(或子类),原来类是新类的基类(或父类、超类)。由此可见,继承性显著简化了类和对象的创建工作量,并进一步增强了代码的可重用性,从而大大提高了软件的开发效率和系统的可靠性。

4. 重载和重写

重载就是方法名称相同,但参数类型或参数个数不同就会有不同的具体实现。

重写就是不但方法名称相同,同时参数类型和参数个数也相同,但有不同的具体实现。

在基类中定义可重写(Overridable)的方法,在派生类中利用覆盖(Override)可以对基类中已声明的可重写的方法重新实现。

5. 多态性

所谓多态性就是在程序运行时,面向对象的语言会自动判断对象的派生类型,并调用相应的方法。例如,某个属于形体基类的对象,在调用它的"计算面积"方法时,程序会自动判断出它的具体类型,如果是矩形,则将调用矩形对应的计算面积方法;如果是直角三角形,则调用直角三角形对应的计算面积方法。这种在运行情况下的动态识别派生类,并根据对象所属的派生类自动调用相应方法的特性就是"多态性"。多态性增加了代码的可重用性,方便用户以更明确、易懂的方式建立通用软件。

> 提示:
> 方法的重载也是一种多态性。

9.2 类和对象的创建

在 VB.NET 中,类是一种数据结构,是一个静态的概念。在程序中有各种各样的类,包括 Form、Label、TextBox 等,这些类都是系统提供的,称为预定义类。对它们,用户不能进行修改,只能用来创建对象或派生出新的类。此外,用户还可以自行定义类,在使用类之前,应定义类,再根据类生成一个个实例,即对象。

9.2.1 类的创建

在 VB.NET 中,类是一个代码块,可以出现在程序中的不同位置,创建类的方法有 3 种。

1. 利用项目创建一个独立的类模块

① 选择"文件"→"新建项目"选项,打开"新建项目"对话框,在"模板"列表中选择

"Windows 窗体应用程序"选项,并在"名称"文本框中输入"Person",如图 9-1 所示。

图 9-1 "新建项目"对话框

② 选择"项目"→"添加类"项,打开"添加新项"窗口,并在"名称"文本框中输入"Person.vb",如图 9-2 所示。单击"添加"按钮,编译器将自动生成空类的代码,类名默认与类文件名称相同,可以进行修改,代码如下:

```
Public Class Person

End Class
```

此时就可以在 Public Class Person 和 End Class 语句之间定义类的成员了。其中,Class 关键字用于声明一个类;Public 是该类的访问修饰符,表示该类是公共的,对类内的实例无访问限制;Person 是类的名称,通常选择有意义的能够说明类功能的名称。

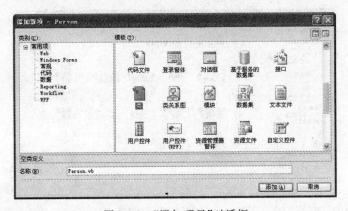

图 9-2 "添加项目"对话框

2. 在窗体模块中创建类

双击窗体打开代码窗口后,会看到如下代码:

```
Public Class Form1
    Private Sub Form1_Load…
```

End Sub
End Class

窗体实际上就是一个类,它由 Class 和 End Class 语句标记,在这两条语句之间输入的任何代码都是类的一部分。默认情况下,一个窗体模块仅包含一个单独的类,但我们可以通过在 End Class 语句下添加代码来创建其他类。在该窗体模块中创建了一个 Person 类,代码如下:

```
Public Class Form1
    Private Sub Form1_Load…
        '窗体代码
    End Sub
    Public Class Person
        ' Person 类的代码
    End Class
End Class
```

通过这种方式创建的类,缺点在于这些类只在创建它们的项目中可用。如果希望与其他项目共享某类,必须将该类放在类模块中。第一种方式和第三种方式创建的类都属于类模块,可以与其他项目共享其中的类。

3. 创建一个独立的库类

选择"文件"→"新建项目"选项,打开"新建项目"对话框,在"模板"列表中选择"类库"选项,并在"名称"文本框中输入"Person",如图 9-3 所示。单击"确定"按钮,即可创建一个类库项目。

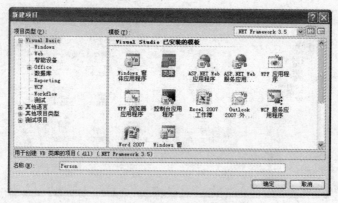

图 9-3 "新建项目"对话框

> **注意:**
> 类只能作为项目的一部分,因此在创建新类之前必须创建一个项目。

9.2.2 类成员的定义

创建好 Person 类后,就可以添加代码来定义类的各种成员。类的成员有 4 种:数据成员、属性、方法和事件。事件的内容稍显复杂,将在 9.6 节详细介绍。

1. 定义数据成员

类的数据成员包括变量和常量,其中成员变量是指在类中声明的变量。类中变量的声明与一般变量的声明是一样的,只不过通常都是用访问修饰符 Private 来限定访问权限,因为这些变量一般只给本类中的方法使用,而对外界隐藏,这是封装性的体现之一。

【9-1】 在 Person 类中定义两个变量,Name 和 Age。

【程序代码】

```
Public Class Person
    Private Name As String
    Private Age As Integer
End Class
```

访问修饰符用来指定类成员的作用域,如表 9-1 所示。

表 9-1 常用的访问修饰符及其含义

访问修饰符	访问权限
Public	公有访问权限,在类内和类外都可以访问
Private	私有访问权限,只能在其声明的类中访问
Protected	受保护的访问权限,只能在其声明的类及其派生类中访问
Friend	可以被工程或组件中的代码访问
Protected Friend	可以被类本身和继承的派生类访问

2. 定义属性

属性反映了类的状态,供类以外的过程使用。属性不允许直接操作类的数据内容,而是通过属性过程进行访问。它有两种操作:读取(Get)和写入(Set)。属性的访问权限有 3 种:只读(ReadOnly)、只写(WriteOnly)、既可读又可写。属性定义用 Property 语句实现,其语句格式及功能如下。

格式:

```
[访问修饰符][ReadOnly|WriteOnly]Property 属性名([参数表列]) As 数据类型
    Get                            'Get 属性过程,用来获得变量属性值
        Return 变量名
    End Get
    Set(ByVal Value As 数据类型)    'Set 属性过程,用来设置变量属性值
        变量名 = Value
    End Set
```

End Property

功能：定义一个名为"属性名"的属性。

说明：

①为了在所创建的类中定义一个属性。需要声明一个私有变量来存储属性值。该变量的数据类型必须与属性的数据类型相同。例如，如果变量声明为 Integer 数据类型，属性定义也必须是 Integer 数据类型。

②语句中的 Get 属性过程用来读取属性值，Set 属性过程用来设置属性值。Value 是 VB.NET 隐性声明的一个变量。当给属性设置属性值时，VB.NET 隐式地通过名为 Value 的参数将设置的属性值传送给 Set 属性过程。

③如果在属性定义中使用 Public 访问修饰符，则整个属性定义中必须包含有 Get 属性过程和 Set 属性过程。这样，在应用程序中，既可以给对象的该属性设置属性值，也可以读取该属性值。如果在属性的定义中使用了 ReadOnly 关键字，那么，该属性定义只能有 Get 属性过程，只能读取属性的值；若给该属性设置属性值，将会导致错误。如果在属性定义中使用了 WriteOnly 关键字，那么，该属性定义只能有 Set 属性过程，这时在应用程序中只能设置属性值，而不能设置读取属性值；若要读取将会导致错误。

【例 9-2】 使用 Property 语句设置汽车的速度为可读可写属性，汽车的重量为只读属性。

【程序代码】

```
Public Class Car
    Private m_speed As Integer          '汽车速度
    Private m_weight As Integer         '汽车重量
    '设置汽车的速度为可读可写属性
    Public Property speed() As Integer
        Get
            Return m_speed              '返回属性值
        End Get
        Set(ByVal value As Integer)
            m_speed = Value             '设置属性值
        End Set
    End Property
    '设置汽车的重量为只读属性
    Public ReadOnly Property weight() As Integer
        Get
            Return m_speed              '返回属性值
        End Get
    End Property
End Class
```

3. 定义方法

类的方法即为封装在类内部的完成特定操作的过程，包括子过程与函数。其定义方式与第 5 章定义一般过程的方式相同,此处不再具体介绍。

9.2.3 对象的创建

类定义后,就可以创建类的实例了。类的实例也就是对象,创建类的实例需要使用 New 关键字。

格式:

```
Declare 对象变量名 As New 类名([参数])
```

功能:生成一个由"类名"指定的类的名为"对象变量名"的对象。如果有参数则将参数传递给构造函数。

说明:

① Dim、Private 或 Public 的含义与普通变量声明中的含义相同。

② 类可以是预定义的类(如 Form、Label 等),也可以是用户自己定义的类(如前面定义的 Person)。

③ New 用来创建类的实例。事实上一个对象的产生在这里分成了两步:声明和创建。

```
Dim 对象名 As 类名          '第一步,声明一个对象
对象名 = New 类名([参数])   '第二步,创建一个对象
```

其中,只有在第二步使用了 New 关键字后,才真正为其分配内存空间。

例如,

```
Dim Name AsNew Person    '声明 Name 为 Person 类的对象变量,并且将一个实例赋给 Name
```

它等价于以下两个语句:

```
Dim Name As Person
Name = New Person
```

9.2.4 对象的使用

创建对象之后,在应用程序中就可以使用这个对象。

1. 为对象设置属性

格式:

对象名.属性名 = 属性值

2. 读取对象属性

格式:

变量 = 对象名.属性名

3. 调用对象方法

格式:

对象名.方法名()

4. 取消引用对象

格式：

对象名 = Nothing

在 VB.NET 中，采用的是垃圾收集处理机制，在最后一个引用被终止后的一段时间后才将对象从内存中清除。

9.3 命名空间

9.3.1 命名空间的概念

命名空间是一种命名模式，它有助于对应用程序需要使用的各种类进行组织，以便这些类能够被应用程序更容易找到。.NET 中的所有代码，无论是 Visual Basic 还是其他语言，都包含在命名空间中。微软.NET Framework sdk 文档中的.NET Framework 类库中提供了多个命名空间，包括常用的重要的命名空间，如 System、System.IO、System.Windows.Forms 等等。

命名空间与类的关系类似于操作系统中的文件夹与文件的关系，可以将命名空间想象成文件夹，把类想象成文件，不同的命名空间内，可以定义许多类。在每个命名空间中，所有的类都是独立和唯一的。与使用文件夹组织文件一样，通过命名空间可以将大量的类有序地分层组织在一起。

9.3.2 命名空间的使用

命名空间的使用方式有两种：通过直接寻址来显式指定和通过使用 Imports 关键字来隐含使用。

1. 直接寻址

对于应用程序引用的程序集中包含的任一命名空间，都可以在代码中使用。例如，

System.Console.WriteLine("Hello World!")

这条语句是调用了 System.Console 命名空间中的 WriteLine 方法，用来在输出窗口显示一行文本。

> 📖 提示：
> .NET 会自动创建 System 中所有类的简写形式，即省略语句中的 System。如 System.Console.WriteLine("Hello World!")等同于语句 Console.WriteLine("Hello World!")。

2. Imports 关键字

避免输入长名称的另一种方法是使用 Imports 关键字，这也会使得代码更为简练。

该语句的语法格式与功能如下。

格式：

```
Imports〈NameSpace〉
```

功能：把 NameSpace 所指定的命名空间引入到当前应用程序中。

说明：

① 所有的 Imports 语句一定要写在所有使用的代码文件的顶部，即在其他任何代码之前。

② 如果导入了两个命名空间，在其中使用同名的类时，仍然需要采用直接寻址的方式限定名称，否则会产生二义性。

9.3.3 命名空间的定义

使用 VB.NET 开发应用程序时，可以根据需要自己定义命名空间。

格式：

```
Namespace    Namespace1
    Public Class Class1
        '类成员声明
    End Class
    Public Class Class2
        '类成员声明
    End Class
    ⋮
    Public Class ClassN
        '类成员声明
    End Class
End NameSpace
```

功能：定义了一个名为 Namespace1 的命名空间，并在该命名空间中定义了 Class1，Class2，…，ClassN 的 N 个类。

> 📖 提示：
>
> 在使用 VB.NET 开发应用程序时，每个项目都会自动附加一个默认的命名空间。如果没有在应用程序中自定义命名空间，则程序中定义的所有类和模块都属于一个默认的命名空间，这个命名空间的名字就是工程项目的名字。

9.4 类的构造函数和析构函数

在 VB.NET 的类中，可以定义两个特殊的过程：构造函数和析构函数。构造函数是在创建类的实例（也就是对象）时首先执行的过程，析构函数是当实例（也就是对象）从内存中销毁前最后执行的过程。这两个过程的执行是无条件的,系统会自动在创建对象时调用构造函数,在销毁对象时调用析构函数,而不需要程序员通过代码调用。

9.4.1 构造函数

构造函数是在类初始化的时候被自动调用的方法,主要用来在创建对象时初始化对象,即为对象成员赋初值。

格式:

```
Public Class 类名
    Public Sub New([参数])
        '初始化对象
    End Sub
    ⋮
End Class
```

说明:

① 构造函数的名字是固定的,必须是 New,构造函数的访问修饰符总是 Public。

② 构造函数在创建对象时由系统自动调用,程序中不能直接调用。

③ 构造函数必须用子过程来实现,它没有返回值,也没有 ByRef 参数。

④ 定义类时,如果没有定义构造函数,系统将自动为其创建一个默认的构造函数,此构造函数不带参数,也没有过程体。

```
Public Sub New([参数])

End Sub
```

⑤ 构造函数可以重载。

9.4.2 析构函数

当不再访问对象时,.NET 框架使用"引用跟踪垃圾回收"系统,把无用的对象回收并定期释放被对象占用的资源。VB.NET 中会自动调用运行析构函数来释放对象占用的系统资源。在 VB.NET 中使用 Finalize 的 Sub 过程来创建析构函数。

格式:

```
Protected Overrides Sub Finalize()
    '释放内存的代码
End Sub
```

说明:

① 析构函数是一个受保护的 Sub 过程,过程名为 Finalize。

② 析构函数不能带有参数。

③ 析构函数不能拥有访问修饰符。

④ 程序中不能显式地调用析构函数,析构函数只能被系统调用一次。

⑤析构函数在对象销毁时由系统自动调用。
⑥ 构造函数不能重载,只能通过重载基类的析构函数来实现,且须声明为 Protected 访问权限,派生类析构函数的实现代码最后必须调用基类的析构函数。

9.5 方法的重载

所谓方法重载,就是几个不同的方法共用一个相同的名字,这些方法的区别是它们的参数个数不同或者对应位置参数类型不同。在 VB.NET 中,可利用关键字 Overloads 将类中的方法声明为重载的类型。

【例 9-3】 创建一个控制台应用程序,通过在类中创建重载的方法分别计算圆形、矩形和三角形的面积。

【程序代码】

```
Public Class OverTest
    Public Overloads Function area(ByVal r As Double) As Double
        '求圆的面积,一个参数
        Return (Math.PI * r * r)
    End Function
    Public Overloads Function area(ByVal a As Double, ByVal b As Double) As Double
        '求矩形的面积,两个参数
        Return (a * b)
    End Function
    Public Overloads Function area(ByVal a As Double, ByVal b As Double, ByVal c As Double) _
    As Double
        '求三角形面积,三个参数
        Dim l, s As Double
        l = (a + b + c) / 2
        s = Math.Sqrt(l * (l - a) * (l - b) * (l - c))
        Return (s)
    End Function
End Class
Module Module1
    Sub Main()
        Dim a As Integer = 3
        Dim b As Integer = 3, c As Integer = 4
        Dim d As Integer = 3, f As Integer = 4, g As Integer = 5
        Dim obj As New OverTest()
        Console.Title = "重载方法应用示例"
        Console.WriteLine("a = {0},圆形面积 = {1}", a, obj.area(a))
        Console.WriteLine("b = {0},c = {1},矩形面积 = {2}", b, c, obj.area(b, c))
        Console.WriteLine("d = {0},e = {1},f = {2},三角形面积 = {3}", d, f, g, _
```

```
        obj.area(d, f, g))
    End Sub
End Module
```

程序运行结果如图 9-4 所示。

图 9-4 程序运行结果

在这个例子中,在类 OverTest 中定义的方法 area 有 3 种重载形式,通过参数的个数相互区别。在调用时根据参数个数的不同,系统会自动去调用与参数个数匹配的方法。

9.6 事件的声明及其激发

事件是由对象发出的消息,通知应用程序有事情发生,在程序中通过事件的声明与激发机制,可以使对象具有与应用程序进行交互的能力。事件与方法有些类似,在声明方式上基本差不多,唯一的区别就是方法对应的代码是在创建类时都已经定义好的;而对于事件,在创建类时,只是声明事件的名称和参数,并决定在什么方法中触发事件,至于响应事件后,程序应执行什么样的操作,由类的使用者根据需要决定。例如,一个按钮对象 Button1 本身就有 Move 方法,这是在 Button 类中预先定义好的,而 Button_Click 事件则必须在类外编写相关的代码。

1. 在创建的类中添加事件

用户要在创建的类中添加事件,需经历以下两个步骤。

(1)在类中使用 Event 关键字声明一个事件,语句格式与功能如下。

格式:

Public Event 事件名(参数列表)

功能:在类中声明一个名为"事件名"的事件。

说明:参数列表与过程或函数定义的参数列表是一样的。事件不能有返回值,不能带有可选参数和参数数组。

(2)在类的某个方法中,使用 RaiseEvent 语句激发事件,其语句格式与功能如下。

格式:

RaiseEvent 事件名(实参列表)

功能:激发由"事件名"指定的事件。

2. 在应用程序中使用已声明的事件

在类中声明了事件并编写了激发事件的方法后,还必须在应用程序中定义响应事件的对象和处理此事件所需要的过程,才能使用该事件。一般来说应按以下步骤来使用具有事件声明的对象。

(1)用 WithEvent 语句来声明一个对象,其语句格式与功能如下。

格式:

WithEvent 对象名 As New 类名()

功能:根据"类名"指定的类产生一个名为"对象名"的对象实例。

说明:必须是用 WithEvent 语句声明的对象,才可以响应在该类中的事件;否则,对象对所生成的任意事件都将忽略。

(2)为对象响应事件编写事件处理过程,其语句格式与功能如下。

格式:

Private Sub 对象名_事件名(参数列表)Handles 对象名.事件名

功能:定义由"对象名"指定的对象的由"事件名"指定的事件的事件处理过程,当该事件激发时系统将自动调用该过程。

【例 9-4】 判定素数。如果是素数,系统给出"是一个素数"的提示信息;否则,系统给出"不是素数"的提示信息。程序运行界面如图 9-5 所示,提示信息如图 9-6 所示。

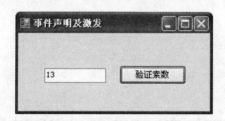

图 9-5 程序运行界面

图 9-6 提示信息

【程序代码】

```
' 创建一个类 Number,在类 Number 中声明两个事件 prime 和 Nprime,并声明引发事件的条件
Public Class Number
    Private No As Integer
    Public Event prime()                '声明 prime 事件
    Public Event Nprime()               '声明 Nprime 事件
    Public Sub setvalue(ByVal a As Integer)   '判定素数
    Dim i As Integer, flag As Boolean
        No = a
        flag = 0
        i = 2
        Do While i < No And flag = 0
            If No Mod i = 0 Then
                flag = 1
            Else
```

```vb
                i = i + 1
            End If
        Loop
        If (flag = 0) Then
            RaiseEvent prime()                      '当 flag = 0 时激发 prime 事件
        Else
            RaiseEvent Nprime()
        End If
    End Sub
End Class

'在窗体的代码窗口中用 WithEvent 声明类 Number 的对象,并编写事件过程
Public Class Form1
    Inherits System.Windows.Forms.Form
    WithEvents n As New Number                      '用 WithEvent 声明类 Number 的对象变量 n

    Private Sub n_Nprime() Handles n.Nprime
        MsgBox("不是素数")
    End Sub

    Private Sub n_prime() Handles n.prime
        MsgBox("是一个素数")
    End Sub

    Private Sub Button1_Click(ByVal sender As System.Object, ByVal e As System.EventArgs) _
    Handles Button1.Click
        n.setvalue(TextBox1.Text)
    End Sub
End Class
```

> 📖 **提示:**
> 当用 WithEvent 声明对象变量 n 后,不仅"类名"组合框中有了 n 对象,而且"方法名称"组合框中也有了 Nprime 事件和 prime 事件。

9.7 类的继承

所谓继承,就是在现有类的基础上构造新的类,新类继承了原有类的数据成员、属性、方法和事件。现有的类称为基类,新类称为派生类。继承性是面向对象程序设计的重要特性。利用继承性可以实现代码重用,提供无限重复利用程序资源的途径,节省程序开发的时间和资源。

9.7.1 继承的实现

创建的任何一个类都可以作为派生其他类的基类,除非明确地在代码中用 NotInheritable 关键字指明这个类不能作为一个基类,否则都能从这个类进行派生。从一个已存在的类创建新类可以通过 Inherits 语句来实现。其语句格式与功能如下。

格式:

```
Class 派生类名
    Inherits 基类名
    '派生类的成员定义
End Class
```

功能:定义一个由"派生类名"指定的类,该类由"基类名"指定的类继承而来。

说明:

① 派生类可以从基类中继承所有的用 Public 和 Friend 关键字声明的变量、属性和方法。

② 派生类不能继承在基类中用 Private 关键字声明的变量、属性和方法,这些变量、属性和方法只能在该类中使用。

③ 在基类中使用 Protected 关键字声明的变量和方法,可以被它的派生类继承,但对于任何类外部的代码将不能调用。

④ 继承具有传递性,若类 A 派生出类 B,类 B 又派生出类 C,则类 C 不仅继承了类 B 的成员,同样也继承了类 A 中的成员。

⑤ 派生类可以对基类的功能进行扩展,即派生类可以增加自己新的成员,但不能删除已经继承的成员,只能不予使用。

⑥ 如果派生类定义了与基类成员同名的新成员,则新定义的这个成员就会覆盖已继承的成员,所继承的那个同名成员则不能再访问。

⑦ 所有的类默认都是可继承的,VB.NET 不允许多继承,派生类定义的访问权限必须比其基类更为严格或者至少与之相同。

另外,在继承的过程中,要注意以下两个关键词的使用。

- MyBase 关键字,使用其调用基类中被重载的成员。
- MyClass 关键字,使用时与 Me 类似,对它的所有方法的调用都以 NotOveridable 处理。

【例 9-5】 创建一个"笔"类,在"笔"类的基础上派生出"铅笔"类。编写程序进行类继承的验证。

【程序代码】

```
Public Class pen                            'pen 为基类
    Public Color As String
    Public Shared Price As Double
    Private Length As Integer
    Protected Width As Integer
```

```
        Public Sub SetWidth(ByVal w As Integer)    '方法,用来设置 Width 成员变量的值
            Width = w
        End Sub
        Public Function GetWidth() As Integer    '方法,用来得到 Width 成员变量的值
            Return Width
        End Function
    End Class
    Public Class pencil                            'pen 及基类的派生类
        Inherits pen
        Public Function write()                    '在派生类中定义的方法
            Return "现在在用铅笔写字!"
        End Function
        Public Function Erasetext()                '在派生类中定义的方法
            Return "现在擦除已有的文字!"
        End Function
    End Class
    Private Sub Button1_Click(ByVal sender As System.Object, ByVal e As System.EventArgs) _
    Handles Button1.Click
        Dim P1 As New pencil()                     '产生铅笔对象 P1
        P1.Color = "Black"
        pencil.Price = 9
        P1.SetWidth(20)                            'SetWidth 是继承来的方法
        Label1.Text = P1.write
        Label2.Text = P1.Erasetext()
        Label3.Text = "笔的颜色为" + CStr(P1.Color) + "价格为:" + CStr(pencil.Price) + _
        "宽度为:" + CStr(P1.GetWidth())             'GetWidth 也是继承来的方法
    End Sub
```

程序运行后,单击 Button1 命令按钮,程序运行界面如图 9-7 所示。

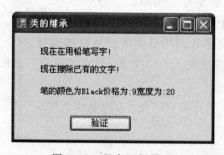

图 9-7 程序运行界面

9.7.2 窗体的继承与应用

VB.NET 不仅能实现代码层次上的继承,而且还能进行窗体的继承。关于窗体的继承,在前面有关 Windows 窗体程序设计中其实已经使用过了,在应用程序的窗体文件

中,会看到如下代码段:

```
Public Class Form1
Inherits System.Windows.Forms.Form
```

这两行代码的作用是说明 Form1 类是由 System.Windows.Forms.Form 类继承而来的。

除了可以从 Form 类来继承窗体,在应用程序中还可以继承现有的窗体。在继承现有窗体时,实质上就是复制了另外一个窗体作为继承窗体,并且在继承窗体上包括了原窗体上的所有控件和所有的事件处理程序。当修改原窗体时,VB.NET 会自动修改继承窗体。利用窗体这种可视化的继承性,在应用程序中可根据需要设计一个标准窗体,然后,其他相关的窗体就可以继承此窗体,并可在此基础上加以扩展。

【例 9-6】 利用窗体的继承性制作一个注册向导。

【操作步骤】

① 新建一个项目,窗体设计如图 9-8 所示。

图 9-8 Form1 基础界面

②选择"项目"→"添加 Windows 窗体"选项,打开"添加新项"对话框,在"Windows Forms"类别的"模板"列表框中选中"继承的窗体"项,在名称文本框中输入"Form2.vb",如图 9-9 所示。

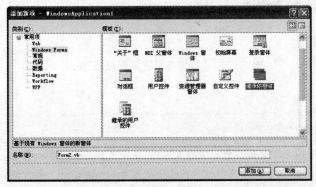

图 9-9 "添加新项"对话框

③ 单击"添加"按钮,打开"继承选择器"对话框,在"继承选择器"对话框中选择要继承的原始窗体,然后单击"确定"按钮,如图 9-10 所示。完成一个继承自 Form1 的继承

窗体 Form2 的添加操作,结果如图 9-11 所示。重复上述步骤,再创建一个继承窗体 Form3,此时"解决方案资源管理器"窗口如图 9-12 所示。

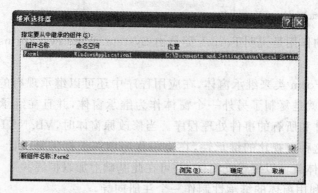

图 9-10 "继承选择器"对话框

图 9-11 继承得到的窗体 Form2

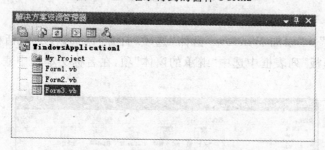

图 9-12 "解决方案资源管理器"窗口

> **注意:**
> Form2 窗体与 Form1 窗体具有相同的界面,并继承了 Button1_Click 和 Button2_Click 的事件处理过程。从 Form1 窗体继承来的控件的左上角都有一个 ▣ 标记。这些控件不能移动,也不能给它们添加事件过程代码,实际上它们的事件处理过程在 Form1 窗体中。

④ 依次设计第二个继承窗体 Form3 的有关控件,界面如图 9-13 所示。

图 9-13 继承得到的窗体 Form3

⑤为 Form1 添加代码,程序代码如下:

```
Public Class Form1
    Protected Shared intstep As Integer, strname, strpass As String, strEmail As String
    '声明全局变量
    Protected Shared strmemo As Integer
    Protected Shared frm1 As New Form1
    Protected Shared frm2 As New Form2
    Protected Shared frm3 As New Form3
    Private Sub Button2_Click(ByVal sender As System.Object, ByVal e As System.EventArgs) _
    Handles Button1.Click
        Me.Visible = False
        intstep - = 1
        If intstep = 0 Then
            Me.Visible = True
        End If
        If intstep = 1 Then
            Form2.Visible = True
        End If
    End Sub
    Private Sub Button2_Click(ByVal sender As System.Object, ByVal e As System.EventArgs) _
    Handles Button1.Click
        Me.Visible = False
        intstep + = 1
        Select Case intstep
            Case 1
                Form2.Visible = True
            Case 2
                Form3.Label6.Text = strname
                Form3.Label7.Text = strpass
                Form3.Label8.Text = strEmail
                Form3.Visible = True
        End Select
    End Sub
```

End Class

⑥ 设置第一个继承窗体 Form2 的有关控件(界面见图 9-11 所示)。为 Form2 添加代码,程序代码如下:

```
Private Sub TextBox1_TextChanged(ByVal sender As System.Object, ByVal e As System.EventArgs) _
    Handles TextBox1.TextChanged
    strname = TextBox1.Text
End Sub

Private Sub TextBox2_TextChanged(ByVal sender As System.Object, ByVal e As System.EventArgs) _
    Handles TextBox2.TextChanged
    strEmail = TextBox2.Text
End Sub

Private Sub TextBox3_TextChanged(ByVal sender As System.Object, ByVal e As System.EventArgs) _
    Handles TextBox3.TextChanged
    strpass = TextBox3.Text
End Sub
```

⑦ 运行程序,执行结果如图 9-14 所示。单击"下一步"按钮,弹出注册界面,如图 9-15 所示。输入用户名、邮箱和口令,如图 9-16 所示。单击"下一步"按钮,最后弹出注册成功界面,如图 9-17 所示。

图 9-14　注册向导

图 9-15　注册界面

图 9-16　输入用户信息

图 9-17　注册成功

> 📖 提示:
> 　　利用继承窗体的方法,就可以从先前设计好的窗体,通过继承和修改,创建新的窗体,这给应用程序的设计带来很大的方便。在对继承的窗体进行设计时需要注意一点:只能对窗体上的控件进行添加,不能修改或删除窗体上的控件。

9.8 接 口

接口是封装的成员(属性、方法、事件)的原型集合,它只包含成员的声明部分,描述了字段、属性、方法和事件的特性,而其实现的细节则由类来完成。也就是说,定义了接口后,由类提供一个或多个接口中所有成员的一种实现方案。当需要调用接口的方法或属性时,其实现代码由类来提供。

接口只是一个抽象概念,它不能被直接实例化。比如可以定义一个"会跑的物体",它可以是车,也可以是人或马。接口只是说明了它具有什么样的功能,可以提供什么样的信息,但是无法得知这些功能和信息究竟是什么,是如何提供的。

9.8.1 接口的定义

1. Interface 语句

接口通过 Interface 定义,该语句用来声明接口的名称以及构成该接口的属性、方法和事件。其语句格式及功能如下。

格式:

```
[Private|Friend|Public|Protected|Protected Friend|Shadows] Interface 名称
    [Inherits 接口[,接口]]
    [Property 属性名]
    [Function 成员名]
    [Sub 成员名]
    [Event 成员名]
End Interface
```

功能:声明接口的名称,并引入接口包含的成员的定义。

说明:

① Public、Protected、Friend、Private、Protected Friend、Shadows 是访问修饰符,其含义与类定义相似。

② "名称"项,表示此接口的名称。

③ Inherits 可选项,指示此接口继承另一个接口或另外多个接口的属性与成员。

④ "接口"项,如果一个接口继承两个以上的接口,则需要用逗号分隔开,如果使用 Inherits 语句,则为必选项。

⑤ Property 可选项,定义一个作为此接口成员的属性。

⑥ Function 可选项,定义一个作为此接口成员的 Function 过程。

⑦ Sub 可选项,定义一个作为此接口成员的 Sub 过程。

⑧ Event 可选项,定义一个作为此接口成员的事件。

⑨ End Interface,终止 Interface 的定义。

2. 接口成员的引用

在实现接口时,需要引用接口成员。

格式：

接口名.成员名

说明：其中"成员名"只给出接口成员的名字，不带参数，也不带括号。

9.8.2 接口的实现

定义了一个接口之后，就可以在类中实现这个接口。为了实现接口，需要使用Implements语句和Implements关键字。

1. Implements 语句

Implements语句出现在类中，用来指定一个或多个接口或接口成员，将在类中定义这些接口或接口成员的实现。

格式1：

Implements 接口名[,接口…]

格式2：

Implements 接口名.接口成员名[,接口名.接口成员名…]

说明：其中"接口名"用来指定一个接口，这个接口中的属性、方法和事件将由类中相应成员来实现；而"接口成员名"用来指定被实现的接口的成员。"接口名"或"接口名.接口成员名"可以有多个，相互之间用逗号隔开。

2. Implements 关键字

Implements关键字用来对类成员所实现的特定接口进行界定。

Implements关键字与Implements语句不同，先使用Implements语句指定由类或结构实现一个或多个接口；然后再使用Implements关键字为每个成员指定该成员要实现哪个接口和接口成员。

Implements关键字需要一个要实现的接口成员的逗号分隔列表，通常只指定单个接口成员，其实还可以指定多个接口成员。接口成员的规范由接口名称（必须在类中的Implements语句中指定）、句号和要实现的成员函数、属性或事件的名称组成。实现接口成员的成员名称可使用任何合法标识符。

【例9-7】 创建一个控制台应用程序测试接口。

【程序代码】

```
Public Interface ITestInterface
' 在接口中声明了3个成员，分别为属性TestProperty、Sub过程TestMethod和事件TestEvent
    Property TestProperty() As Integer
    Sub TestMethod(ByVal X As Integer)
    Event TestEvent()
End Interface
Public Class ImplementationClass         ' 实现接口
    Implements ITestInterface
```

```vb
        Private m_TestProperty As Integer
        Public Event TestEvent() Implements ITestInterface.TestEvent
        Public Sub TestMethod(ByVal X As Integer) Implements ITestInterface.TestMethod
            Console.WriteLine("方法的参数是;" & X)
            RaiseEvent TestEvent()
        End Sub
        Public Property TestProperty() As Integer Implements ITestInterface.TestProperty
            Get
                Return m_TestProperty
            End Get
            Set(ByVal value As Integer)
                m_TestProperty = value
            End Set
        End Property
End Class
Module Module1                              '测试接口的实现
    Dim WithEvents testInstance As ITestInterface
    Sub FventHandler() Handles testInstance.TestEvent
        Console.WriteLine("执行事件")
    End Sub
    Sub Main()
        '声明一个接口
        Dim T As New ImplementationClass
        testInstance = T
        '写属性
        testInstance.TestProperty = 9
        '读属性
        Console.WriteLine("写属性:{0}", testInstance.TestProperty)
        '参数方法和事件
        testInstance.TestMethod(5)
        Console.ReadLine()
    End Sub
End Module
```

运行结果如图 9-18 所示。

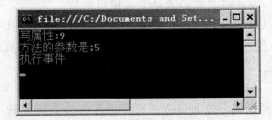

图 9-18 输入用户信息

9.9 委托

委托,其本质是一种对象,也称为"类型安全函数指针",因为它们与在其他语言中使用的函数指针非常类似。但与函数指针不同,委托是基于类 System.Delegate 的引用类型对象。委托既可以引用实例方法成员,也可以引用共享方法成员;而函数指针只能引用共享的函数成员。任何具有匹配参数和返回类型的过程都可用于创建此委托类型的实例,并通过委托实例来调用过程。

9.9.1 委托的声明

在 VB.NET 中,可以使用 Delegate 语句来声明委托类型的名称、参数和返回类型。其语句格式与功能如下。

格式:

[Accessmodifier|Shadows]Delegate[Sub|Function]委托名([参数列表])[As 类型]

功能:声明了一个新的委托类型"委托名"。

说明:

① Accessmodifier、Shadows 是访问修饰符,其含义与类定义相似。

② Sub 将此过程声明为无返回值的委托 Sub 过程;Function 将此过程声明为具有返回值的委托 Function 过程。

③ Delegate 语句可以在命名空间、模块、类或结构中使用,但不能在过程内使用。

9.9.2 委托的实例化

声明了委托类型后,必须创建委托对象并使之与特定方法关联。与其他对象类似,新的委托对象用 New 表达式创建,但创建委托时,必须使用 AddressOf 运算符。AddressOf 运算符创建一个指向由其后指定方法的委托。

格式:

Dim 变量名 As 委托类型 = AddressOf [Expression.] 方法

说明:

① "变量名"项,表示引用委托实例的变量名称。

② "委托类型"项,为已声明的委托类型。

③ Expression 项,编译时类型必须是类或接口名称。

④ "方法"项,可以是共享方法或实例方法,其名称必须与委托类型的名称相匹配。

⑤ 一旦创建了委托,它所关联到的方法便永不改变,即委托对象不可改变。

9.9.3 委托的调用

在 VB.NET 中,可以将一个共享方法或实例方法与委托关联,然后通过委托来调用该方法。

【例 9-8】 利用委托调用实现两个数的四则运算。程序运行界面如图 9-19 所示。

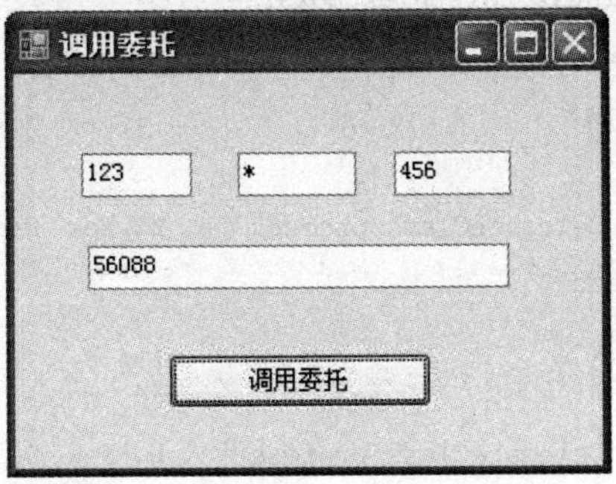

图 9-19 委托调用运行界面

【程序代码】

```
'自定义一个类模块
Public Class DelegateClass
    Delegate Function fun(ByVal x As Integer, ByVal y As Integer) As Integer
    '定义一个委托
    Public Shared Function process(ByVal x As Integer, ByVal y As Integer, ByVal f As fun) _
    As Integer
        Dim result As Integer
        result = f(x, y)    '调用委托
        Return result
    End Function
End Class
Public Class mathclass
    Public Shared Function add(ByVal x As Integer, ByVal y As Integer) As Integer
    MessageBox.Show((x + y).ToString())
        Return x + y
    End Function
    Public Shared Function subtract(ByVal x As Integer, ByVal y As Integer) As Integer
        Return x - y
    End Function
    Public Shared Function multiply(ByVal x As Integer, ByVal y As Integer) As Integer
        Return x * y
    End Function
    Public Shared Function divide(ByVal x As Integer, ByVal y As Integer) As Integer
        Return x / y
    End Function
End Class
'在窗体中实例化委托
Private Sub Button1_Click(ByVal sender As System.Object, ByVal e As System.EventArgs) _
Handles Button1.Click
```

```vb
            Dim a As Integer = Int32.Parse(TextBox1.Text)
            Dim b As Integer = Int32.Parse(TextBox3.Text)
            Dim output As Integer = 0
        Select (TextBox2.Text)
            Case " + "
                output = DelegateClass.process(a, b, New DelegateClass.fun(AddressOf _
                mathclass.add))
                '实例化委托
            Case " - "
                output = DelegateClass.process(a, b, New DelegateClass.fun(AddressOf _
                mathclass.subtract))
                '实例化委托
            Case " * "
                output = DelegateClass.process(a, b, New DelegateClass.fun(AddressOf _
                mathclass.multiply))
                '实例化委托
            Case "/"
                output = DelegateClass.process(a, b, New DelegateClass.fun(AddressOf _
                mathclass.divide))
                '实例化委托
        End Select
            TextBox4.Text = output.ToString()
    End Sub
```

9.10 多态性

多态性是面向对象编程的重要特征之一,指定义具有功能不同但名称相同的方法或属性的多个类的能力,这些类可由客户端代码在运行时交换使用。在 VB.NET 中,主要通过两种不同的方式来实现多态性,即用继承和接口实现多态性。

9.10.1 用继承实现多态性

多个类可以从单个基类"继承",在基类中定义方法、属性和事件,在派生类中根据需要重写基成员以提供不同的实现。

【例 9-9】 创建一个控制台应用程序,用继承实现多态性。
【程序代码】

```vb
Public MustInherit Class animal                    '定义基类
    Public Overridable Sub move()
        Console.WriteLine("move")
    End Sub
End Class
```

```
Public Class bird                                       '定义派生类
    Inherits animal                                     '从基类继承
    Public Overrides Sub move()                         '重写 Move 方法
        Console.WriteLine("flying")
    End Sub
End Class
Public Class fish                                       '定义另一个派生类
    Inherits animal
    Public Overrides Sub move()
        Console.WriteLine("swimming")                   '重写 Move 方法
    End Sub
End Class
Public Class horse
    Inherits animal
    Public Overrides Sub move()
        Console.WriteLine("running")
    End Sub
End Class

Module Module1
    Sub action(ByVal anAnimal As animal)                '注意这里使用了多态性
        anAnimal.move()                                 '调用 Move 方法
    End Sub
    Sub main()
        Dim abird As New bird()
        Dim afish As New fish()
        Dim ahorse As New horse()
        action(abird)
        action(afish)
        action(ahorse)
        Console.ReadLine()
    End Sub
End Module
```

程序运行结果如图 9-20 所示。

图 9-20 程序运行结果

9.10.2 用接口实现多态性

在 VB.NET 中,可以使用接口来实现多态性,接口描述属性和方法的方式与类相似,但与类不同的是,接口不能提供任何实现,接口描述类需要实现的方法、属性和事件,以及每个成员需要接收和返回的参数类型,但将这些成员的特定实现留给实现类去完成。若要使用接口实现多态性,应在几个类中以不同的方式实现接口,然后创建这些类的实例并调用接口方法或属性。基于接口的多态性的优点是不需要重新编译现有的客户端应用程序就可以使用新的接口实现。

【例 9-10】 创建一个控制台应用程序,用接口实现多态性。

【程序代码】

```
Public Interface IShape                                  '定义接口 IShape
    Function calcuateArea(ByVal x As Double, ByVal Y As Double) As String
End Interface
Public Class RectangleClass                              '定义类 RectangleClas
    Implements IShape                                    '实现接口 IShape
    Function calcuateArea(ByVal x As Double, ByVal Y As Double) As String Implements _
    IShape.calcuateArea
    '计算矩形面积()
        Return "矩形面积:" & x * Y                       '实现接口方法 calcuateArea
    End Function
End Class
Public Class RightTriangleClass
    Implements IShape
    Public Function CalculateArea(ByVal x As Double, ByVal Y As Double) As String Implements _
    IShape.calcuateArea
    '计算直角三角形面积()
        Return "直角三角形面积:" & 0.5 * (x * Y)
    End Function
End Class
Module Module1
    SubMain()
        Dim RectangleObject As New RectangleClass
        Dim RightTriangleObject As New RightTriangleClass
        '实现了多态性
        ProcessShape(RightTriangleObject, 3, 14)
        ProcessShape(RectangleObject, 3, 5)
        Console.ReadLine()
    End Sub
    Sub ProcessShape(ByVal myShape As IShape, ByVal X As Double, ByVal Y As Double)
        Console.WriteLine(myShape.calcuateArea(X, Y))
    End Sub
```

End Module

程序运行结果如图 9-21 所示。

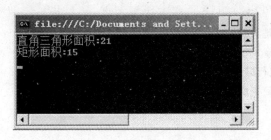

图 9-21 程序运行结果

小 结

本章主要介绍了 VB.NET 的面向对象技术,并通过一些实例介绍了面向对象技术的使用方法,使用户能更好地掌握和利用这些技术。使用面向对象技术可以更好地提高程序的独立性、灵活性、重用性和开发效率。本章的主要内容如下:

- 面向对象的程序设计背景和基本概念。
- 类和对象的创建。
- 命名之间的介绍及其使用方式。
- 类的构造函数、机构函数、继承等。
- 接口和委托、多态性的实现等。

练 习 题

选择题

1. 有关构造函数,下列说法不正确的是(　　)。
   A. 构造函数的过程名一定为 New　　B. 构造函数可以重载
   C. 构造函数的过程名可以带有参数　　D. 可以指定构造函数的返回值类型
2. 若要声明可引发事件的对象,应使用关键字(　　)。
   A. Event　　　　　　　　　　　　　B. WithEvent
   C. Handles　　　　　　　　　　　　D. AddHandler
3. 在派生类中可以使用(　　)来表示当前实例的基类。
   A. Me　　　　　　　　　　　　　　B. My
   C. MyBase　　　　　　　　　　　　D. MyClass

填空题

1. 在类的成员声明中,若使用了(　　)访问修饰符,则该成员只能在该类或其派生类中使用。
2. 已知类 B 是由类 A 继承而来,类 A 中有一个名为 Write 的可重写方法,现在希望在类 B 中也定义一个名为 Write 的方法,应在定义该方法时使用(　　)关键字。
3. 在 VB.NET 中,类的构造函数的过程名始终是(　　),类的析构函数的过程名为(　　)。

4. 在 VB.NET 中,用户可以在类中自己定义事件。用户定义事件一般需要经过两步:一是在类中使用 Event 语句声明一个事件;一是在类的某个方法中,使用(　　)语句激发事件。

简答题

1. 什么是类？什么是对象？类和对象的关系？
2. 什么情况下用 ReadOnly 关键字来修饰一个属性？
3. 使用 VB.NET 进行应用开发时,通过哪些方式来使用空间命名？
4. 什么是继承？如何实现类的继承？
5. 什么是多态？

编程题

1. 定义一个表示学生的类 Student,其中含有学号、姓名、成绩 3 个数据成员,以及用于读取和设置数据成员值的方法。
2. 定义一个表示点的类 Point,然后在 Point 类的基础上派生出一个新类圆类 Circle,并编写有关的程序进行测试。
3. 定义一个汽车类 vehicle,其数据成员有车轮个数 wheels 和车重 weighs;再定义一个派生类卡车类 truck,包含新的数据成员载重量 payload 及成员函数载重效率;每个类都有相关数据的输出方法。其中,载重效率＝载重量/(载重量＋车重)。
4. 定义两个接口,其中一个用来计算矩形的面积,另一个用来设置矩形的颜色,然后在类中实现这两个接口。矩形的颜色有 3 种,分别为红、绿、蓝。要求通过构造函数提供初始值。
5. 编写程序,通过继承实现多态。程序的功能是计算学生 5 门考试成绩的总分数和平均分数,要求在一个抽象基类中定义数据和函数,然后在两个派生类中分别计算总分数和平均分数。

第10章 文件操作

在传统的 Windows 编程中,都会涉及与文件相关的一些操作,通过本章的学习,读者可以了解和掌握在 VB.NET 中,文件的基本概念、文件的一些基本操作、顺序文件及随机文件的读写操作的方法等等。

10.1 文 件

所谓文件,是指存储在外存(磁盘、光盘、磁带等)上的数据集合。

VB.NET 中有 3 种访问文件的方法:第一种是当 VB 运行时运用函数进行文件访问(VB 传统方式直接文件访问);第二种是通过.NET 中的 System.IO 模型访问;第三种是通过文件系统对象模型 FSO 访问。

文件是存储在某种介质上数据的集合,就其本身来讲,文件只不过是磁盘上的一系列相关的数据字节。当应用程序访问文件时,它必须假定字节是否表示字符、数据记录、整数、字符串等,通过指定文件的访问类型来告诉应用程序假定什么内容。

处理大量的数据时,经常需要将数据写入文件或者从文件中读取数据。在操作前,必须将文件打开。FileOpen()函数允许用户使用以下 3 种文件访问类型中的任何一种来创建和访问文件。

(1)顺序文件访问(Input、Output 和 Append)模式,用于在连续的块中读取和写入文本文件,如错误日志和报表。

(2)随机文件访问(Random)模式,用于读取和写入结构为固定长度记录的文本或二进制文件。随机访问的文件存储数据为记录形式,这样可以快速定位信息。

(3)二进制文件,用于读取和写入任意结构的文件,如保存或者显示位图图像。

但要注意的是,不要用 FileOpen() 函数操作由特定的应用程序编辑的文件,如 Micorsoft Office 文档或者注册表文件,否则会导致文件损坏和失去文件的完整性。

10.2 文件的打开与关闭

对文件的处理步骤一般为打开文件、读写文件和关闭文件。

10.2.1 文件的打开

打开文件的格式如下：

FileOpen(文件号,文件说明,OpenMode.模式[,OpenAccess.存取方式,OpenShared.共享方式,记录长度 n])

说明：

(1)文件号,其为一个整数。当打开一个文件并为它指定一个文件号,该文件号就代表该文件,其他输入、输出语句或函数均通过文件号与该文件产生关系,直到文件被关闭,此文件号方可以被其他文件使用。

(2)文件说明,文件所在磁盘位置的说明,一般为"盘符＋路径＋文件名"来描述。

(3)模式,其常用的有以下 3 种形式。
- Output,用于打开一个文件,把数据从程序写出到文件中,写出的数据将覆盖原文件数据。
- Input,用于打开一个文件,从文件把数据读入到程序的操作。
- Append,用于打开文件,这样打开的文件写入的数据将追加到原文件数据的后面。

(4)存取方式,在多用户或多进程环境中使用,用来限制其他用户或其他进程在打开文件时执行的操作。其方式有以下 3 种。
- Shared,任何机器上的任何进程都可以对该文件进行读写操作。
- LockRead,不允许其他进程读该文件。
- LockReadWrite,不允许其他进程读写该文件。

(5)记录长度,其为一个小于 32767 的整型表达式。打开顺序文件时,在把记录写入磁盘或从磁盘读出记录之前,用"记录长度"指定要装入缓冲区的字符数。

【例 10-1】 打开文件示例。

FileOpen(2,"路径",OpenMode.Append,OpenShare.LockRead)

功能:在指定的路径下,打开已存在的数据文件作为 2 号文件,将新写入的记录追加到原文件的后面。如果给定的文件名不存在,则建立一个新文件,而且不允许其他进程访问。

> **注意：**
> 顺序文件在操作过程中,用 Input 方式打开文件只能进行读操作,只有读操作结束并且关闭文件之后才能用 Output 或者 Append 方式重新打开进行操作。

【例 10-2】 下面的代码以 Input 模式打开文件 FILE1。

FileOpen(1,"FILE1",OpenMode.Input)

【例 10-3】 下面的代码以 Binary 模式打开文件 FILE2,且只进行写操作。

FileOpen(1,"FILE2",OpenMode.Binary, OpenAccess.Write)

【例 10-4】 下面的代码以 Random 模式打开文件 FILE3,该文件包含结构 Men 的记录。

```
Structure Men
    <VBFixedString(30)> Dim Name As String
    Dim ID As Integer
End Structure
FileOpen(1,"FILE3", OpenMode.Random, , ,34 )
```

【例 10-5】 下面的代码以 Output 模式打开文件 FILE4,任何进程都可以对该文件进行读或者写操作。

FileOpen(1,"FILE4", OpenMode.Output, OpenShare.Shared)

【例 10-6】 下面的代码以 Binary 模式打开文件 FILE5,进行读操作,其他进程不能读该文件。

FileOpen(1,"FILE5", OpenMode.Binary, OpenAccess.Read, OpenShare.LockRead)

10.2.2 文件的关闭

关闭数据文件具有两个方面的作用:把文件缓冲区中的所有数据写到文件中;释放与该文件相联系的文件号,以供其他 FileOpen()函数使用。

格式:

FileClose([文件号][,文件号…n])

说明:

文件号是可选的,如果指定了文件号,则指定的文件关闭;如果未指定文件号,则把所有打开的文件统统关闭。

功能:用来关闭文件,它是在打开文件之后必须进行的操作。

【例 10-7】 使用 FileClose()函数关闭以 Input 模式打开的文件。

【程序代码】

```
Dim Text1 As String
FileOpen(1,"File6", OpenMode.Input )
Do While Not EOF(1)
    Text1 = LineInput(1)
    Debug.WriteLine(TextLine)
Loop
```

FileClose(1)

10.3 文件操作函数

一些常用的文件操作函数如下所示。

1. Dir()函数

Dir()函数用来返回表示匹配指定模式或文件属性的文件名、目录名或文件夹名的字符串或返回驱动器卷标的字符串。

2. EOF()函数

EOF()函数用来返回一个布尔值,表示文件指标是否到文件末尾。

- 当到达以 Random 或顺序 Input 模式打开的文件尾时,返回值为 True。在未到达文件尾时,EOF()函数返回值为 False。
- 对于以 Random 或者 Binary 访问模式打开的文件,始终返回 False,直到最近执行的 FileGet()函数不能再读一个完整的记录。
- 对于以 Output 模式打开的文件,EOF()函数的返回值始终为 True。

3. FileCopy()函数

FileCopy()函数用来复制文件。

4. FileDateTime()函数

FileDateTime()函数用来返回指示创建或最后修改文件的日期和时间的 Date 值。

5. FileLen()函数

FileLen()函数用来返回以字节表示的指定文件长度的 Long 值。

6. FreeFile()函数

FreeFile()函数用来返回一个 Integer 值,表示可由 FileOpen()函数使用的下一个文件号。

7. GetAttr()函数

GetAttr()函数用来返回表示文件、目录或文件夹的属性的 FileAttribute 值。

8. Loc()函数

Loc()函数用来返回一个 Long 值,该值指定打开文件中当前的读/写位置。

- 当打开的文件为 Random 时,返回值为从文件中读/写入文件的最后一个记录的编号。
- 当打开的文件为 Sequential 时,返回值为文件中被 128 除的当前字节位置。
- 当打开的文件为 Binary 时,返回值为读/写最后一个字节的位置。

9. LOF()函数

LOF()函数用来返回一个 Long 值,表示用 FileOpen()函数打开的文件的大小(以字节为单位)。

第 10 章 文件操作

10. Seek() 函数

Seek() 函数用来返回一个 Long 值,指定用 FileOpen() 函数打开的文件中的当前读/写位置,或设置用 FileOpen() 函数打开的文件中的下一个读/写操作的位置。

11. SetAttr() 函数

SetAttr() 函数用来设置文件属性信息。

12. FilePut() 函数

FilePut() 函数用来将变量中的数据写入磁盘文件中。

13. FileAttr() 函数

FileAttr() 函数用来返回已打开文件的文件模式。

【例 10 - 8】 使用 FileAttr() 函数返回已打开文件的文件模式。

【程序代码】

```
Dim mode1 As OpenMode
FileOpen (1, "d:\File7.txt", OpenMode. Input )
Mode1 = FileAttr(1)
MsgBox ("The file mode is " & mode1.ToString( ) )
FileClose (1)
```

【例 10 - 9】 使用 GetAttr() 函数确定文件和目录或文件夹的属性。

【程序代码】

```
Dim MyAttr1 As FileAttribute          '假设文件 TESTFILE 为普通的只读文件
MyAttr1 = GetAttr (" C:\TESTFILE.txt ")   '返回 VbNormal
If ( MyAttr1 And FileAttribute.Nomal ) = FileAttribute.Normal Then
    MsgBox (" This file is normal. ")
End If
Dim normalReadonly As FileAttribute
normalReadonly = FileAttribute.Normal Or FileAttribute.ReadOnly
If ( MyAttr1 And normalReadonly ) = normalReadonly Then
    MsgBox (" This file is normal and readonly. ")
End If
' 假设 MYDIR 是一个目录名或文件夹名
MyAttr1 = GetAttr ("C:MYDIR")
If ( MyAttr1 And FileAttribute.Directory ) = FileAttribute.Directory Then
    MsgBox (" MYDIR is a directory ")
End If
```

【例 10 - 10】 对于以 Random 模式打开的文件,Seek() 函数返回下一条记录的号码。

【程序代码】

```
Dim MyRecord As Record
```

```
FileOpen ( 1," TESTFILE " , OpenMode.Random )
Do While Not EOF (1)
    Debug.WriteLine ( Seek (1) )
    FileGet (1, MyRecord )
Loop
FileClose (1)
```

【例 10 - 11】 对于以 Random 模式之外的模式打开的文件,Seek()函数返回下一个操作发生的字节位置(假设 TESTFILE 是一个包含文本行的文件)。

【程序代码】

```
Dim TextLine As String
FileOpen (1," TESTFILE ",OpenMode.Input )
While Not EOF (1)
    TextLine = LineInput (1)
    Debug.WriteLine ( Seek (1) )
End While
FileClose (1)
```

【例 10 - 12】 使用 Loc()函数返回打开文件的当前读/写位置(假设 MYFILE 是一个文本文件,该文件中有样本数据行)。

【程序代码】

```
Dim location As Long
Dim oneLine As String
Dim oneChar As Char
FileOpen (1,"D:\MYFILE.TXT ", OpenMode.Binary )
While location < EOF (1)
    Input (1, oneChar )
    Location = Loc (1)
    Debug.WriteLine ( location & ControlChars . CrLf)
End While
FileClose (1)
```

【例 10 - 13】 使用 EOF()函数检测其是否到达文件尾(假设 TESTFILE 是一个文本文件,该文件中有样本数据行)。

【程序代码】

```
Dim TextLine As String
FileOpen (1,"D:\TESTFILE.TXT ", OpenMode.Input )
Do While Not EOF (1)
    TextLine = LineInput (1)
    Debug.WriteLine ( TextLine )
Loop
FileClose (1)
```

【例 10-14】 使用 FileCopy()函数复制一个文本文件 AExample.txt(图 10-1 所示)为另一个文件 Ago.txt,复制之前 Ago.txt 中没有任何内容。

【程序代码】

```
Private Sub Button1_Click(ByVal sender As System.Object, ByVal e As System.EventArgs) _
Handles Button1.Click
    Dim SourceFile, DestinationFile As String
    SourceFile = "E:\vs-lx\10-FileCopy\AExample.txt"
    DestinationFile = "E:\vs-lx\10-FileCopy\Ago.txt"
    FileCopy(SourceFile, DestinationFile)
End Sub
```

执行上述代码后,Ago.txt 文件的内容与 AExample.txt 内容完全相同。

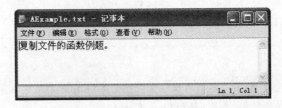

图 10-1 文本文件 AExample.txt

【例 10-15】 用 Loc()函数返回打开文件中的当前读写位置(假定 EXA.txt 文本文件中有一些数据行)。

【程序代码】

```
Dim am As Long
Dim ap As String
Dim an As Char
FileOpen(1, "d:\EXA.txt ", openMode.Binary)
While am < EOF(1)
    Input(1, an)
    Am = Loc(1)
    Debug.WriteLine(am & ControlChars.CrLf)
End While
FileClose(1)
```

10.4 顺序文件

10.4.1 顺序文件的写操作

如果要向文件中写入数据,可以用 Print()函数或 PrintLine()函数,如果要写入的数据是字符串或数值,则可以用 Write()函数或 WriteLine()函数。要写文件,应该先将文件以 Output 或 Append 方式打开,然后才可以使用 Print()函数或 Write()函数。

1. 使用 Write()函数向顺序文件中写入字符串或数值

Write (FileNumber , Output)

功能:把 Output 指定的表达式列表的值写到以 FileNumer 为文件号的指定文件中去。

说明:当使用 Write()函数将数据写入文件时,数据的写入情况如下。

- 在写入数值数据时总是使用句点作为小数点分隔符。
- 对于 Boolean 数据,输出♯TRUE♯或♯FALSE♯。
- 日期数据以通用日期格式写入文件。当日期或时间丢失或为零时,只有提供的部分写入文件。
- 如果 Output 数据为空,则不向文件写入任何内容。但是,对于 Null 数据,将写入♯NULL♯。
- 对于 Error 数据,输出显示为♯ERROR errorcode♯。

> **注意:**
> WriteLine()函数与 Write()函数的唯一区别就是将 Output 中的最后一个字符写入文件后再插入换行符(即回车换行符,或是 Chr(13) + Chr(10))。

2. 使用 Print()函数向顺序文件中写数据

格式:

Print (FileNumber , Output)

功能:将参数 Output 指定的表达式列表以数据显示格式的形式写入到以 FileNumber 为文件号的文件中去。

说明:参数 Output 是以逗号分开的一个或多个表达式,可以是如下值。

- SPC(n),其用于在输出中插入空格字符,其中 n 是要插入的空格字符数。
- TAB(n),其用于将插入点定位在某一绝对列号上,其中 n 是列号。使用不带参数的 TAB 将插入点定位在下一打印区的起始位置。
- 表达式,其为要打印的数值表达式或字符串表达式。

> **注意:**
> PrintLine()函数与 Print()函数的唯一区别在于:PrintLine()函数在输出数据后将添加回车换行符,而 Print()函数不添加。对于 PrintLine()函数,如果省略 Output,则向文件输出一个空行;对于 Print()函数,则没有输出。

【例 10-16】 在 D 盘根目录中有一个空记事本文件,名称为 example.txt,要求在其中写入如图 10-2 所示内容,编写代码。

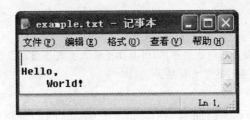

图10-2 文本文件 example.txt

【操作步骤】

新建一个项目,在 Form1 窗体上添加一个命令按钮,编写该按钮的 Click 事件,代码如下:

```
Private Sub Button1_Click(ByVal sender As System.Object, ByVal e As System.EventArgs) _
Handles Button1.Click
    FileOpen(1, "D:\example.txt", OpenMode.Output)   '打开D盘中的 example.txt 文件
    PrintLine(1)                    '输出一个空行
    PrintLine(1, "Hello,")          '输出一行,内容为"Hello"
    Print(1, SPC(4), "World!")      '输出一行,前面空四个字符,然后输出"World!"
    FileClose(1)                    '关闭文件
End Sub
```

10.4.2 顺序文件的读操作

有3个函数可以从顺序文件中读取字符串:Input()函数、InputString()函数和 LineInput()函数。

1. Input()函数

通常使用 Input()函数读取由 Write()函数写入到文件中的数据,其调用格式及功能如下。

格式:

Input (FileNumber , Value)

功能:从参数 FileNumer 指定的文件中,读取数据并赋值给参数 Value 指定的变量。

说明:读取时,标准字符串或数值数据不做任何修改就赋值给变量。其他数据的读取规则如下。

- 若是分隔逗号或空行,则赋给变量的值为空。
- 若是♯NULL♯,则赋给变量的值为 DBNull。
- 若是♯TRUE♯或♯FALSE♯,则赋给变量的值为♯TRUE♯或♯FALSE♯。
- 若是♯yyyy-mm-dd hh:mm:ss♯,则赋给变量的值为用表达式表示的日期和时间。
- 若是♯ERROR errornumber♯,则赋给变量的值为 errornumber。

> **注意:**
> 在输入数据项时,如果已到达文件尾,则会终止读入并产生错误。因此在读入数据前通常要用 EOF() 函数检查是否到达了文件尾。

EOF 函数的格式与及功能如下。

格式:

EOF(FileNumber)

功能:若以参数 FileNumer 为文件号的文件处于文件尾,则函数返回值为 True,否则返回值为 False。

【例 10-17】 新建一个项目,在 Form 窗体上添加一个命令按钮,要求实现当单击该按按钮时在 E 盘新建一个 Information.txt 文件,编写该按钮的 Click 事件代码。

【程序代码】

```
Private Sub Button1_Click(ByVal sender As System.Object, ByVal e As System.EventArgs) _
    Handles Button1.Click
    Dim YourName As String                              '定义变量
    Dim League As Boolean                               '定义变量
    Dim sex As Char                                     '定义变量
    YourName = "李明" : League = True : sex = "男"      '给变量赋值
    FileOpen(5, "E:\Information.txt", OpenMode.Output)  '以输出方式打开文件,文件被保存
                                                        ' 在 E 盘根目录
    WriteLine(5, YourName, League, sex)                 '向文件中写入内容
    FileClose(5)                                        '关闭文件
End Sub
```

程序执行时,单击命令按钮后,可以在 E 盘找到"Information.txt"文件,用记事本打开,其内容如图 10-3 所示。

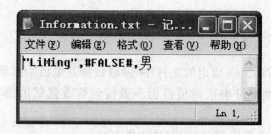

图 10-3 文本文件 Information.txt

【例 10-18】 要求把上一例题中生成的文本文件中的数据读出来。程序的设计界面如图 10-4 所示。程序执行时单击"读取数据"按钮,将从文件中读取数据并显示出来,结果如图 10-5 所示。

图10-4 程序设计界面

图10-5 程序运行界面

【实现方法】

要读取顺序文件中的数据,应把文件以 OpenMode.Input 方式打开,可使用 Input()函数读取用 Write()函数或 WriteLine()函数写入的数据。

【界面设计】

本例窗体及控件对象的属性设置如表10-1所示。

表10-1 窗体和控件对象属性设置及其作用

对象名	属性名	属性值	说明
TextBox1	Text	""	显示读出来的姓名信息
CheckBox1	Text	"团员"	显示读出来的团员信息
TextBox2	Text	""	显示读出来的性别信息
Button1	Text	"读取数据"	命令按钮
Label1	Text	"姓名:"	提示右面的文本框中显示的是什么内容
Label2	Text	"性别"	提示右面的文本框中显示的是什么内容

【程序代码】

```
Private Sub Button1_Click_1(ByVal sender As System.Object, ByVal e As System.EventArgs)_
Handles Button1.Click
    Dim a As String                                  '定义变量
    Dim b As Boolean                                 '定义变量
    Dim c As Char                                    '定义变量
    DimFileNo As Integer = FreeFile()                '获取可用的文件号
    FileOpen(FileNo, "E:\Information.txt", OpenMode.Input)   '以输入方式打开文件
    Input(FileNo, a)                                 '从文件中读取数据到变量a
    Input(FileNo, b)                                 '从文件中读取数据到变量b
    Input(FileNo, c)                                 '从文件中读取数据到变量c
    TextBox1.Text = a                                '显示读出的数据
    CheckBox1.Checked = b                            '显示读出的数据
```

```
    TextBox2.Text = c                            '显示读出的数据
    FileClose(FileNo)                            '关闭文件
End Sub
```

2. InputString()函数

格式：

`InputString ( FileNumber , CharCount )`

功能：从参数 FileNumer 指定的文件中，读取指定长度的数据。返回的值为 String，该值包含用 Input 或 Binary 模式打开的文件中的字符。

说明：其中参数 FileNumber 是有效文件号，CharCount 是指定要读取的字符个数的有效数值表达式。

与 Input()函数不同，InputString()函数返回它读取的所有字符，包括逗号、回车符、换行符、引号和前导空格等。对于以 Binary 访问模式打开的文件，如果试图在 EOF()函数返回 True 之前用 InputString()函数读取整个文件，则会产生错误。在用 InputString()函数读取二进制文件时，用 LOF()函数和 Loc()函数代替 EOF()函数，而在使用 EOF()函数时则使用 FileGet()函数。

3. LineInput()函数

使用 LineInput()函数从顺序文件中读取数据，LineInput()函数的调用格式及功能如下。

格式：

`LineInput ( FileNumber )`

功能：从参数 FileNumer 指定的顺序文件中读取一行数据，并作为函数的返回值。

说明：用 LineInput()函数读取的数据通常是由 Print()函数写入到文件中的。该函数从文件中一次读取一行字符，直到遇到回车符(Chr(13))或回车换行符(Chr(13) + Chr(10))为止。回车换行序列被跳过而不是附加到字符串上。

【例 10-19】 编写一个复制文本文件的程序，程序的设计界面如图 10-6 所示，要求程序运行时在两个文本框中分别输入源文件名和目标文件名(如输入如图 10-7 所示内容)，然后单击"确认复制"按钮，把源文件复制成目标文件，如图 10-8 所示。

图 10-6 程序设计界面　　　　　图 10-7 程序运行界面

图 10-8 程序运行结果

【实现方法】

实现文件复制的思路如下：从源文件中一行一行地读出字符串，然后一行一行地写入到目标文件，直到源文件中的内容全部读出（到了文件尾）并写入到目标文件。因此源文件以 OpenMode.Input 方式打开，目标文件以 OpenMode.Output 方式打开。从源文件中读需使用 LineInput()函数，向目标文件中写应使用 PrintLine()函数。

【界面设计】

本例窗体及控件对象的属性设置如表 10-2 所示。

表 10-2 窗体和控件对象属性设置及其作用

对象名	属性名	属性值	说 明
TextBox1	Text	""	"源文件名"的输入位置
TextBox2	Text	""	"目标文件名"的输入位置
Label1	Text	源文件名：	
Label2	Text	目标文件名：	
Label3	Text	""	显示文件的复制状态
Label4	Text	请输入源文件名和目标文件名 实现复制文件功能	
Button1	Text	"确认复制"	单击它将进行文件复制

【程序代码】

```
Private Sub Button1_Click(ByVal sender As System.Object, ByVal e As System.EventArgs) _
    Handles Button1.Click
    Dim Str As String, FileNo1 As Integer, FileNo2 As Integer
    Dim YuanName, MuName As String            '定义源文件名和目标文件名
    YuanName = TextBox1.Text                   '获取源文件名
    MuName = TextBox2.Text                     '获取目标文件名
    FileNo1 = FreeFile()                       '获取可用的源文件号
    FileOpen(FileNo1, YuanName, OpenMode.Input) '以输入方式打开源文件
    FileNo2 = FreeFile()                       '获取可用的目标文件号
```

```
        FileOpen(FileNo2, MuName, OpenMode.Output)   '以输出方式打开目标文件
        Do While Not EOF(FileNo1)                    '如果没有到达文件尾(如果文件没有结束)
            Label3.Text = "文件复制中……"
            Str = LineInput(FileNo1)                 '从源文件中读取一行字符串
             PrintLine(FileNo2, Str)                 '把读出来的字符串写到目标文件中
        Loop
        Label3.Text = "恭喜! 文件复制成功!"
        FileClose(FileNo1) : FileClose(FileNo2)
    End Sub
```

> **注意:**
> 本程序执行后,可以在磁盘 D 上找到与源文件内容完全一致的目标文件 a1.txt。

10.5 随机文件

10.5.1 随机文件的写操作

随机文件是以记录作为单位进行读写的。可以把一个 VB.NET 的标准数据类型的数据作为一条记录写入到文件中去,也可以定义一个记录(结构)类型,然后把记录(结构)类型的数据作为一条记录写入到随机文件中去。

使用 FilePut() 函数向随机文件中写入记录。该函数的调用格式及功能如下。

格式:

`FilePut ( FileNumber , Value , RecordNo )`

功能:把记录变量 Value 值写入到 FileNumber 文件号指定的随机文件中去,写入的位置(即记录号,从 1 开始)由 RecordNo 参数指定。可以使用 FilePut() 函数实现替换和添加记录。

(1)替换记录

用 FilePut() 函数指定要替换的记录的位置,在随机文件访问中可以用如下代码:

`FilePut ( FileNum , Emp , Position )`

这行代码用 Emp 变量中的数据替换由 Position 指定的记录号。

(2)添加记录

用 FilePut() 函数将 Position 变量的值设置为比文件中的记录数多 1 的值。例如,文件中有 11 条记录,设置 Position 等于 12。

`LastRecord = LastRecord + 1`
`FilePut ( FileNum , Emp , LastRecord )`

使用如上两条语句,则在文件末尾添加一条记录,而不是覆盖由 Position 指定的记录。

10.5.2 随机文件的读操作

使用 FileGet()函数读取随机文件中的记录。该函数的调用格式及功能如下。

格式:

FileGet (FileNumber , Value , RecordNo)

功能:从 FileNumber 文件号指定的随机文件中读取一条记录并存放到 Value 变量中,读取的位置(即记录号,从 1 开始)由 RecordNo 参数指定。

【例 10-20】 编写一个实现如下功能的程序:随机产生 15 个点的横坐标和纵坐标,然后读取其中任意一个点的数据。设计一个名为"JG1"的结构体,用来存放屏幕上点的横、纵坐标。程序的设计界面如图 10-9 所示,程序运行时,要求用户输入一个 1~15 之间的数字,单击"读取点坐标"按钮,将读出该点的信息,如图 10-10 所示。

图 10-9 程序设计界面

图 10-10 程序运行结果

【实现方法】

为了描述点的信息,可以添加一个模块(Module),在模块中定义一个记录型变量,该记录型变量有两个域 x 和 y,分别表示横坐标和纵坐标。在窗体的 Load 事件中打开随机文件,并随机产生 15 个点的数据,然后将其写入到随机文件中去。在"读取点坐标"按钮的 Click 事件中,取得要读取的点序号,然后用 FileGet()函数读取其对应的数据,再将其显示在屏幕上。

【界面设计】

本例窗体及控件对象的属性设置如表 10-3 所示。

表 10-3 窗体和控件对象属性设置及其作用

对象名	属性名	属性值	说 明
TextBox1	Text	""	输入点的序号
TextBox2	Text	""	显示指定点的横坐标
TextBox3	Text	""	显示指定点的纵坐标
Button1	Text	"读取点坐标"	读取指定点的坐标并显示

(续表)

对象名	属性名	属性值	说　明
Label5	Text	""	显示用户选择的点序号
Label6	Text	""	显示用户选择的点序号

【程序代码】

```vb
Module Module1
    Structure JG1
        Dim X As Integer
        Dim Y As Integer
    End Structure
End Module
Private Sub Form1_Load(ByVal sender As System.Object, ByVal e As System.EventArgs)Handles _
MyBase.Load
    Dim FileNo As Integer, point As Module1.JG1
    Dim i As Integer
    Randomize()                                                     '随机数初始化
    FileNo = FreeFile()                                             '获取初始文件号
    FileOpen(FileNo, "D:\EXAMPLE.DAT", OpenMode.Random, , , Len(point))   '打开文件
    For i = 1 To 15     '该循环产生15个点的横、纵坐标并写到随机文件中去
        point.X = 1024 * Rnd() : point.Y = 768 * Rnd()
        '其中的Rnd()函数用来产生0～1之间的随机数
        FilePut(FileNo, point, i)                                   '写到随机文件中去
    Next i
    FileClose(FileNo)                                               '关闭随机文件
End Sub
Private Sub Button1_Click(ByVal sender As System.Object, ByVal e As System.EventArgs) _
Handles Button1.Click
    Dim FileNo As Integer, point As Module1.JG1
    Dim n As Integer
    FileNo = FreeFile()                                             '获取初始文件号
    FileOpen(FileNo, "D:\EXAMPLE.DAT", OpenMode.Random, , , Len(point))   '打开文件
    n = Val(TextBox1.Text)                                          '获取记录号
    FileGet(FileNo, point, n)                                       '读取该记录数据
    TextBox2.Text = CStr(point.X) : TextBox3.Text = CStr(point.Y)   '显示该记录数据
    Label5.Text = n
    Label6.Text = n
    FileClose(FileNo)
End Sub
```

10.6 二进制文件

想将文件保存为小尺寸时,用二进制访问,因为二进制访问不要求固定长度的字段,类型声明可以省略默认字符串长度参数。这样用户就可以通过建立变长记录节省磁盘空间。

使用 FileOpen() 函数打开要进行二进制访问的文件,代码如下:

```
FileOpen ( FileNumber , FileName , OpenMode . Binary )
```

可以看出,打开要进行二进制访问文件和打开要进行随机访问的文件不同,在这里没有指定 RecordLength 表达式。如果一定要在二进制访问 FileOpen() 函数中包括记录长度,该语法将忽略此记录长度。

用二进制文件存储某酒店雇员的信息的代码如下:

```
Structure Person
    ID As Integer
    MonthlySalary As Decimal
    LastReviewDate As Long
    FirstName As String
    LastName As String
    Title As String
    ReviewComnerts As String
End Structure
Public Employee As Person
```

其中,雇员记录文件中的字段是变长的,所以该文件中的每一个雇员记录只占用实际需要的字节数。

用变长字段的二进制输入/输出的缺点是用户无法随机访问记录,必须按顺序访问这些记录才能知道每条记录的长度。虽然可以直接访问文件中一个指定的字节位置,但是如果字段是变长的,就没有直接的方法知道哪个记录位于哪个字节位置。

小 结

本章介绍了 VB.NET 中文件的处理方法、文件的基本概念、读写文件的函数与方法、顺序文件及随机文件的读写操作的方法等等,并且通过一些具体的实例来介绍这些函数的语法、使用方法,使用户对其功能有了更加深入的了解。本章的主要内容如下:

- 文件的一些基本概念。
- 一些常用的文件操作函数。
- 顺序文件的读写操作。
- 随机文件的读写操作。
- 介绍二进制文件。

练 习 题

选择题

1. (　　)是指存储在外存(磁盘、光盘、磁带等)上的数据集合。
   A. 图片　　　　　　　　　　　　B. 文件
   C. 记录　　　　　　　　　　　　D. 数据库

2. 在输入数据项时,如果已到达文件尾,则会终止读入并产生错误,因此在读入数据前通常使用(　　)检查是否到达了文件尾。
   A. BOF()函数　　　　　　　　　B. LOF()函数
   C. EOF()函数　　　　　　　　　D. LOC()函数

3. 下列有关 FileOpen 打开模式说法错误的是(　　)。
   A. Output:打开一个文件,把数据从程序写出到文件中,写出的数据将覆盖原文件数据
   B. Append:用于打开文件,这样打开的文件写入的数据将追加到原文件数据的前面
   C. Input:打开一个文件,从文件把数据读入到程序的操作
   D. 以上说法都正确

4. 下面哪个函数可以用来实现文件的复制(　　)。
   A. FileDateTime()函数　　　　　B. Loc()函数
   C. FileCopy()函数　　　　　　　D. FreeFile()函数

5. 使用(　　)向随机文件中写入记录。
   A. FilePut()函数　　　　　　　　B. FileGet()函数
   C. FileCopy()函数　　　　　　　D. LineInput()函数

填空题

1. VB.NET 提供3种类型的文件访问(　　)、(　　)、(　　)。
2. 打开文件的函数为(　　)。
3. 复制文件的函数是(　　)。
4. 回车换行符,是(　　)+(　　)。
5. 从随机文件中读取一条记录并存放到变量 Value 变量中,读取的位置(即记录号),从(　　)开始。
6. 用变长字段的二进制输入/输出的缺点是(　　)。

简答题

1. 处理大量的数据时,经常需要将数据写入文件或者从文件中读取数据。在操作前,必须将文件打开。简述 FileOpen()函数允许用户创建和访问文件的3种方式。
2. 使用二进制访问文件的优点和缺点分别是什么?

编程题

1. 在 F 盘的根目录中有一个名称为 homework.txt 的空记事本文件,编写代码实现在 homework.txt 文件中写入如下内容:
   I'm a student.
   　　You're a student too.
2. 使用 FileCopy()函数将文件 Lianxi.txt 的内容复制到 Result.txt 中。

第11章 图形与多媒体程序设计

在计算机应用中,图形一般是让人感兴趣的部分。但是,对于传统程序设计语言来说,图形程序设计也是比较困难和复杂的。VB.NET为设计图形应用程序提供了革命性的工具——GDI+,它大大方便了程序设计人员。这一章将介绍如何在VB.NET中利用GDI+编写图形应用程序,同时也介绍了VB.NET中几个多媒体控件的使用方法。

11.1 图形程序设计

11.1.1 GDI+与绘图命名空间

在Windows Forms中,System命名空间的另一个重要部分是GDI+,这是Windows API提供的GDI(Graphics Device Interface,图形设备接口)功能的一个新版本。GDI+为图形函数提供了一个新的API,以便于充分利用Windows图形库,且以继承类的方式来完成图像处理,所以使用起来更加方便。

GDI+函数位于System.Drawing命名空间中,这个命名空间中的一些类和成员对使用WIN32 GDI函数的开发人员来说非常熟悉。类可以用于如下选项:画笔、画刷和矩形。一般情况下,System.Drawing命名空间使这些功能比相应的API函数更易于使用。

在System.Drawing命名空间中包含的类非常丰富,这里仅对经常使用的类列举如下:
- 位图的处理。
- Cursors类,包括在应用程序中需要设置的各种光标,如沙漏或插入文本的I形光标。
- Font类,包括字体旋转等功能。
- Graphics类,包含完成一般绘图的方法,如直线、曲线、椭圆等。
- Icon类,处理图形的各种结构,包括Point、Size、Color和Rectangle。
- Pen和Brush类。

System.Drawing命名空间包含许多类,也包含一些辅助的命名空间,如System.

Drawing. Graphics、System. Drawing. Drawing2D、System. Drawing. Imaging 和 System. Drawing. Text 等。

1. System. Drawing. Graphics 命名空间

许多重要的绘图函数都是 System. Drawing. Graphics 命名空间的成员，DrawLine、DrawEllipse 和 DrawIcon 这样的方法都有自己的操作。其中，有 40 多种方法提供了与绘图相关的函数。

> **说明：**
> 许多绘图成员都需要一个或多个点作为变元。Point 是 System. Drawing 命名空间中的一个结构。它的 x 和 y 值表示水平和垂直坐标。当需要许多点时，就使用点的数组作为一个变元。

值得注意的是，System. Drawing. Graphics 类不能直接实例化，即不能输入下述代码来获得 Graphics 类的一个实例：

```
Dim grfGraphics As New System .Drawin .Graphics( )
```

这是因为这个类的构造函数（Sub New）是私有的，它只能由能给自己设置 System. Drawing. Graphics 类的对象来操纵。Graphics 类实例化的方法常采用 Control. CreateGraphics 建立。

对象在结束使用时自动清理（GC），但是最好手工调用 Dispose 方法。

2. System. Drawing. Drawing2D 命名空间

System. Drawing. Drawing2D 命名空间增加了二维矢量绘图功能。它与前面介绍的功能（基于位图）正好相反，这些基于矢量的函数包括渐变填充这样的功能。

3. System. Drawing. Imaging 命名空间

System. Drawing. Imaging 命名空间包括处理各种图像格式的功能。这些格式可以在文件中显示出来，再保存到文件中。其支持的格式如表 11-1 所示。

表 11-1 System. Drawing. Imaging 可处理的图像格式

格 式	说 明
BMP	Windows 位图图像格式
EMF	增强的 Windows 元文件图像格式
EXIF	可交换的图像格式
FlashPLX	FlashPLX 图像格式
GIF	图形交换模式（Graphic Interchange Format）
Icon	Windows 图标格式
JPEG	JPEG 图像格式

(续表)

格式	说明
MemeryBMP	内存位图图像格式
PhotoCD	Eastman Kodak PhotoCD 图像格式
PNG	W3C PNG（Portable Network Graphics）图像格式
TIFF	Tag Image File Format（TIFF）图像格式
WMF	Windows 元文件图像格式

该命名空间还包括支持读写这些格式，以及在显示过程中操纵图像。

4. System.Drawing.Text 命名空间

System.Drawing.Text 命名空间增加了操纵字体的功能。System.Drawing 命名空间包含了基本的字体功能，而 System.Drawing.Text 命名空间则提供了控制线条间距这样的功能。

11.1.2 利用 GDI+ 绘制图形

利用 GDI+ 绘制图形一般分为如下 5 个步骤。

1. 声明 Graphics 对象

声明 Graphics 对象的方法代码如下：

```
Dim g1 As Graphics
Dim g2 As Graphics
```

2. 创建画布

在绘图时，首先要取得绘制的范围，如分别在窗体和图片框内进行绘制。创建画布的方法代码如下所示：

```
g1 = Me.CreateGraphics()
g2 = PictureBox1.CreateGraphics()
```

3. 创建画笔、画刷、字体等绘图工具

例如，创建一个蓝色的画笔、一个绿色的画刷以及隶书字体并带下划线的 3 种绘图工具。其实现代码如下：

```
Dim fntFont As Font
fntFont = New Font("隶书",20,FontStyle.Underline)
Dim b As Brush
b = New solidBrush(Color.Green)
Dim p As Pen
p = New Pen(color.Blue)
```

4. 绘制图形

例如,画一条直线,其实现代码如下:

```
gra1.DrawLine(pen2,pt1,pt2)    '画一条直线
```

5. 释放 Graphics 对象,调用 Dispose 方法

释放 Graphics 的方法代码如下:

```
blackPen.Dispose()
```

11.1.3 与绘图相关的对象

1. Graphics 对象

在绘制任何图形之前,一定要先用 Graphics 类创建一个对象。创建的 Graphics 对象就相当于一张画布,可以调用绘图方法在其上绘图。包含完成一般绘图的方法,如直线、曲线、椭圆等。

2. Pen 对象

Pen 对象又称画笔对象,主要用来绘制线条、勾勒形状轮廓或呈现其他几何表示形式,如多边形、曲线等几何图形。

3. Brush 对象

Brush 对象用于填充图形区域,如实心形状、图像或文本。

Brush 类不能被实例化,一般使用它的派生类。派生类主要有:SolidBrush(单色画刷)、HatchBrush(阴影画刷)、LinearGradientBrush(颜色渐变画刷)、PathGradientBrush(使用路径及复杂的混合色渐变画刷)和 TextureBrush(纹理画刷)。大部分的 Brush 类都定义在 System.Drawing 命名空间中。

4. Font 对象

Font 对象可以用来建立自定义字体,如字体高度、是否斜体等。

5. Color 对象

Color 对象表示要显示的不同颜色。

11.1.4 常用图形的绘制方法

Graphic 类提供了大量的画图方法,利用这些方法可以绘制简单的几何图形。

1. 画直线

画直线可使用 Graphics 的 DrawLine 方法,该方法主要有如下两种格式。

格式 1:

```
Overloads Public Sub DrawLine(ByVal pen As Pen, ByVal x1 As Integer, ByVal y1 As Integer,_
ByVal x2 As Integer, ByVal y2 As Integer)
```

功能:在由(x1,y1)和(x2,y2)指定的两个点之间画一条直线。

说明:参数 pen 为画笔,参数 x1 和 y1 是所画直线起始点的横坐标和纵坐标,参数 x2 和 y2 是所画直线终点的横坐标和纵坐标。

格式 2:

```
Overloads Public Sub DrawLine( ByVal pen As Pen , ByVal pt1 As Point , ByVal pt2 As Point )
```

功能:在 pt1 和 pt2 指定的两个点之间画一条直线。

说明:参数 pen 为画笔,参数 pt1 是 Point 结构的数据,表示所画直线的起始点;参数 pt2 也是 Point 结构的数据,表示所画直线的终点。

【例 11-1】 观察下列程序的运行结果。

```
Private Sub Button1_Click(ByVal sender As System.Object, ByVal e As System.EventArgs)_
    Handles Button1.Click
    Dim gra1 As Graphics = Me.CreateGraphics()       '生成图形对象
    Dim pen1 As New Pen(Color.Red, 3)                '生成粗细为 3 个像素,颜色为红色的画笔
    Dim pen2As New Pen(Color.DarkBlue, 6)            '生成粗细为 6 个像素,颜色为黑色的画笔
    gra1.DrawLine(pen1, 25, 15, 200, 15)
    '以(25,15)和(200,15)为坐标的两点作为起始点和终点,并且用 pen1 所规定的画笔画一条颜
     色为红色,粗细为 3 个像素的直线
    Dim pt1 As Point = New Point(10, 100)            '以(10, 100)为坐标生成起点
    Dim pt2 As Point = New Point(200, 100)           '以(200, 100)为坐标生成终点
    gra1.DrawLine(pen2, pt1, pt2)                    '用"格式 2"的方法画一条直线
    pen1.Dispose() : pen2.Dispose() : gra1.Dispose() '释放对象
End Sub
```

程序的运行结果如图 11-1 所示。

图 11-1 绘制的直线

2. 画矩形

使用 Graphics 对象的 DrawRectangle 方法可以绘制矩形,常用格式有如下两种。

格式 1:

```
Overloads Public Sub DrawRectangle ( ByVal pen As Pen , ByVal x As Integer , ByVal y As_
    Integer , ByVal width As Integer , ByVal height As Integer )
```

功能:绘制一个由左上角坐标、宽度和高度指定的矩形。

说明:参数 x 和参数 y 分别是要绘制的矩形的左上角的横坐标和纵坐标。参数 width 是要绘制的矩形的宽度,参数 height 是要绘制的矩形的高度。

格式 2:

```
Overloads Public Sub DrawRectangle ( ByVal pen As Pen , ByVal rect As Rectangle )
```

功能:绘制一个矩形。

说明:参数 rect 表示要绘制矩形的 Rectangle 结构。

【例 11-2】 利用两种方法绘制矩形,观察程序的运行结果。

```
Private Sub Button1_Click(ByVal sender As System.Object, ByVal e As System.EventArgs) _
Handles Button1.Click
    Dim gra1 As Graphics = Me.CreateGraphics()      '生成图形对象
    Dim pen1 As New Pen(Color.Gray, 5)              '生成粗细为 5 个像素,颜色为灰色的画笔
    gra1.DrawRectangle(pen1, 12, 12, 100, 50)
    '采用"格式 1"方法画矩形,起始点为(12,12),宽为 100,高为 50
    Dim rect As New Rectangle(112, 100, 140, 100)
    '生成矩形变量,起始点为(112,100),宽为 140,高为 100
    gra1.DrawRectangle(pen1, rect)                  '采用"格式 2"方法画矩形
    pen1.Dispose() : gra1.Dispose()                 '释放对象
End Sub
```

程序的运行结果如图 11-2 所示。

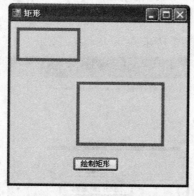

图 11-2　绘制的矩形

3. 画椭圆

使用 Graphics 对象的 DrawEllipse 方法可以绘制椭圆,常用格式有如下两种。

格式 1:

```
Overloads Public Sub DrawEllipse ( ByVal pen As Pen , ByVal rect As Rectangle )
```

功能:绘制边界由 rect 指定的椭圆。

说明:参数 pen 是画笔,参数 rect 是 Rectangle(矩形结构)型数据,它定义了椭圆的外接矩形。

格式 2：

Overloads Public Sub DrawEllipse（ByVal pen As Pen，ByVal x As Integer，ByVal y As Integer，_
ByVal width As Integer，ByVal height As Integer）

功能：绘制一个由边框（该边框由一对坐标、高度和宽度指定）定义的椭圆。

说明：参数 x 和 y 分别定义椭圆外接边框的左上角的横坐标和纵坐标。参数 width 定义椭圆的外接边框的宽度，参数 height 定义椭圆的外接边框的高度。

【例 11-3】 观察下列程序的运行结果。

```
Private Sub Button1_Click(ByVal sender As System.Object,ByVal e As System.EventArgs)_
Handles Button1.Click
    Dim gra AsGraphics = Me.CreateGraphics()      '生成图形对象
    Dim pen1 As New Pen(Color.DeepPink, 3)        '生成粗细为3个像素,颜色为深粉色的画笔
    Dim pen2 As New Pen(Color.DarkGreen, 3)       '生成粗细为3个像素,颜色为深绿色的画笔
    gra.DrawEllipse(pen1, 10, 10, 65, 45)
    '使用"格式2"方法画椭圆,椭圆外接边框的左上角的坐标为(10,10),椭圆的外接矩形的宽度
     为65,椭圆的外接矩形的高度为45
    Dim rect AsNew Rectangle(80, 80, 170, 40)
    '生成矩形——矩形的左上角坐标为(80,80),矩形宽为170,高为40
    gra.DrawEllipse(pen2, rect)                   '使用"格式1"方法画椭圆
    pen1.Dispose() : pen1.Dispose() : gra.Dispose()  '释放对象
End Sub
```

程序的运行结果如图 11-3 所示。

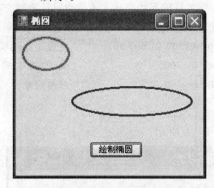

图 11-3 绘制的椭圆

4. 绘制圆弧

使用 Graphics 对象的 DrawArc 方法可以绘制圆弧，常用格式有如下两种。

格式 1：

Overloads Public Sub DrawArc（ByVal pen As Pen，ByVal x As Integer，ByVal y As Integer，_
ByVal width As Integer，ByVal height As Integer，ByVal startAngle As Integer,ByVal_
sweepAngle As Integer）

功能：绘制一段弧线，该弧线是由一对坐标、宽度和高度指定的椭圆的一部分。

说明：参数 x 和 y 定义了椭圆外接矩形的左上角的横坐标和纵坐标。参数 width 定义了椭圆的外接矩形的宽度。参数 height 定义了椭圆的外接矩形的高度。参数 startAngle 定义了从 x 轴到弧线的起始点沿顺时针方向度量的角（以度为单位）。参数 sweepAngle 定义了从 startAngle 参数到弧线的结束点沿顺时针方向度量的角（以度为单位）。另外，除 pen 参数外的其他参数也可以是 Single 型的。

格式 2：

```
Overloads Public Sub DrawArc( ByVal pen As Pen , ByVal rect As Rectangle , ByVal startAngle As_
     Single , ByVal sweepAngle As Single )
```

功能：绘制由 rect 指定矩形的内接椭圆的一部分圆弧。

说明：参数 rect 是一个 Rectangle（也可以是 RectangleF 结构），它定义椭圆的边界。参数 startAngle 定义了从 x 轴到弧线的起始点沿顺时针方向度量的角（以度为单位）。sweepAngle 定义了从 startAngle 参数到弧线的结束点沿顺时针方向度量的角（以度为单位）。

【例 11-4】 观察下列程序的运行结果。

```
Private Sub Button1_Click(ByVal sender As System.Object, ByVal e As System.EventArgs)_
     Handles Button1.Click
    Dim gra As Graphics = Me.CreateGraphics()      '生成图形对象
    Dim pen1 As New Pen(Color.Chocolate, 3)        '生成粗细为3个像素,颜色为咖啡色的画笔
    Dim pen2 As New Pen(Color.Gray, 3)             '生成粗细为3个像素,颜色为灰色的画笔
    gra.DrawArc(pen1, 10, 15, 70, 100, 90, 230)
    '采用"格式1"画弧线——弧线的起始点从 x 轴沿顺时针旋转90°,终点从起始线再旋转230°。
     该弧线的外接矩形的宽为70,高为100,外接矩形的左上角的横、纵坐标为(10,15)
    Dim rect As New Rectangle(130, 1, 80, 90)      '生成矩形结构
    gra.DrawArc(pen2, rect, 0, 180)                '采用"格式2"方法画弧线
    pen1.Dispose() : gra.Dispose()                 '释放对象
End Sub
```

程序的运行结果如图 11-4 所示。

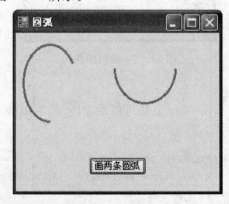

图 11-4 绘制的圆弧

5. 画多边形

使用 Graphics 对象的 DrawPolygon 方法可以绘制多边形,常用格式有如下两种。

格式 1:

Overloads Public Sub DrawPolygon(ByVal pen As Pen , ByVal points( ) As Point)

功能:绘制由一组 Point 结构定义的多边形。

说明:参数 points 是 Point 结构的数组,用来表示多边形的顶点。

格式 2:

Overloads Public Sub DrawPolygon(ByVal pen As Pen , ByVal points( ) As PointF)

功能:绘制由一组 PointF 结构定义的多边形。

说明:参数 points 是 PointF 结构的数组,用来表示多边形的顶点。PointF 结构与 Point 结构的不同之处在于 PointF 可以使用实数表示点的坐标,而 Point 结构只能使用整数。

【例 11-5】 观察下列程序的运行结果。

```
Private Sub Button1_Click(ByVal sender As System.Object, ByVal e As System.EventArgs)_
Handles Button1.Click
    Dim gra As Graphics = Me.CreateGraphics()        '生成图形对象
    Dim Pen1 As New Pen(Color.Red, 2)                '生成粗细为2个像素,颜色为红色的画笔
    '依次生成6个点
    Dim p1 As New Point(45, 70)
    Dim p2 As New Point(96, 40)
    Dim p3 As New Point(234, 70)
    Dim p4 As New Point(67, 110)
    Dim p5 As New Point(80, 138)
    Dim p6 As New Point(90, 90)
    Dim curvePoints() As Point = {p1, p2, p3, p4, p5, p6}   '定义 Point 结构的数组
    gra.DrawPolygon(Pen1, curvePoints)               '绘制多边形
    Pen1.Dispose() : gra.Dispose()                   '释放对象
End Sub
```

程序的运行结果如图 11-5 所示。

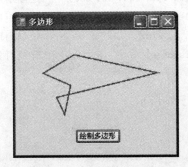

图 11-5 绘制的多边形

6. 画扇形图

使用 Graphics 对象的 DrawPie 方法可以绘制扇形图，所谓扇形图其实就是把一段圆弧的两个端点与圆心相连形成一个平面。常用格式有如下两种。

格式 1：

```
Overloads Public Sub DrawPic( ByVal pen As Pen, ByVal x As Integer , ByVal y As Integer, _
ByVal width As Integer, ByVal height As Integer, ByVal startAngle As Integer, ByVal _
sweepAngle As Integer )
```

功能：绘制一个扇形图，该扇形是由一对坐标、宽度和高度指定的椭圆的一部分构成的。

说明：参数 x 和 y 定义了椭圆外接矩形的左上角的横坐标和纵坐标。参数 width 定义了椭圆的外接矩形的宽度。参数 height 定义了椭圆的外接矩形的高度。参数 startAngle 定义了从 x 轴到弧线的起始点沿顺时针方向度量的角（以度为单位）。参数 sweepAngle 定义了从 startAngle 参数到弧线的结束点沿顺时针方向度量的角（以度为单位）。另外，除 pen 参数外的其他参数也可以是 Single 型的。

格式 2：

```
Overloads Public Sub DrawPic ( ByVal pen As Pen , ByVal rect As Rectangle , ByVal startAngle_
As Single , ByVal sweepAngle As Single )
```

功能：绘制一个扇形图，该扇形由 rect 指定矩形的内接椭圆的一部分圆弧构成的。

说明：参数 rect 是一个 Rectangle（也可以是 RectangleF 结构），它定义椭圆的边界。参数 startAngle 定义了从 x 轴到弧线的起始点沿顺时针方向度量的角（以度为单位）。sweepAngle 定义了从 startAngle 参数到弧线的结束点沿顺时针方向度量的角（以度为单位）。

【例 11 - 6】 观察下列程序的运行结果。

```
Private Sub Button1_Click(ByVal sender As System.Object, ByVal e As System.EventArgs) _
Handles Button1.Click
    Dim gra As Graphics = Me.CreateGraphics()        '生成图形对象
    Dim pen1 As New Pen(Color.Black, 3)              '生成粗细为3个像素,颜色为黑色的画笔
    gra.DrawPie(pen1, 15, 10, 100, 100, 30, 230)     '绘制扇形
    Dim rect As New Rectangle(150, 10, 90, 90)       '生成矩形结构
    gra.DrawPie(pen1, rect, 0, 270)                  '绘制扇形
    pen1.Dispose() : gra.Dispose()                   '释放对象
End Sub
```

程序的运行结果如图 11 - 6 所示。

图 11-6 绘制的扇形

值得注意的是，以上介绍绘制图形的方法，只是绘制图形的边框，如前面提到的"绘制矩形"，只是绘制矩形的 4 条边框线，如果想要绘制平面意义的矩形需要用到下面的方法。

7. 填充矩形

使用 Graphics 对象的 FillRectangle 方法可以填充矩形，常用格式有如下两种。

格式 1：

Overloads Public Sub FillRectangle (ByVal brush As Brush , ByVal rect As Rectangle)

功能：用指定的画刷填充一个矩形。

说明：参数 rect 表示要填充的矩形的 Rectangle 结构，也可以是 RectangleF 结构的数据。

格式 2：

Overloads Public Sub FillRectangle (ByVal brush As Brush , ByVal x As Integer , ByVal y As_
Integer , ByVal width As Integer , ByVal height As Integer)

功能：填充一个由左上角坐标、宽度和高度指定的矩形。

说明：参数 x 和参数 y 分别是要填充的矩形的左上角的横坐标和纵坐标。参数 width 是要绘制的矩形的宽度。参数 height 是要绘制的矩形的高度。参数 x、y、width 和 height 也可以是 Single 型的数据。

【例 11-7】 观察下列程序的运行结果。

```
Private Sub Button1_Click(ByVal sender As System.Object, ByVal e As System.EventArgs) _
    Handles Button1.Click
    Dim g As Graphics = Me.CreateGraphics()                    '生成图形对象
    Dim Brush1 As SolidBrush = New SolidBrush(Color.CadetBlue) '生成两个填充用的画刷
        Dim Brush2 As TextureBrush = New TextureBrush(Bitmap.FromFile("E:\vs-lx\11-填充椭
        圆\11-填充椭圆\arc.bmp"))
    Dim rect1 As New Rectangle(10, 10, 90, 90)                 '生成矩形结构
    Dim rect2 As New Rectangle(120, 85, 90, 90)                '生成矩形结构
    g.FillRectangle(Brush1, rect1)                             '绘制填充矩形
    g.FillRectangle(Brush2, rect2)                             '绘制填充矩形
```

    Brush1.Dispose() : Brush2.Dispose() : g.Dispose()
End Sub

程序的运行结果如图 11-7 所示。

图 11-7 绘制的填充矩形

8. 填充椭圆

使用 Graphics 对象的 FillEllipse 方法可以填充椭圆,常用格式有如下两种。

格式 1：

Overloads Public Sub FillEllipse (ByVal brush As Brush , ByVal rect As Rectangle)

功能：填充边界由矩形 rect 指定的椭圆。

说明：参数 brush 是填充使用的画刷,参数 rect 是 Rectangle(矩形结构)型数据,它定义了椭圆的外接矩形。参数 rect 也可以是 RectangleF 结构的数据。

格式 2：

Overloads Public Sub FillEllipse (ByVal brush As Brush , ByVal x As Integer , ByVal y As_
Integer , ByVal width As Integer , ByVal height As Integer)

功能：填充一个由边框(该边框由一对坐标、高度和宽度指定)定义的椭圆。

说明：参数 brush 是填充使用的画刷,参数 x 和 y 了定义椭圆的外接边框的左上角的横坐标和纵坐标。参数 width 定义椭圆的外接边框的宽度,参数 height 定义椭圆的外接边框的高度。参数 x、y、width 和 height 也可以是 Single 型的数据。

【例 11-8】 观察下列程序的运行结果。

```
Private Sub Button1_Click(ByVal sender As System.Object, ByVal e As System.EventArgs)_
Handles Button1.Click
    Dim gra As Graphics = Me.CreateGraphics()               '生成图形对象
    Dim Brush1 As SolidBrush = New SolidBrush(Color.Black)  '生成填充用的画刷
    Dim Brush2 As TextureBrush = New TextureBrush(Bitmap.FromFile("E:\vs-1x\11-填充椭圆
      \11-填充椭圆\arc.bmp"))
    Dim rect1 As Rectangle = New Rectangle(10, 10, Me.ClientSize.Width/ 2,Me.ClientSize. _
      Height / 2)                                           '定义矩形
    Dim rect2 As Rectangle = New Rectangle(Me.ClientSize.Width / 2, 40,Me.ClientSize. _
```

```
            Width / 2, Me.ClientSize.Height / 2)         '定义矩形
        gra.FillEllipse(Brush1, rect1)                   ' 填充椭圆
        gra.FillEllipse(Brush2, rect2)                   ' 填充椭圆
        Brush1.Dispose() : Brush2.Dispose() : gra.Dispose()
    End Sub
```

程序的运行结果如图 11-8 所示。

图 11-8 绘制的填充椭圆

9. 填充饼图

使用 Graphics 对象的 FillPie 方法可以填充饼图,常用格式有如下两种。

格式 1：

```
Overloads Public Sub FillPie ( ByVal brush As Brush , ByVal rect As Rectangle , ByVal _
startAngle As Single , ByVal sweepAngle As Single )
```

功能：填充椭圆所定义的扇形区的内部,该扇形区由 Rectangle 结构和两条射线指定。

说明：参数 rect 是一个 Rectangle 或 RectangleF 结构,它定义椭圆的边界。参数 startAngle 定义了从 x 轴到弧线的起始点沿顺时针方向度量的角(以度为单位)。sweepAngle 定义了从 startAngle 参数到弧线的结束点沿顺时针方向度量的角(以度为单位)。

格式 2：

```
Overloads Public Sub FillPie ( ByVal brush As Brush , ByVal x As Integer , ByVal y As Integer,_
ByVal width As Integer , ByVal height As Integer , ByVal startAngle As Integer, ByVal _
sweepAngle As Integer )
```

功能：填充由一对坐标、一个宽度、一个高度及两条射线指定的椭圆所定义的扇形区的内部。

说明：参数 x 和参数 y 分别定义了椭圆的外接矩形的左上角的横坐标和纵坐标。参数 width 定义了椭圆的外接矩形的宽度。参数 height 定义了椭圆的外接矩形的高度。参数 startAngle 定义了从 x 轴到弧线的起始点沿顺时针方向度量的角(以度为单位)。参数 sweepAngle 定义了从 startAngle 参数到弧线的结束点沿顺时针方向度量的角(以度为单位)。另外,除 pen 参数外的其他参数也可以是 Single 型的。

【例11-9】 观察下列程序的运行结果。

```
Private Sub Button1_Click(ByVal sender As System.Object, ByVal e As System.EventArgs) _
Handles Button1.Click
    Dim gra As Graphics = Me.CreateGraphics()          '生成图形对象
    Dim Brush1 As New TextureBrush(Bitmap.FromFile("E:\vs-lx\11-填充饼图\0003.jpg"))
    '生成纹理画刷
    gra.FillPie(Brush1, 15, 20, 168, 168, 90, 270)    '绘制填充饼图
    Dim rect As New Rectangle(200, 10, 100, 120)       '生成矩形结构
    gra.FillPie(Brush1, rect, 0, 270)                  '绘制填充饼图
    Brush1.Dispose() : gra.Dispose()                   '释放对象
End Sub
```

程序的运行结果如图11-9所示。

图11-9 绘制的填充饼图

11.2 多媒体程序设计

11.2.1 多媒体的概念

多媒体是一种让用户以交互方式将文本、图像、图形、音频、视频、动画等多种信息，经过计算机的软硬件设备的获取、操作、编辑、存储等处理后，以单独的或合成的形态表现出来的技术和方法。

多媒体的出现使得信息产业整体相关技术的发展、人类传统学习知识的方法和接收信息的方式、人机界面之间的交互方式以及工作和娱乐的形式等，都产生了划时代的变革。多媒体计算机能制作高保真声音、三维图像、真实如照片的图片、电影片段和动画等。

多媒体技术具有信息载体的多样化、交互性和集成性等特点。

(1)多样化，是指计算机能处理的范围扩展和放大，不再局限于数值、文本或单一的图形和图像。计算机变得人性化，其输入输出和处理手段的多维化产生了与以往不同的概念：获取、创作、表现。

(2)交互性，是指向用户提供更有效的控制和使用信息的手段，同时也为应用开辟了

广阔的前景。虚拟现实技术的研究和发展激发了人们的无限创造力。

（3）集成性，是指在多媒体的旗帜下，各种技术的成熟和集合，将计算机、声像、通信技术合为一体。高速的 CPU、大容量的存储体、高性能的 I/O 通道和 I/O 设备、宽带的通信口和网络等硬件以及各类多媒体系统、应用软件等集成出功能强大的信息系统，体现出系统特性。

11.2.2 Media Player 控件及其使用

Media Player 控件不是 VB.NET 的标准控件，使用它之前必须先把它加载到工具箱中。利用 Windows 自带的 Media Player 控件，可以实现类似于 Windows 的媒体播放器的功能，而且 Media Player 控件无需编程，可以直接使用。

1. Media Player 控件的加载

加载 Media Player 控件的步骤如下：

①选择"工具"→"选择工具箱项"选项，打开如图 11-10 所示的"选择工具箱项"对话框。

②在"选择工具箱项"对话框中选择"COM 组件"选项卡的"Windows Media Player"控件，单击"确定"按钮，即可将 Media Player 控件添加到工具箱中。

图 11-10 "选择工具箱项"对话框

③工具箱中 Media Player 控件的图标为 ◉。将该控件添加到窗体上，调整控件大小，如图 11-11 所示。

图 11-11 "Media Player"控件

2. Media Player 控件的常用属性

(1)在窗体中添加了 Media Player 控件后,可以设置它的一些常用属性,设置方法如下。

方法一:在窗体中的 Media Player 控件上单击鼠标右键,如图 11-12 所示。在弹出的快捷菜单中选择"属性"选项,即可弹出"Windows Media Player 属性"对话框。

图 11-12 Media Player 的属性菜单

方法二:在 VS 的属性窗口中(图 11-13),单击最右面的"属性页"图标,同样可以打开"Windows Media Player 属性"对话框,如图 11-14 所示。

图 11-13 VS 的属性窗口

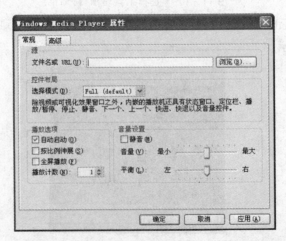

图 11-14 "Windows Media Player 属性"对话框

在"Windows Media Player 属性"对话框中，可以设置要播放的文件的"文件名"、"是否为静音状态"、"音量大小"、"是否自动播放"、"全屏播放"、"播放次数"等等。

(2)在 VS 的属性窗口中，像其他控件一样，也有自己的一些属性，如图 11-15 所示。

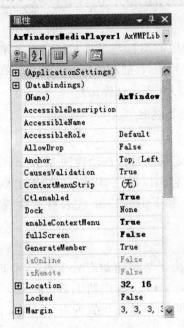

图 11-15 Windows Media Player 的属性

其常用的属性如下：

① Dock 属性，用来指定控件在窗体中的位置模式。其中，Fill 指定其充满整个窗体（指的是 Media Player 控件所在的 Form 窗体）。

② URL 属性，用来设置要播放文件的文件名。

③ fullScreen 属性，用来设置是否将媒体全屏播放。

其他的一些属性与其他控件很类似，这里不再赘述。

3. Media Player 控件的常用方法

(1) Play 方法：播放多媒体文件。

(2) Pause 方法：暂停多媒体文件的播放。

(3) Stop 方法：停止对多媒体文件的播放。

11.2.3 MMControl 控件及其使用

1. MMControl 控件的添加

MMControl 控件不是 VB.NET 的标准控件，使用它之前必须先把它加载到工具箱中。方法如下：

①选择"工具"→"选择工具箱项"选项，打开如图 11-10 所示的"选择工具箱项"对话框。

②在"选择工具箱项"对话框中选择"COM 组件"选项卡的"Microsoft Multimedia

Control 6.0"控件,单击"确定"按钮,即可将 MMControl 控件添加到工具箱中。

在窗体中的 MMControl 控件的形状如图 11-16 所示。

图 11-16 MMControl 控件

该控件共有 9 个按钮,按钮的图标与录音机上的按键很相似,这些按钮从左到右分别是:Prev(前进)、Next(后退)、Play(播放)、Pause(暂停)、Back(快速后退)、Step(快速前进)、Stop(停止)、Record(录制)和 Eject(弹出)。

2. MMControl 控件的主要属性

(1) AutoEnable 属性

AutoEnable 属性用来决定系统是否自动检测 MMControl 控件的各按钮的状态。

当按钮的状态为有效时,它会以黑色显示;当按钮的状态为无效时,则以灰色显示。该属性取值有两种情况:True 和 False,True 代表自动检测,False 代表不自动检测。默认值为 True。

(2) Enable 属性

按钮的 Enable 属性用来决定某按钮是否处于有效状态。其取值有两种情况:True 和 False,True 代表按钮有效,False 代表按钮无效。例如,下列程序段的功能是把控件 axMMControl1 的 Play 按钮和 Prev 按钮设置为有效,Back 按钮设置为无效。

```
axMMControl1.BackEnable = False
axMMControl1.PlayEnable = True
axMMControl1.PrevEnable = True
```

(3) Visible 属性

按钮的 Visible 属性用来决定某按钮是否可见。其取值有两种情况:True 和 False,True 代表按钮可见,False 代表按钮不可见,默认值为 True。例如,下列程序段的功能是把控件 axMMControl1 的 Play 按钮和 Pause 按钮置于可见状态。

```
axMMControl1.PauseVisible = True
axMMControl1.PlayVisible = True
```

(4) Position 属性

调用 Position 属性可以返回已打开的多媒体文件的位置,时间单位由 TimeFormat 属性确定的时间格式确定。

(5) Notify 属性

Notify 属性用来决定 MMControl 控件的下一条命令执行完后,是否产生 Done 事件。若 Notify 属性设为 True,则产生,否则不产生。

(6) DeviceType 属性

DeviceType 属性用来设置多媒体设备的类型。它包括以下类型:AVI 动画(AVIVideo)、CD 音乐设备(CDAudio)、VCD 文件(DAT)、数字视频文件(DigitalVideo)、WAV 声音播放设备(WaveAudio)、MIDI 设备(Sequencer)和其他类型。

(7)Frames 属性

Frames 属性用来指定当执行 Back 命令或 Step 命令时,前进或后退的帧数。若 Frames 属性设为"5",则每次按 Step 按钮,前进 5 帧;按 Back 按钮时,后退 5 帧。

(8)From 属性

From 属性用来指定开始播放文件或录制文件的起始时间。

(9)To 属性

与 From 属性对应,To 属性用来指定播放文件或录制文件的结束时间。

(10)Length 属性

Length 属性用来返回当前打开的多媒体文件长度,时间单位由 TimeFormat 属性确定的时间格式确定。

(11)Orientation 属性

Orientation 属性用来设置各按钮的排列方向,默认值为 1。当它的值为 0 时,按钮将垂直排列。值为 1,表示水平排列。

(12)UpdateInterval 属性

UpdateInterval 属性用来设定 StatusUpdate 事件发生的时间间隔。

(13)Command 属性

Command 属性用来指定将要执行的 MCI 命令,它可以控制执行 14 个控制命令,如表 11-2 所示。

表 11-2　MMControl 控件的 Command 属性取值

属性值	含义	属性值	含义
Prev	回到本磁道的起始点	Next	进入下磁道的起始点
Play	播放多媒体文件	Pause	暂停
Back	后退指定数目的画面(帧)	Step	前进指定数目的画面(帧)
Stop	停止	Record	记录
Eject	弹出(光盘等)	Save	保存一个已打开的文件
Seek	查找指定的位置	Sound	播放声音
Open	打开多媒体设备或文件	Close	关闭多媒体文件或设备

3. MMControl 的主要事件

(1)Click 事件

MMControl 的每一个按钮均有一个对应的 Click 事件,该事件在单击按钮时触发。Click 事件有一个参数 Cancel,如果 Cancel 参数设为 False,则先执行系统赋给该按钮的功能,再执行用户在 Click 事件过程中编写的代码;如果 Cancel 参数设为 True,则不执行系统赋给该按钮的功能,而只执行用户编写的代码。

(2)Done 事件

当 Notify 属性设置为 True 后所遇到的第一个 MCI 命令结束时触发该事件,其格式如下：

```
Private Sub MMControl_Done ( Notify_Code As Integer )
```

每一次 Notify 属性仅对一条 MCI 控制命令有效，一个 MCI 控制命令执行完后，就会触发 Done 事件。用户可在 Done 事件中决定如何进一步处理程序，在 Done 事件方法中可设计命令结束处理程序。

（3）StatusUpdate 事件

该事件按照 UpdateInteval 属性所给的时间间隔自动发生。该事件运行应用程序更新显示，以通知用户当前 MCI 设备的状态。应用程序可从 Position、length 和 Mode 等属性中获得状态信息。

4. MMControl 控件的编程

使用 MMControl 控件编程的一般步骤如下：

① 在窗体上创建 MMControl 控件及其他相关控件。

② 把 MMControl 控件的 DeviceType 属性值设置为所用的多媒体设备的类别。

③ 如果使用多媒体文件，应把多媒体文件名赋值给 MMControl 控件的 FileName 属性。

④ 把 MMControl 控件的 Command 属性值设置为"Open"，以打开多媒体设备。

⑤ 把 MMControl 控件的 Command 属性值设置为其他值，以控制多媒体设备。

⑥ 在使用完后，可把"Close"赋给 MMControl 控件 Command 属性，以关闭多媒体设备。

11.2.4 ShockwaveFlash 控件及其使用

1. ShockwaveFlash 控件的添加

如果在 VB.NET 中，想打开 .swf 类型的 Flash 文件，可以使用 ShockWaveFlash 控件，利用该控件能方便地实现对动画播放的控制。

ShockWaveFlash 控件不是 VB.NET 的标准控件，使用它之前必须先把它加载到工具箱中。方法如下：

① 选择"工具"→"选择工具箱项"选项，打开如图 11-10 所示的"选择工具箱项"对话框。

② 在"选择工具箱项"对话框中选择"COM 组件"选项卡的"Shockwave Flash Object"控件，单击"确定"按钮，即可将 ShockwaveFlash 控件添加到工具箱中。ShockwaveFlash 控件在工具箱中的图标为 。

2. ShockwaveFlash 控件的常用属性

（1）Movie 属性：设置要播放的动画文件的路径及文件名。

（2）Playing 属性：控制是否播放 Flash 动画文件，属性值为 True 时，表示播放；属性值为 False 时，表示停止播放。

（3）ScaleMode 属性：设置显示模式。属性值为 0，表示全部显示；属性值为 1，表示无边界;属性值为 2,表示自动适应控件大小。

(4) Loop 属性:设置是否允许动画循环播放。属性值为 True 时,表示允许循环播放;属性值为 False 时,表示不允许循环播放。

(5) Quality 属性:设置播放分辨率。属性值为 0,表示低分辨率;属性值为 1,表示高分辨率;属性值为 2,表示自动降低分辨率;属性值为 3,表示自动升高分辨率。

3. ShockwaveFlash 控件的常用方法

(1) Play 方法:播放扩展名为.swf 的 Flash 动画文件。
(2) Stop 方法:将动画停止在当前播放的位置。
(3) Forward 方法:前进一帧,用于播放下一帧动画。
(4) Back 方法:后退一帧,用于播放上一帧动画。
(5) GotoFrame 方法:跳到动画的相应帧。

【例 11 - 10】 创建一个 Flash 播放器,设计界面如图 11 - 17 所示。程序运行时,单击"打开"按钮将会弹出"打开 Flash 动画文件"对话框,以便用户选择要播放的 Flash 动画文件,如图 11 - 18 所示。打开某个 Flash 文件后的运行界面如图 11 - 19 所示。单击"播放"按钮将播放 Flash 动画,如图 11 - 20 所示。单击"暂停"按钮将会暂停 Flash 动画文件的播放,同时"播放"按钮变为"继续"按钮,如图 11 - 21 所示。单击"停止"按钮将停止动画的播放,如图 11 - 22 所示。

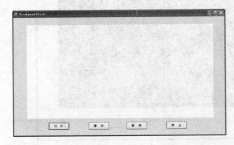
图 11 - 17 设计界面

图 11 - 18 单击"打开"按钮会弹出"打开 Flash 动画文件"对话框

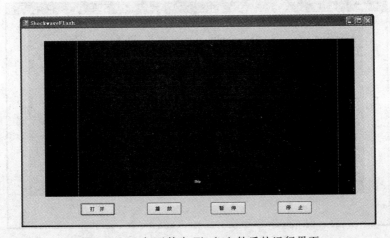
图 11 - 19 打开某个 Flash 文件后的运行界面

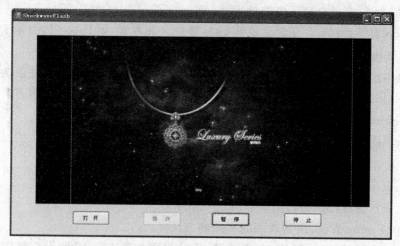

图 11-20　单击"播放"按钮后的运行界面

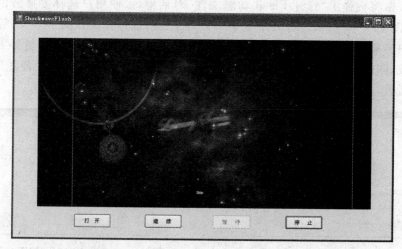

图 11-21　单击"暂停"按钮后的运行界面

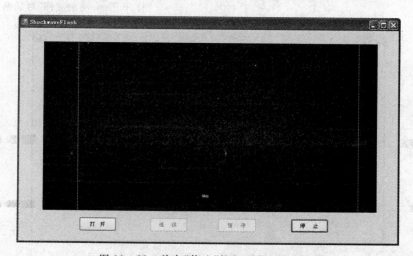

图 11-22　单击"停止"按钮后的运行界面

【实现方法】

使用 ShockwaveFlash 控件播放 Flash 动画,播放之前应把它的属性 Playing 设置为 True。播放动画可通过调用 ShockwaveFlash 控件的 Play 方法来实现,停止播放动画可通过调用 ShockwaveFlash 控件的 Stop 方法并使用 GotoFrame 方法设置动画回到第一帧(即动画的初始播放位置)来实现。

【界面设计】

本例窗体及控件对象的属性设置如表 11-3 所示。

表 11-3 窗体及控件对象的属性设置

对 象 名	属 性 名	属 性 值	说　　明
AxShockwaveFlash1			用来播放 Flash 文件
OpenFileDialog1			弹出如图 11-18 所示的"打开文件"对话框
open1	Text	"打开"	单击该按钮将出现"打开"对话框,让用户选择要播放的 Flash 文件
Play1	Text	"播放"	单击该按钮将播放 Flash 动画文件
Stop1	Text	"暂停"	单击该按钮将暂停动画文件的播放,"播放"按钮变为"继续"按钮
Stop2	Text	"停止"	单击该按钮将停止动画的播放,回到动画的第一帧。"播放"和"暂停"按钮都不可用

【程序代码】

```
Private Sub Form1_Load(ByVal sender As System.Object, ByVal e As System.EventArgs) Handles _
MyBase.Load
    OpenFileDialog1.Filter = "FLASH 文件|*.swf"        '设置打开对话框的过滤器
    OpenFileDialog1.InitialDirectory = Application.StartupPath
    '设置打开对话框的起始路径为该 VB 文件所在路径
    OpenFileDialog1.Title = "打开 Flash 动画文件"      '设置打开对话框的标题名称
End Sub

Private Sub open1_Click(ByVal sender As System.Object, ByVal e As System.EventArgs) Handles _
open1.Click
    If (OpenFileDialog1.ShowDialog() = DialogResult.OK) Then
    '弹出对话框让用户选择要播放的动画文件
        AxShockwaveFlash1.Stop()                       '防止动画自动播放
        AxShockwaveFlash1.Playing = False
        open1.Enabled = True : play1.Enabled = True : stop1.Enabled = True
        '设置 3 个按钮可用
        AxShockwaveFlash1.Movie = OpenFileDialog1.FileName
        '设置要播放的 Flash 动画文件
```

```vb
        play1.Text = "播放"
        AxShockwaveFlash1.GotoFrame(1)              '设置动画回到第一帧
    End If
End Sub


Private Sub play1_Click(ByVal sender As System.Object, ByVal e As System.EventArgs) Handles _
play1.Click
    AxShockwaveFlash1.Playing = True                '允许动画文件的播放
    AxShockwaveFlash1.Play()                        '播放动画
    play1.Enabled = False : stop1.Enabled = True
End Sub


Private Sub stop1_Click(ByVal sender As System.Object, ByVal e As System.EventArgs) Handles _
stop1.Click
    AxShockwaveFlash1.Playing = False               '不允许播放
    AxShockwaveFlash1.Stop()                        '停止播放
    play1.Enabled = True : stop1.Enabled = False : play1.Text = "继续" : stop1.Text = "暂
停"
End Sub


Private Sub stop2_Click(ByVal sender As System.Object, ByVal e As System.EventArgs) Handles _
stop2.Click
    AxShockwaveFlash1.Playing = False               '不允许播放
    AxShockwaveFlash1.Stop()                        '停止播放
    AxShockwaveFlash1.StopPlay()
    stop1.Enabled = False : play1.Enabled = False
    AxShockwaveFlash1.GotoFrame(1)                  '设置动画回到第一帧
End Sub
```

小 结

本章主要介绍了与绘图相关的对象和常用图形的绘制方法,以及如何在 VB.NET 中利用 GDI＋编写图形应用程序,同时也介绍了 VB.NET 中几个多媒体控件的使用方法。本章的主要内容如下：

- GDI＋与绘图命名空间。
- 利用 GDI＋绘制图形的方法步骤。
- 与绘图相关的对象以及常用图形的绘制方法。
- 多媒体的概念。
- Media Player 控件及其使用。
- ShockwaveFlash 控件及其使用。

练 习 题

选择题

1. GDI+函数位于（　　）命名空间中。
   A. System.Drawing　　　　　　　　B. System.Threading
   C. System.Exception　　　　　　　D. System.Graphics
2. 在 GDI+的所有类中，（　　）类是核心，在绘制任何图形之前，一定要先用该类创建一个对象。
   A. Graphics　　　　　　　　　　　B. Pen
   C. Brush　　　　　　　　　　　　 D. Font
3. System.Drawing.Imaging 类不能处理下列（　　）图像格式。
   A. JPEG　　　　　　　　　　　　　B. GIF
   C. TGA　　　　　　　　　　　　　 D. BMP
4. 要设置 Pen 对象绘制线条的宽度，应使用它的（　　）属性。
   A. Color　　　　　　　　　　　　 B. Width
   C. DashStyle　　　　　　　　　　 D. PenType
5. 在播放视频文件时，希望执行 Step 命令时，前进 10 帧，应把 MMControl 控件的（　　）属性值设置为 10。
   A. Frames　　　　　　　　　　　　B. From
   C. Positi　　　　　　　　　　　　D. To

填空题

1. 在 VB.NET 中，（　　）为设计图形应用程序提供工具。
2. 在 VB.NET 的图形编程中，最常用的命名空间是（　　）。
3. System.Drawing.Graphics 类实例化的方法是（　　）。
4. 调用（　　）方法可以人工清理 Graphics 对象。
5. 创建一个画线颜色为蓝色，像素宽度为 10 的画笔，画笔名为 MyPen，使用的语句是（　　）。
6. Brush 的派生类主要有：SolidBrush（单色画刷）、HatchBrush（阴影画刷）、LinearGradientBrush（颜色渐变画刷）、PathGradientBrush（使用路径及复杂的混合色渐变画刷）和（　　）（纹理画刷）。
7. 画多边形应使用 Graphics 对象的（　　）方法。

编程题

1. 在窗体中绘制一个圆的应用程序。
2. 创建一个应用程序，其功能是在窗体中绘制一个矩形，它的起始点为(150,80)，宽为 200，高为 130。
3. 编写一个程序来绘制立体饼图。

第 12 章 简单数据库编程

VB.NET 获得成功的原因除了它简单易学,还有一个重要的原因就是它对数据库编程的支持,这使得用 VB.NET 很容易就能实现很多数据库应用程序的开发。从 VB3.0 开始就已经增加了从关系数据库中提取数据的内置功能。目前,使用 VB.NET 编写的应用系统都可访问多种关系数据库,最常见的有 SQL Server 和 Oracle 等。本章主要介绍数据库的基本概念、SQL 语句的基本使用方法、ADO.NET 对象及其编程方法等等。

12.1 数据库技术简介

12.1.1 数据库的基本概念

世界各国都在加快本国的信息化建设,为的是能够节约并充分利用资源、提高各行各业的工作效率。而衡量一个国家信息化的水平,往往要看这个国家数据库的建设规模、数据库中信息量的大小以及数据库的使用程度。

我国从 20 世纪 70 年代开始引进数据库技术,经过近 40 年的发展,取得了很大的进步,但和发达国家相比还有着一定的差距。我国一直非常重视信息化的建设,这些年还特别提出了利用信息技术改造传统产业的方式来提高传统产业竞争力,尤其是要重点改造那些老工业基地,以期达到重振传统制造业的目的。

数据库是结构化的相关数据集合,数据库技术就是研究数据管理的一门技术。抛开数据库所处的软、硬件环境,数据库系统是由 DBMS(数据库管理系统)和数据文件共同组成的。数据库中的数据管理也是以文件管理方式为基础的。

数据库技术涉及许多基本概念,主要包括数据、数据处理、数据库、数据库管理系统以及数据库系统等。

1. 数据

数据是存储在某一种媒体上能够识别的物理符号。

2. 数据处理

数据处理是对各种形式的数据进行收集、存储、加工和传播的一系列活动的总和。

3. 数据库

数据库是长期在计算机内，有组织的、可共享的数据集合。它不仅包括数据本身，而且包括相关数据之间的联系。数据库技术主要研究如何存储、使用和管理数据。这种集合具有以下特点：

- 最小的冗余度。
- 应用程序对数据资源共享。
- 数据独立性高。
- 统一管理和控制。

4. 数据库管理系统（Data Base Management System DBMS）

数据库管理系统是位于用户与操作系统之间的，用于管理数据的计算机软件。它的职能是有效地组织和存储数据、获取和管理数据、接受和完成用户提出的访问数据的各种请求。

5. 数据库系统

数据库系统是指拥有数据库技术支持的计算机系统。

与文件系统比较，数据库系统具有以下特点：

(1) 数据的结构化

在文件系统中，数据在整体上是没有结构的；数据库系统则不同，在同一数据库中的数据文件是有联系的，且在整体上服从一定的结构形式。

(2) 数据共享

共享是数据库系统的目的，也是它的重要特点。一个库中的数据不仅可为同一企业或机构之内的各个部门所共享，也可为不同单位、地域甚至不同国家的用户所共享。而在文件系统中，数据一般是由特定的用户所专用的。

(3) 数据独立性

在文件系统中，数据和应用程序相互依赖，一方的改变总要影响另一方的改变。数据库系统则力求减小这种相互依赖，实现数据的独立性。

(4) 可控冗余度

数据专用时，每个用户拥有并使用自己的数据，难免有许多数据相互重复，这就是冗余。实现共享后，不必要的重复将全部消除，但为了提高查询效率，有时也保留少量重复数据，其冗余度是可调节的。

现在比较流行的大中型关系型数据库主要有 IBM DB2、Oracle、SQL Server、SyBase 等，常用的小型数据库有 Access、Pradox、Foxpro 等。

12.1.2 数据管理技术的发展

数据处理中最重要的问题就是数据管理，包括如何对数据分类、组织、编码、存储、检索和维护。随着计算机软、硬件的不断升级，数据管理技术的发展经历了以下 3 个阶段：

- 人工管理阶段（20世纪50年代中期之前），数据完全由人工管理。
- 文件系统阶段（20世纪50年代中期到60年代中期），利用文件系统对数据进行管理。
- 数据库系统阶段（20世纪60年代后期以来），利用数据库管理系统对数据进行管理。

这3个发展阶段的对比如表12-1所示。

表12-1 数据管理技术3个发展阶段的对比

		人工管理阶段	文件系统阶段	数据库系统阶段
背景	应用背景	科学计算	科学计算、管理	大规模管理
	硬件背景	无直接存取存储设备	磁盘、磁鼓	大容量磁备盘
	软件背景	没有操作系统	有文件系统	有数据库管理系统
	处理方式	批处理	联机实时处理、批处理	联机实时处理、分布处理、批处理
特点	数据的管理者	用户（程序员）	文件系统	数据库管理系统
	数据面向的对象	某一应用程序	某一应用	现实世界
	数据的共享程度	无共享，冗余度极大	共享性差，冗余度大	共享性高，冗余度小
	数据的独立性	不独立，完全依赖于程序	独立性差	具有高度的物理独立性和一定的逻辑独立性
	数据的结构化	无结构	记录内有结构，整体无结构	整体结构化，用数据模型描述
	数据控制能力	应用程序自己控制	应用程序自己控制	由数据库管理系统提供数据安全性、完整性、并发控制和恢复能力

12.1.3 数据库系统的组成

数据库系统是实现有组织地、动态地存储大量关联数据，方便用户访问计算机软、硬件资源所组成的具有管理数据库功能的计算机系统。

狭义上，数据库系统由数据库（DB）、数据库管理员（DBA）、数据库管理系统（DBMS）组成。

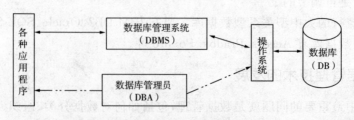

图12-1 数据库系统的组成

12.2　ADO.NET 简介

ADO.NET 是微软新一代 .NET 数据库的访问架构,ADO 是 ActiveX Data Objects 的缩写。ADO.NET 是数据库应用程序和数据源之间沟通的桥梁,主要提供一个面向对象的数据访问架构,用来开发数据库应用程序。

ADO.NET 允许和不同类型的数据源以及数据库进行交互。然而并没有与此相关的一系列类来完成这样的工作,因为不同的数据源采用不同的协议,所以对于不同的数据源必须采用相应的协议。一些老式的数据源使用 ODBC 协议,许多新的数据源使用 OLEDB 协议,现在还在不断出现更多的数据源,这些数据源都可以通过 NET 的 ADO.NET 类库来进行连接。

ADO.NET 通过数据处理将数据访问分解为多个可以单独使用或一前一后使用的不连续组件。ADO.NET 包含用于连接到数据库、执行命令和检索结果的 .NET Framework 数据提供程序。用户可以直接处理检索到的结果,或将其放入 ADO.NET DataSet 对象,以便与来自多个源的数据或在层之间进行远程处理的数据组合在一起,以特殊方式向用户公开。ADO.NET DataSet 对象也可以独立于 .NET Framework 数据提供程序使用,以管理应用程序本地的数据或源自 XML 的数据。

12.3　SQL 语言

12.3.1　数据查询

数据查询的语法格式如下:

SELECT [TOP n] 〈字段列表〉 [列名 as〈别名〉][INTO〈新表〉] FROM 〈表名〉
[WHERE〈筛选条件〉] [GROUP BY〈分组表达式〉]
[HAVING 〈搜索表达式〉][ORDER BY〈排序表达式〉[ASC | DESC]]

说明:

(1) TOP n,其中 n 为一个常数,表示选取表中前 n 条记录。

(2) 字段列表,用来指示所要的查询结果(要显示哪些列)。查询多个列时,列名之间用逗号分隔,如果要查询数据表中的所有字段,可用"*"(星号)代替列名。

(3) as 子句,用来将表中的字段名改为"别名"指示的内容,并在查询结果中显示出来。

(4) INTO 子句,此子句用来指示查询结果的存储位置。

(5) FROM 子句,用来指示从哪查找数据,即数据源是谁。

(6) WHERE 子句,用来指示查询筛选条件。如果没有 WHERE 子句,则查询后返回所有行的数据项。

(7) GROUP BY 子句,用来指示进行分组查询。

(8) HAVING 子句,用来指示在分组查询时,对分组的筛选条件。

(9) ORDER BY 子句,用来指示对查询结果进行的排序方案。

【例 12-1】 要求从学生信息表(表名为 StudentInfo)中查询所有数据项,并显示所有字段。

【程序代码】

```
SELECT * FROM StudentInfo
```

【例 12-2】 要求从学生信息表(表名为 StudentInfo)中查询学生的"学号"、"姓名"和"住址"三列(列名依次为 stuNo、stuName、stuAddress)中的数据。

【程序代码】

```
SELECT stuNo, stuName, stuAddress FROM StudentInfo
```

【例 12-3】 要求从学生信息表(表名为 StudentInfo)中查询年龄(列名为 stuAge)等于 20 岁的所有学生的"学号"、"姓名"和"住址"三列中的数据。

【程序代码】

```
SELECT stuNo, stuName, stuAddress
FROM StudentInfo
WHERE stuAge = 20
```

【例 12-4】 要求从学生信息表(表名为 StudentInfo)中查询学生的"学号"、"姓名"和"住址"三列(列名依次为 stuNo、stuName、stuAddress)中的数据。并且把学生的 stuNo、stuName 和 stuAddress 三列列名分别改为"学号"、"学生姓名"和"学生住址"。

【程序代码】

```
SELECE
stuNo AS 学号, stuName AS 学生姓名, stuAddress AS 学生住址
FROM StudentInfo
```

【例 12-5】 要求从学生成绩表(表名为 StudentMarks)中查询所有数据,并按 mathExam 降序排列。

【程序代码】

```
SELECT *
FROM StudentMarks
ORDER BY mathExam DESC
```

【例 12-6】 要求从学生成绩表(表名为 StudentMarks)中把所有数学成绩(列名为 mathExam)在 80 分以上(包含 80 分)的学生全都查询出来,再对 80 分以上的成绩由低到高进行排列。

【程序代码】

```
SELECT *
FROM StudentMarks
WHERE mathExam >= 80
ORDER BY mathExam
```

【例 12-7】 要求显示学生成绩表(表名为 StudentMarks)中前 10 行数据的所有字段。

【程序代码】

```
SELECT TOP 10 *
FROM StudentMarks
```

【例 12-8】 在学生成绩表(表名为 StudentMarks)中查询数学成绩前 15 名的记录。

【程序代码】

```
SELECT TOP 15 *
FROM StudentMarks
ORDER BY mathExam DESC
```

【例 12-9】 从学生信息表(表名为 StudentInfo)中查询所有姓"张"的学生信息,并显示所有字段。

【程序代码】

```
SELECT * FROM StudentInfo
where stuName like"张%"
```

说明:在对字符数据进行查找时,可以使用操作符 like,同时还可以使用"_"或"%"来描述希望找到的字符数据的模式。"_"表示通配一个字符(或汉字),"%"表示通配任意字符子串。like 定义的格式为

〈属性名〉[NOT] like〈字符串常量〉

其中,〈属性名〉的数据类型必须为字符型。

【例 12-10】 在学生成绩表(表名为 StudentMarks)中查询外语成绩是 85 分或 95 分或 100 分的学生学号(stuNo)和其对应的外语成绩(langExam),并且把查询结果按学号升序排序。

【程序代码】

```
SELECT stuNo as 学号,langExam as 外语成绩
FROM StudentMarks
WHERE langExam IN(85,95,100)
ORDER BY stuNo
```

说明:利用 IN 操作可以查询属性值属于指定集合的那些记录(同理 NOT IN 表示不属于指定集合的记录集合)

【例 12-11】 统计学生信息表(表名为 StudentInfo)中不同地区(如家住"辽宁鞍山")的学生的人数。

【程序代码】

```
SELECT stuAddress, COUNT(*) AS 各地区学生人数
FROM StudentInfo
GROUP BY stuAddress
```

说明:若在对表进行查询时,希望得到某种统计结果,可以使用如下的函数。

AVG(),计算某一列值的平均值。

SUM(),计算某一列值的总和(必须为整数)。

COUNT(),统计某一列中值的个数。

COUNT*(),统计元组的个数。

MAX(),求最大值。

MIN(),求最小值。

【例12-12】 统计学生信息表(表名为StudentInfo)中不同地区(如家住"辽宁鞍山")的学生的人数,显示人数在5人以上的地区。

【程序代码】

```
SELECT stuAddress, COUNT( * ) AS 各地区学生人数
FROM StudentInfo
GROUP BY stuAddress
HAVING COUNT( * )>=5
```

12.3.2 插入记录

插入记录的语法格式如下:

INSERT[INTO]〈表名〉[列名] VALUES〈值列表〉

说明:

(1)INTO 是可选项,可以省略。

(2)"表名"是必选项;"列名"是可选项,如果省略将按照表定义时的列顺序依次插入。

(3)多个列名和多个值列表之间用逗号分隔。

(4)INSERT 语句不能为标识列指定值,因为它的数字是自动增长的。例如,学生的"学号"一列在定义表时设置为标识列,则使用INSERT语句时,该列的值禁止插入。

(5)每次必须插入一整行数据,不可能只插入半行或者几列数据。例如,在学生的信息表中,不能只插入学生姓名字段的值,而其他列不插入任何值。

(6)如果在设计表的时候指定某列不允许为空,则该列必须插入数据(即不能为它插入 NULL 值),否则将报告错误信息。

(7)插入的数据值,要求符合检查约束的要求,否则插入时产生冲突。例如,"数学成绩"应该为0~100分,不能插入一个"109"的分数。

【例12-13】 向学生信息表中插入一行新的数据,其各字段的值依次为学号"s07089"、姓名"刘明玉"、年龄"25"、家庭住址"武汉江岸区"、联系电话"027-12345678"。

【程序代码】

```
INSERT INTO
StudentInfo(stuNo,stuName,stuAge,stuAddress,stuPhone)
```

VALUES('s07089','刘明玉',25,'武汉江岸区','027-12345678')

需要注意的是,因为这里在插入数据时完全是按照定义表时的字段顺序插入的,所以可以将"列名"省略,代码如下:

```
INSERT INTO StudentInfo
VALUES('s07089','刘明玉',25,'武汉江岸区','027-12345678')
```

【例12-14】 向学生信息表中插入一行新的数据,其各字段的值依次为学号"s07099"、姓名"李昊"、年龄"27"、家庭住址为定义表时设计的缺省值"辽宁省鞍山市"、联系电话"0142-1289457"。

【程序代码】

```
INSERT INTO
StudentInfo(stuNo,stuName,stuAge,stuAddress,stuPhone)
VALUES('s07099','李昊',27, default, '0142-1289457')
```

12.3.3 修改记录

修改记录的语法格式如下:

UPDATE〈表名〉SET〈列名 = 更新值〉[WHERE〈更新条件〉]

说明:

(1)SET 后面可以紧随多个数据列的更新值。

(2)WHERE 子句是可选的,用来限制条件。如果不限制,则对整个表的所有数据行更新;如果有条件限制,执行 UPDATE 语句后可能更新了一行数据,也可能更新了多行数据,也可能没有更新任何数据。

【例12-15】 要求把学生信息表(表名为 StudentInfo)中所有学生的年龄都增加1岁。

【程序代码】

```
UPDATE StudentInfo
SET stuAge = stuAge + 1
```

【例12-16】 在学生成绩表(表名为 StudentMarks)中把所有不高于90分的数学成绩都在原来的基础上加2分。

【程序代码】

```
UPDATE StudentMarks
SET mathExam = mathExam + 2
WHERE mathExam < 90
```

12.3.4 删除记录

删除记录的语法格式如下:

DELETE FROM〈表名〉[WHERE〈删除条件〉]

说明：

（1）执行 DELETE 命令只能删除整行记录，不会只删除单个字段。

（2）WHERE 子句是可选的，用来限制条件，如果不限制，将删除所有行。

【例 12-17】 要求删除学生信息表（表名为 StudentInfo）中姓名为"李鹏"的学生信息。

【程序代码】

```
DELETE FROM StudentInfo
WHERE stuName = '李鹏'
```

【例 12-18】 要求删除学生信息表（表名为 StudentInfo）中所有学生信息。

【程序代码】

```
DELETE FROM StudentInfo
```

或

```
DELETE * FROM StudentInfo
```

12.4 ADO.NET 对象及其使用

ADO.NET 是一组用于和数据源进行交互的面向对象类库。通常情况下，数据源是数据库，也可以是文本文件、Excel 表格或者 XML 文件。ADO.NET 的主要类对象有 Connection、Command、DataReader、DataAdapter 和 DataSet。

12.4.1 Connection 对象及其使用

Connection 对象提供与数据源的连接、执行查询和建立事务处理。和数据库交互，必须与数据库建立连接。Connection 指明数据库服务器、数据库名字、用户名、密码和连接数据库所需要的其他参数。Connection 对象会被 Command 对象使用，这样就能够知道是在哪个数据源上面执行命令。

在建立连接之前，必须指定使用哪一个 OLEDB 供应者。如果 Provider 属性设为空串，那么连接采用缺省的 OLEDB 供应者——ODBC 供应者。也可以设置 Connection 对象的 ConnectionString 属性来间接设置 Provider 属性。如按下面语句设置 ConnectionString 属性后，OLEDB 供应者将会是 Microsoft OLEDB Provider FOR SQL Server：

```
Cn.ConnectionString = " Provider = SQLOLEDB.1 ; Persist Security Info = False;_
User ID = stu;Initial Catalog = pubs;Data Source = dbm"
```

而如果按照下面的语句设置，OLEDB 供应者将会是缺省的 ODBC Provider：

```
Cn.ConnectionString = "driver = {SQL Server};"&"server = dbmaster;uid = sa;pwd = pwd"
```

当设置好了 ConnectionString 属性以后，用 Connection 对象的 Open 方法来与数据库建立连接。例如，下面的代码用 ODBC 供应者与 SQL Server 数据库建立一个连接：

```
Dim    con1 as ADODB.Connection = New ADODB.Connection
Str = "driver = {SQL Server};server = dbmaster; "&"uid = sa;pwd = pwd;database = pubs"
Conn1.Open str
```

12.4.2　Command 对象及其使用

成功与数据建立连接后,就可以用 Command 对象来执行查询、修改、插入、删除等命令;Command 对象常用的方法有 ExecuteReader()方法、ExecuteScalar()方法和 ExecuteNonQuery()方法;插入数据可用 ExecuteNonQuery()方法来执行插入命令。

用 Command 对象执行一个查询子串,可以返回一个记录集,也可以返回多个记录集,甚至可以不返回记录集。对象的 CommandText 属性中包含了要执行的查询字串。一个查询可以是一个标准的 SQL 数据操作语言,如 SELECT、DELETE、UPDATE 等;也可以是任何数据定义语言,如 CREATE、DROP 等;还可以是一个存储过程或是个表。CommandText 中是哪一种查询字串,由对象的 CommandType 属性来决定。CommandType 属性有 4 种不同的值:adCmdText、adCmdTable、adCmdStoreProc 和 adCmdUnknown。前 3 个分别代表查询字串是一个 SQL 语句、查询字串是一个表名、查询字串是一个存储过程的名字。如果 CommandType 属性被设置为"adCmdUnknown",Command 对象必须执行一些额外的步骤来决定查询字串的类型,这样会降低系统的性能。

12.4.3　DataReader 对象及其使用

许多数据操作只是要求读取一串数据。DataReader 对象允许用户获得从 Command 对象的 SELECT 语句得到的结果,从 DataReader 返回的数据都是快速的且只是"向前"的数据流。这意味着用户只能按照一定的顺序从数据流中取出数据。这对于速度来说是有好处的,但是如果需要操作数据,更好的办法是使用 DataSet 对象。

12.4.4　DataAdapter 对象及其使用

某些时候使用的数据主要是只读的,并且很少需要改变其数据源的内容。同样一些情况要求在内存中缓存数据,以此来减少并不改变的数据被数据库调用的次数。DataAdapter 通过断开模型可以方便地完成对以上情况的处理。当在某一次对数据库的读写操作后需要改变数据库多项内容的时候,DataAdapter 填充 DataSet 对象。DataAadapter 包含对连接对象以及当对数据库进行读取或者写入的时候自动地打开或者关闭连接的引用。另外,DataAdapter 包含对数据的 SELECT、INSERT、UPDATE 和 DELETE 操作的 Command 对象引用。用户将为 DataSet 中的每一个 Table 都定义 DataAadapter,它将为用户操作所有与数据库的连接。所有用户需要做的工作是告诉 DataAdapter 什么时候装载或者写入到数据库。

```
Dim | public |… 适配器变量名     As SqlDataAdapter
```

或

```
Dim | public |… 适配器变量名     As OleDbDataAdapter
```

例如，定义一个数据集和一个数据适配器的代码如下：

```
Dim dbase1 As New DataSet()
Dim dc As SqlDataAdapter
```

数据适配器的实例化方法如下：

调用 DataAdapter 构造函数来创建 DataAdapter 的实例，其参数为一个 SQL 语句和一个定义好的连接或连接串。

格式：

适配器变量名 = New sqlDataAdapter(sql 语句串,连接或连接字符串)

功能：数据适配器的实例化。

例如：

```
Dim str1 As String = "SELECT * FORM 学生成绩表"
Dim Stu As New SqlConnection(" uid = sa ; pwd = ; database = 学生档案库; server = .")
Stu.open()
Dimmine As New SqlDataAdapter( str1, Stu )
```

又如：

```
Dim sstr As String = "SELECT * FROM 学生成绩表"
Dim aAdap As SqlDataAdapter
aAdap = New SqlDataAdapter(sstr,"uid = sa ; pwd = ; database = 学生档案库; server = ."
```

可见，在使用数据适配器前，必须以合适的 SQL 语句和数据库连接或连接字符串作为参数进行实例化，方法是使用类的构造函数 New。

12.4.5 DataSet 对象及其使用

DataSet 对象是数据在内存中的表示形式。它包括多个 DataTable 对象，而 DataTable 包含列和行，就像一个普通的数据库中的表。用户甚至能够定义表之间的关系来创建主从关系(parent-child relationships)。DataSet 是在特定的场景下使用，帮助管理内存中的数据并支持对数据的断开操作的。DataSet 是被所有 Data Providers 使用的对象，因此它并不像 Data Provider 一样需要特别的前缀。

格式：

Dim | Public |…数据集变量名 As DataSet

或

Dim | Public |…数据集变量名 As New DataSet()

功能：数据集 DataSet 的定义。

例如：

```
Dim a As DataSet
Public b As New DataSet()
```

12.5 利用 ADO.NET 控件编写数据库应用程序

12.5.1 使用 DataSet 的方法

DataSet 是数据的一个非连接的、驻留在内存中的用于缓存数据的对象。定义好数据集后，就是如何使用这个数据集，通过使用 DataSet，用户能真正体会到 ADO.NET 采用数据集来处理数据问题的优势。

1. 通过 DataAdapter 用已经存在的数据表填充 DataSet

这个方法是数据库开发中最常用的一种。它的前提条件是数据库已经存在，数据库中要使用的表也已经存在。具体做法为：使用数据适配器的填充方法，将 SELECT 语句所选中的记录放到定义好的数据集中。

格式：

适配器变量名.Fill(数据集变量名,填入数据集后的表名)

例如：

```
Dim base1 As New DataSet()
Dim myAd As New SqlDataAdapter(" SELECT * FROM passwd ", mycon )
myAd.Fill( base1,"新密码表")
```

最后一条语句的含意：用数据适配器的 Fill 方法，将数据适配器变量 myAd 中的 SQL 语句"SELECT * FROM passwd"所返回的结果集填充到数据集变量 base1 中，成为 base1 中的一个数据表，并为此数据表起一个新名称"新密码表"。

【例 12-19】 建立一个新项目，将它命名为 myset，在它的窗口上放置一个数据网格 DataGrid 控件和一个命令按钮 Button 控件，两个控件的名称都取默认名称，分别为 DataGrid1 和 Button1。将控件调整至合适的大小和位置。

【程序代码】

```
Dim constr As String = "uid = sa ; pwd = ; database = 人事库;server = fb "
Dim Adap As New SqlDataAdaper( "SELECT * FROM 员工表", constr)
Dim Dataset1 As New DataSet()
Adap.Fill( Dataset1,"员工表")
DataGrid1.DataSource = Dataset1.Tables("员工表")
```

说明：

第一条语句定义了连接字符串。

第二条语句定义并实例化一个数据适配器，所用的参数是一个 SQL 语句和一个连接字符串。

> **注意：**
> 这里并没有使用连接 Connection，而是直接使用了连接字符串 constr。

第三条语句定义了一个数据集 Dataset1,并将其实例化。

第四条语句用数据适配器的填充方法 Fill 将数据适配器的 SQL 语句所返回的数据填充到数据集中,并将其命名为"员工表"。

第五条语句将窗口上的数据网格 DataGrid1 的数据源属性绑定为数据集 Dataset1 中的表集合 Tables 中的"员工表"。

2. 在 DataSet 中以编程方式创建并填充数据表

ADO.NET 能够创建表对象 DataTable 并将其添加到现有数据集 DataSet 中。可以使用要添加到 DataTable 的 Columns(列)集合中的 DataColumn 对象的 PrimaryKey(主键)和 Unique(唯一)属性来设置 DataTable 的约束信息。

下面的程序构造了一个数据集(DataSet),将一个新的数据表(DataTable)对象添加到该数据集(DataSet)中,然后将 3 个列(DataColumn)对象添加到该表中。最后,将一个列设置为主键。

```
Dim dbase As New DataSet()
Dim mytable As DataTable = dbase.Tables.Add("学生成绩表")
Dim mycol As New DataColumn()
mycol.DataType = System.Type.GetType("System.Int32")
mycol.ColumnName = "ID"
mytable.Columns.Add( mycol )
mytable.Columns.Add("姓名", Type.GetType(" System.String "))
mytable.Columns.Add("说明", Type.GetType(" System.String "))
mytable.PrimaryKey = New DataColumn() {mycol}
DataGrid1.DataSource = dbase.Tables("学生成绩表")
```

在 ADO.NET 的对象集合中有一个表对象 DataTable,它是一个类。当编程中需要使用一个表时,就可以定义一个表对象类的变量,而在表对象中又有一个列对象 DataColumn。当为表定义字段时,就可以定义一个列对象类的变量进行操作。

以上程序代码的说明如下:

第一条语句定义了一个数据集变量 dbase 并对其实例化。

第二条语句定义了一个表对象类变量 mytable,并被赋值为加入到数据集 dbase 中的一个表,表名为"学生成绩表"。其中 Tables 是 dbase 中的表集合,而 Add 是表集合中的加入表的方法。其最终效果是:在本地机内存中有一个名称为 dbase 的数据集,在此数据集中加入了一个名称为"学生成绩表"的新表,将此表与定义好的表对象 mytable 对等,这样就可以定义和操作这个表。

第三条语句定义了一个列对象 DataColumn 类的变量 mycol。

第四条语句说明这个列的数据类型为 System.Int32。

第五条语句说明这个列的名称为 ID。

第六条语句将定义好的列 mycol 加入到表 mytable 中。

第七条语句为所定义的表添加一个名为"姓名",数据类型为 System.String 的新列。

第八条语句为所定义的表再加一个名为"说明",数据类型为 System.String 的新列。

第九条语句设定表的主键为 mycol。

第十条语句将表与一个数据网格 DataGrid 绑定。

> **注意：**
> 此时该表一条记录也没有。

12.5.2 数据绑定控件

1. 数据绑定的概念

数据绑定就是将控件和数据源捆绑在一起，然后通过控件来显示或修改数据。在实际应用中多数是将其显示属性与数据源绑定在一起。

在 VB.NET 中，许多控件不仅可以绑定到传统的数据源，还可以绑定到几乎所有包含数据的结构。使用最多的是把控件的显示属性（如 Text 属性）与数据源绑定在一起，也可以把控件的所有其他属性与数据源进行绑定，从而可以通过绑定的数据设置控件的属性。

数据绑定有两种类型：简单数据绑定和复杂数据绑定。

① 简单数据绑定通常是将控件绑定到数据表的某一字段上，支持简单绑定的控件主要有 TextBox 控件、Label 控件、CheckBox 控件、RadioButton 控件等，这些控件只显示单个值。

② 复杂数据绑定指将一个控件绑定到多个数据元素上，通常是绑定到数据库中的多条记录。支持复杂绑定的控件有 DataGrid 控件、ListBox 控件、ComboBox 控件、CheckedListBox 控件等。这类控件通常能显示多条记录或是多个字段的值。

2. 简单数据绑定的实现

（1）在设计时使用简单数据绑定

【例 12-20】 编写一个 Windows 应用程序，用文本框实现数据的简单绑定。要求显示"人事库"中第一条记录的"编号"、"姓名"、"性别"、"年龄"4 个字段的内容。

【操作步骤】

① 选择"文件"→"新建项目"选项，弹出"新建项目"对话框。在该对话框的"项目类型"中选择"Visual Basic"下的"Windows"，在"模板"选项中选择"Windows 窗体应用程序"，名称为"12—在设计时使用简单数据绑定"。

② 在 VS 窗口右侧，选择"数据源"面板（图 12-2 所示），单击"添加数据源"超级链接，弹出如图 12-3 所示的"数据源配置向导"对话框。

③ 选中数据源类型为"数据库"，然后单击"下一步"按钮，弹出如图 12-4 所示的"添加连接"对话框。

④ 在弹出的对话框中选择数据库类型和数据库文件名，然后单击"确定"按钮，弹出如图 12-5 所示的对话框。

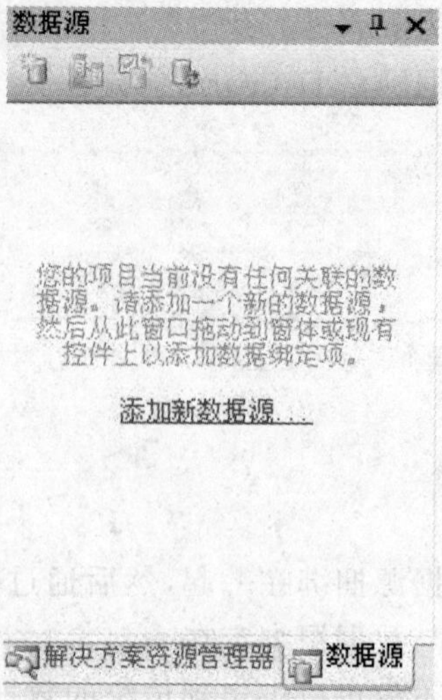

图 12-2 "数据源"面板

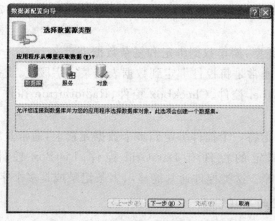

图 12-3 "数据源配置向导"对话框

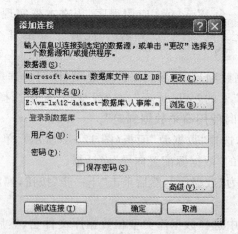

图 12-4 "添加连接"对话框

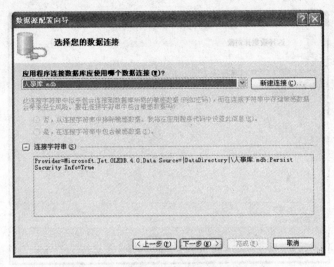

图 12-5　显示数据库名和连接字符串

⑤ 单击"下一步"按钮,弹出如图 12-6 所示的对话框,单击"是"按钮,确认复制文件。在如图 12-7 所示的对话框中设置"连接字符串"名称。

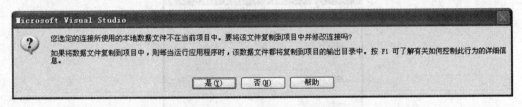

图 12-6　确认复制文件对话框

⑥ 单击"下一步"按钮,在如图 12-8 所示的对话框中,选择数据库对象(如选择"表"对象)。单击"完成"按钮,完成数据源的添加。

⑦ 设置的程序设计界面如图 12-9 所示。

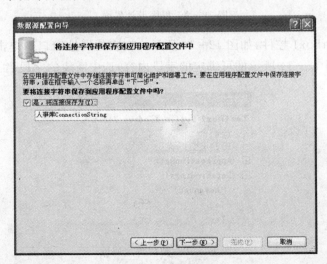

图 12-7　设置连接字符串

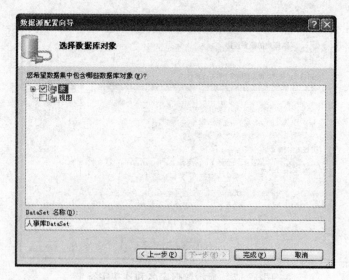

图 12-8 选择数据库对象

图 12-9 程序设计界面

⑧ 选中 TextBox1 控件,如图 12-10 所示。在它的属性窗口中单击 Text 属性的下拉箭头,弹出如图 12-11 所示的可绑定的字段内容,选中需要的字段名。

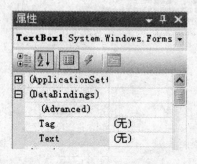

图 12-10 数据绑定属性

图 12-11 选择需要绑定的字段名

⑨ 按照相同的方法,设置其他 3 个文本框的绑定数据,运行后的界面如图 12-12 所示。最后保存项目文件。

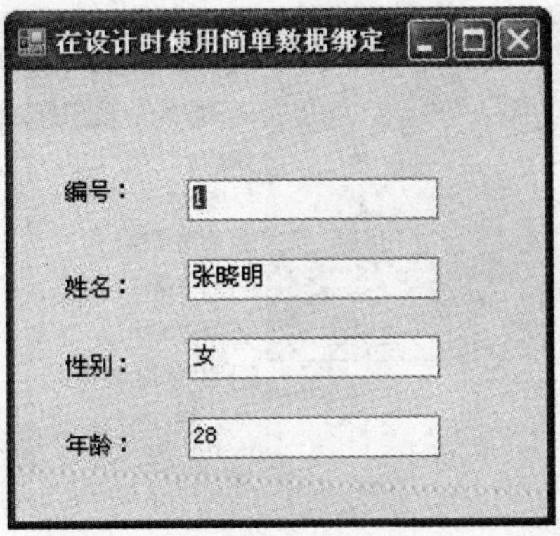

图 12-12 程序运行界面

运行程序后可以发现 TextBox1 中显示出了人事库的第一条记录的"编号"、"姓名"、"性别"、"年龄"4 个字段的内容。

(2)在编程时使用简单数据绑定

简单数据绑定也可以在程序设计时通过编程的方法来实现,主要应用其 DataBindings 属性来实现。

格式:

控件名.DataBindings.Add("属性名",数据集名,"字段名")

功能:将控件名指定的控件由"属性名"指定的属性和某个字段绑定在一起。如上例的绑定可由如下语句实现:

TextBox1.DataBindings.Add("Text", DataSet11, "人事库.姓名")

其他控件的用法基本相同,请参阅相关书籍。

3. 复杂数据绑定的实现

复杂绑定的控件有 DataGridView、ListBox、ComboBox 等，控件本身的结构较为复杂，可以显示多条记录，甚至是多个字段的数据。

(1) 在设计时使用复杂数据绑定

在设计时通过设置控件的 DataSource 属性、DataMember 或 DisplayMember 进行绑定。

下面以 DataGridView 为例说明其设置方法。

【例 12-21】 编写一个 Windows 应用程序，用 DataGridView 实现数据的复杂绑定。要求显示"人事库"中所有记录内容。

【操作步骤】

① 选择"文件"→"新建项目"选项，弹出"新建项目"对话框。在该对话框的"项目类型"中选择"Visual Basic"下的"Windows"，在"模板"选项中选择"Windows 窗体应用程序"，名称为"12-复杂数据绑定"。

② 在窗口中插入一个 DataGridview 控件，弹出如图 12-13 所示的对话框。在该对话框中单击"选择数据源"右侧的下拉箭头会弹出如 12-14 所示的"添加项目数据源"提示。

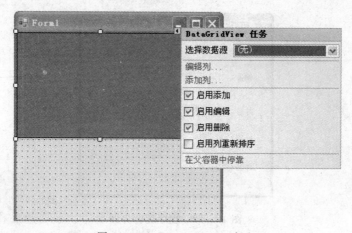

图 12-13　DataGridView 任务

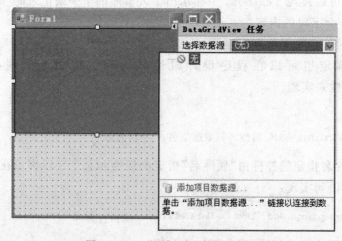

图 12-14　"添加项目数据源"提示

③ 单击"添加项目数据源"超级链接,弹出如图12-3所示的"数据源配置向导"对话框,下面的操作方法与例12-20的③～⑥相同。可以看到在DataGridView1控件的DataSource属性值变成"员工表BindingSource"(上面设置的数据源"人事库"中的表文件名为"员工表")。

④ 运行项目文件,结果如图12-15所示。可以在窗口中看到"员工表"中的所有员工的数据内容。

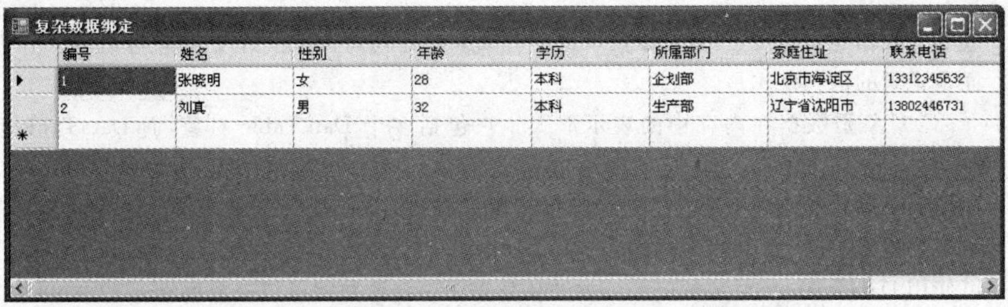

图12-15 程序运行结果

(2)在编程时使用复杂数据绑定
复杂数据的绑定可用下面的语句实现:

DataGrid1.DataSource = DataSet11.Tables("员工表")

小 结

本章主要介绍了数据库的一些基本概念,如数据、数据处理、数据库、数据库管理系统以及数据库系统等。同时还介绍了常用的SQL语句的基本语法、ADO.NET对象及其编程方法等等,并通过具体的实例介绍其使用方法。本章的主要内容如下:

- 数据库的一些基本概念。
- SQL语句的语法及使用方法。
- ADO.NET的简单介绍。
- ADO.NET对象及其编程。
- 利用ADO.NET控件编写数据库应用程序。

练 习 题

选择题

1. XML的文件是( )格式。
   A. 数据库表　　　　B. 文本　　　　C. 视频　　　　D. 图像
2. 在ADO中,负责与数据源连接的对象是( )。
   A. Connection　　　B. Command　　　C. Dataset　　　D. Recordset
3. 要在一个数据库表中添加一条记录应使用( )语句。
   A. UPDATE　　　　B. DELETE　　　C. SELECT　　　D. INSERT

4. 在创建一个数据库表时使用SQL( )语句。
   A. CREATE DATA   B. CREATE TABLE
   C. CREATE DATABASE   D. CREATE VIEW
5. 可使用( )对象来对数据源执行查询、插入、删除、更新等各种操作。操作实现的方式可以是使用 SQL 语句,也可以是使用存储过程。
   A. Connection   B. DataReader   C. Command   D. DataAdapter

填空题

1. 成功与数据建立连接后,就可以用( )对象来执行查询、修改、插入、删除等命令。
2. 插入记录的语句格式是( )。
3. ( )对象是数据在内存中的表示形式。它包括多个 DataTable 对象,而 DataTable 包含列和行。
4. 支持简单绑定的控件主要有( )控件、Label 控件、CheckBox 控件、RadioButton 控件等只显示单个值的控件。
5. 可使用 DataAdapter 对象的( )方法从数据源中提取数据以填充数据集。

简答题

1. 简述数据库的概念及其特点。
2. 简述数据绑定的概念,并简单说明数据绑定的类型。

编程题

1. 在学生成绩表(表名为 StudentMarks)中把所有 60 分之下的语文成绩都在原来的基础上减去 5 分,写出对应的 SQL 语句。
2. 要求删除学生信息表(表名为 StudentInfo)中姓名为"张华"的学生信息,写出对应的 SQL 语句。
3. 在学生成绩表(表名为 StudentMarks)中查询数学成绩在 60 分至 100 分之间的学生姓名(stuName)和其对应的数学成绩(mathExam),并且把查询结果按学号降序排序,写出对应的 SQL 语句。

第 13 章
Web 应用程序开发

VB.NET 提供更直观、更方便的 Web 应用程序开发环境,不再支持前版的 IIS 应用或 DHTML 应用,而是通过直接编辑 ASP.NET 的方式开发 Web 应用程序。ASP.NET 可大幅简化 Web 应用程序的开发,提供更为丰富的界面。

13.1 Web 应用程序

13.1.1 Web 简介

1. 概念

Web 是 World Wide Web 的简称,中文称之为万维网,是用于发布、浏览、查询信息的网络信息服务系统,由许多遍布在不同地域内的 Web 服务器有机地组成。Web 表现为 3 种形式:超文本(Hypertext)、超媒体(Hypermedia)、超文本传输协议(HTTP)。

(1) 超文本(Hypertext)

超文本是一种全局性的信息结构,它将文档中的不同部分通过关键字建立链接,使信息得以用交互方式搜索。它是超级文本的简称。

(2) 超媒体(Hypermedia)

超媒体是超文本(Hypertext)和多媒体在信息浏览环境下的结合,它是超级媒体的简称。用户不仅能从一个文本跳到另一个文本,而且可以激活一段声音,显示一个图形,甚至可以播放一段动画。

Internet 采用超文本和超媒体的信息组织方式,将信息的链接扩展到整个 Internet 上。Web 是一种超文本信息系统,Web 的一个主要的概念就是超文本链接,它使得文本不再是固定的、线性的,而是可以从一个位置跳到另外的位置,可以从中获取更多的信息,可以转到别的主题上。想要了解某一个主题的内容只要在这个主题上点一下,就可以跳转到包含这一主题的文档上,正是这种多连接性故而称其为 Web。

(3) 超文本传输协议 (HTTP)

超文本传输协议 (Hyper-text Transfer Protocol, HTTP) 是超文本在互联网上的传输协议。

2. 特点

(1) Web 是图形化的和易于导航的

Web 非常流行的一个很重要的原因在于它具有在一页上同时显示色彩丰富的图形和文本的性能。在 Web 之前 Internet 上的信息只有文本形式。Web 可以提供将图形、音频、视频信息集合于一体的特性。同时，Web 是非常易于导航的，只需要从一个链接跳到另一个链接，就可以在各页面、各站点之间进行浏览了。

(2) Web 与平台无关

无论你的系统平台是什么，你都可以通过 Internet 访问 WWW。无论从 Windows 平台、UNIX 平台、Macintosh 平台还是其他的平台都可以访问 WWW。对 WWW 的访问是通过浏览器实现的，如 Netscape 的 Navigator、NCSA 的 Mosaic、Microsoft 的 Explorer 等。

(3) Web 是分布式的

大量的图形、音频和视频信息会占用很大的磁盘空间，我们甚至无法预知信息的多少。对于 Web 没有必要把所有信息都放在一起，信息可以放在不同的站点上，只需要在浏览器中指明这个站点就可以了，使并不一定在一个站点上的信息在逻辑上一体化，从用户来看这些信息是一体的。

(4) Web 是动态的

由于各 Web 站点的信息包含站点本身的信息，信息的提供者可以经常对站上的信息进行更新，如某个协议的发展状况、公司的广告等等。一般各信息站点都尽量保证信息的时间性，所以 Web 站点上的信息是动态的、经常更新的，这一点由信息的提供者保证。

(5) Web 是交互的

Web 的交互性首先表现在它的超链接上，用户的浏览顺序和所到站点完全由他自己决定，另外通过表单 (FORM) 的形式可以从服务器方获得动态的信息。用户通过填写 FORM 可以向服务器提交请求，服务器可以根据用户的请求返回相应信息。

13.1.2 Web 的发展

1. Web 的起源

Web 的不断完善都是基于各种 Web 技术的不断发展，Web 的应用架构是由英国人 Tim Berners-Lee 在 1989 年提出的，而它的前身是 1980 年 Tim Berners-Lee 负责的 Enquire (Enquire Within Upon Everything 的简称) 项目。1990 年 11 月第一个 Web 服务器 nxoc01.cern.ch 开始运行，由 Tim Berners-Lee 编写的图形化 Web 浏览器第一次出现在人们面前。1991 年，CERN (European Particle Physics Laboratory) 正式发布了 Web 技术标准。目前，与 Web 相关的各种技术标准都由著名的 W3C 组织 (World Wide Web

Consortium)管理和维护。

Web 是一种典型的分布式应用架构。Web 应用中的每一次信息交换都要涉及客户端和服务端两个层面,因此,Web 开发技术大体上也可以被分为客户端技术和服务器端技术两大类。

(1) 客户端技术

① HTML 语言的诞生

Web 客户端的主要任务是展现信息内容,HTML 语言是信息展现的最有效载体之一。作为一种实用的超文本语言,HTML 的历史最早可以追溯到 20 世纪 40 年代。1969 年,IBM 的 Charles Goldfarb 发明了可用于描述超文本信息的 GML 语言。1978 到 1986 年间,在 ANSI 等组织的努力下,GML 语言进一步发展成为著名的 SGML 语言标准。当 Tim Berners-Lee 1989 年试图创建一个基于超文本的分布式应用系统时意识到,SGML 过于复杂,不利于信息的传递和解析。于是,Tim Berners-Lee 对 SGML 语言做了大刀阔斧的简化和完善。1990 年,第一个图形化的 Web 浏览器"World Wide Web"终于可以使用一种为 Web 度身定制的语言——HTML 来展现超文本信息了。

② 从静态信息到动态信息

最初的 HTML 语言只能在浏览器中展现静态的文本或图像信息,随后由静态技术向动态技术逐步转变。Web 出现后,GIF 第一次为 HTML 页面引入了动感元素。1995 年 Java 语言的问世带来了更大的变革。Java 语言天生就具备的平台无关的特点,让人们一下子找到了在浏览器中开发动态应用的捷径。CSS 和 DHTML 技术真正让 HTML 页面又酷又炫、动感无限起来。1997 年,Microsoft 发布了 IE 4.0,并将动态 HTML 标记、CSS 和动态对象模型发展成了一套完整、实用、高效的客户端开发技术体系,Microsoft 称其为 DHTML。同样是实现 HTML 页面的动态效果,DHTML 技术无需启动 Java 虚拟机或其他脚本环境,可以在浏览器的支持下,获得更好的展现效果和更高的执行效率。

为了在 HTML 页面中实现音频、视频等更为复杂的多媒体应用,QuickTime 插件被引入,插件这种开发方式随即风靡了浏览器的世界,20 世纪 90 年代中期刚刚问世的 COM 和 ActiveX 也十分流行。Real Player 插件、Microsoft 自带的媒体播放插件 Media Player 也被预装到了各种 Windows 版本之中,随后 Flash 插件横空出世。

(2) 服务器端技术

与客户端技术从静态向动态的演进过程类似,Web 服务端的开发技术也是由静态向动态逐渐发展、完善起来的。

最早的 Web 服务器简单地响应浏览器发来的 HTTP 请求,并将存储在服务器上的 HTML 文件返回给浏览器。

第一种真正使服务器能根据运行时的具体情况,动态生成 HTML 页面的技术是大名鼎鼎的 CGI 技术。CGI 技术允许服务端的应用程序根据客户端的请求,动态生成 HTML 页面,这使客户端和服务端的动态信息交换成为了可能。

早期的 CGI 程序大多是编译后的可执行程序,其编程语言可以是 C、C++、Pascal 等任何通用的程序设计语言。为了简化 CGI 程序的修改、编译和发布过程,人们开始探寻用脚本语言实现 CGI 应用的可行方式。

1994 年,专用于 Web 服务端编程的 PHP 语言被发明。PHP 语言将 HTML 代码和 PHP 指令合成为完整的服务端动态页面,可以用一种更加简便、快捷的方式实现动态 Web 功能。1996 年,Microsoft 在其 Web 服务器 IIS 3.0 中引入了 ASP 技术,ASP 使用的脚本语言是 VB Script 和 Java Script。1998 年,JSP 技术诞生。

随后,XML 语言及相关技术成为主流。XML 语言对信息的格式和表达方法做了最大程度的规范,应用软件可以按照统一的方式处理所有 XML 信息。这样一来,信息在整个 Web 世界里的共享和交换就有了技术上的保障。HTML 语言关心的是信息的表现形式,而 XML 语言关心的是信息本身的格式和数据内容。

2. Web 技术的发展

Web 技术的发展主要分为 3 个阶段:静态技术阶段、动态技术阶段和 Web2.0 新时期。所谓的静态、动态是根据 Web 网页所采用的技术来划分的,动态网页不是指拥有动态效果的网页,它是指采用动态网站技术生成的网页。

(1)Web 技术发展的第一阶段——静态技术阶段

本阶段的 Web 主要是静态的 Web 页面。在这个阶段,HTML 语言就是 Web 向用户展示信息的最有效的载体。HTML 的全称是超文本标注语言,它通过提供超文本格式的信息,在客户端的用户机上显示出完整的页面。Web 服务器使用 HTTP、超文本传输协议将 HTML 文档从 Web 服务器传输到用户的 Web 浏览器上。

在本阶段,由于受 HTML 语言和旧式浏览器的制约,Web 页面只包含了静态的文本和图像信息,限制了资源共享,这使得 HTML 越来越不能满足人们对信息多样性和及时性的要求。而这一阶段的 Web 服务器基本上只是一个 HTTP 的服务器,它负责接收客户端浏览器的访问请求,建立连接,响应用户的请求,查找所需的静态的 Web 页面,再返回到客户端。

(2)Web 技术发展的第二阶段——动态技术阶段

在 Web 出现的同时,能存储、展现二维动画的 GIF 图像技术也已发展成熟,为 HTML 引入动态元素提供了条件。此后,为了能更好地克服静态页面的不足,人们将传统单机环境下的编程技术与 Web 技术相结合,从而形成新的网络编程技术。1995 年 Java 语言的问世给 Web 的发展带来更大的变革,它为人们提供了一条在浏览器中开发应用的捷径。1996 年,著名的 Netscape 浏览器 2.0 版本和 Microsoft 的 IE 3.0 增加了对 Java Applets 和 Java Script 的支持。Java Script 语言是一种脚本方式运行的、简化的 Java 语言。Web 世界里从此出现了脚本技术。Microsoft 公司于 1996 年为 IE3.0 设计出了与 Java Script 相抗衡的脚本语言——VB Script 脚本语言。在 Windows 98 及其后的 Windows 操作系统中,WSH(Windows Script Host)技术将原本只能在浏览器中运行的 Java Script、VB Script 变成了可以在 WIN32 环境下使用的通用脚本语言。

在引入了动态技术生成的网页中,网页 URL 的后缀不只是 .htm、.html、.shtml、.xml 等静态网页的常见形式,还可以是以 .asp、.jsp、.php、.cgi 等形式为后缀的。从网页内容的显示上看,动态网页引入了各项技术,使得网页内容更多样化,引人入胜;从网站的开发管理和维护角度看,动态网页以数据库技术为基础,更利于网站的维护,而动态网页使用了 ASP 对象,可以实现诸如用户注册、用户登录、数据管理等的功能,大大提高了网络的利用率,为用户提供更多的方便。

(3) Web 技术发展的第三阶段——Web 2.0 新时期

在最近两年里,Web 2.0 这个名词引起了很多人的关注,那什么是 Web 2.0 呢？其实,Web 2.0 并没有一个准确的定义,甚至于它并不是一个具体的事物,它只是人们对于一个阶段的描述。在这一阶段,用户可以自己主导信息的生产和传播,从而打破了原先所固有的单向传输模式。Web 2.0 并不是一个革命性的改变,而只是应用层面的东西,相对于传统的门户网站,它具备了更好的交互性。

从 Web 1.0 到 Web 2.0 的转变,具体地说,从模式上是从读向写、信息共同创造的一个改变；从基本结构上,是由网页向发表/展示工具演变；从工具上,是由互联网浏览器向各类浏览器、rss 阅读器等内容发展；从运行机制上,则是自 Client Server 向 Web Services 的转变；由此,互联网内容的缔造者也由专业人士向普通用户拓展。

13.1.3 使用 ASP.NET 编写 Web 应用程序的准备工作

如果想要使用 ASP．NET 编写 Web 应用程序,须事先安装 Internet 信息服务器 5.0(IIS 5.0)。具体步骤如下。

① 双击"控制面板"中的"添加或删除程序"图标,弹出"添加或删除程序"对话框,如图 13-1 所示。选中"添加/删除 Windows 组件(A)",弹出如图 13-2 所示的"Windows 组件向导"对话框。在该对话框中选中"Internet 信息服务(IIS)",然后单击 详细信息(D)... 按钮,弹出"Internet 信息服务(IIS)"对话框,如图 13-3 所示。选中需要安装的组件,单击"确定"按钮,回到"Windows 组件向导"对话框。

② 单击"下一步"按钮,弹出如图 13-4 所示的对话框。询问需要的安装文件,使用从互联网上下载的"iis5.1xp 安装包",将其解压,如解压到 D 盘根目录,路径为"D:\iis5.1xp"。单击"浏览"按钮,找到需要的文件,如到"D:\iis5.1xp"中查找 STAXMEM.DLL 文件(图 13-5 所示),然后单击"打开"按钮。

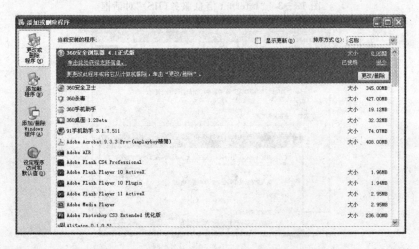

图 13-1 "添加或删除程序"对话框

图 13-2 "Windows 组件向导"对话框

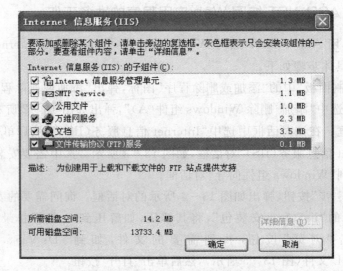

图 13-3 "Internet 信息服务(IIS)"对话框

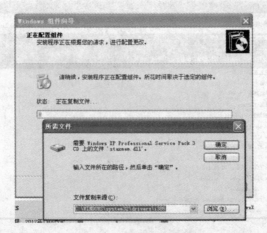

图 13-4 安装 IIS 组件

图 13-5 查找安装组件需要的文件

> **提示：**
> 由于每个用户安装的 XP 系统不相同，因此缺少的文件也会不同，所以可能要多次执行上面的操作才能完成 IIS 的安装。如果用户在安装时有些文件在"iis5.1xp 安装包"里找不到，请自行到互联网上查找其他的 IIS 安装包。

③ 成功安装 IIS 后，双击"控制面板"中的"管理工具"，再双击"Internet 信息服务"图标，弹出"Internet 信息服务"对话框。在该对话框中展开左侧的树型视图，在"默认网站"上单击鼠标右键，从弹出的快捷菜单中选择"属性"→"主目录"，设置好"默认网站"的主目录，如设置本地路径为"E:\vs-1x"，如图 13-6 所示。然后再选择"文档"，设置好可以打开的默认文档类型。例如，可以单击"添加"按钮，增加"index.aspx"的文件类型，如图 13-7 所示。

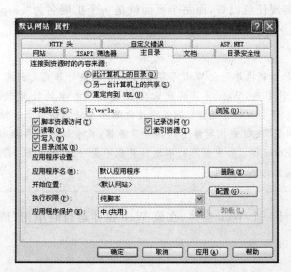

图 13-6 设置 IIS 主目录

图 13-7　设置 IIS 默认文档类型

设置成功后就可以使用 ASP.NET 开发 Web 应用程序了。

13.2　Web 窗体设计

Web 窗体是 ASP.NET 有代表性的一项功能,它为用户提供了一种强大而直观的编程模型,可以使用该功能为 Web 应用程序创建用户界面。在 Web 窗体中,Web 应用程序用户分为可视化部分(如控件)和用户逻辑接口(代码)。Web 窗体页面的用户界面由包含带有标记的、专门的 Web 窗体元素的若干文件组成,这些文件将作为一个页面被提交。该页面像一个容器,显示需要的文件和控件。Web 窗体利用任何 HTML 编辑器和 Web 窗体服务器控件,可以实现任意设置,而每个页面就是一个扩展名为".aspx"的文件。

> 📖 **提示：**
> 　　如果使用的本地计算机是一台 Web 服务器,则可以在该计算机上创建 Web 项目。第一次启动 Visual Studio.NET 时,Web 项目的默认位置是用户的本地计算机。在后面的 Visual Studio 会话中,可以从下拉列表中选择以前使用过的 Web 服务器的位置。如果要选择一个不同的服务器,可单击"浏览"按钮查找网络上的其他服务器,或者键入服务器的 URL(如 Http://qq.com),然后按下 Enter 键。如果使用的本地计算机不是一台 Web 服务器,那么在创建 Web 项目时输入本地计算机的地址即可。

【例 13-1】　设计一个 Web 窗体,在该 Web 窗体运行时单击"确定"按钮会显示"欢迎光临!"提示语。

【操作步骤】

① 选择"文件"→"新建项目"选项,弹出"新建项目"对话框,如图 13-8 所示。在该

对话框的"项目类型"中选择"Visual Basic"下的 Web,在"模板"选项中选择"ASP.NET Web 应用程序",在"位置"文本框中输入项目保存的目录,本例为"E:\vs-lx",名称为"13-Web 窗体设计"。

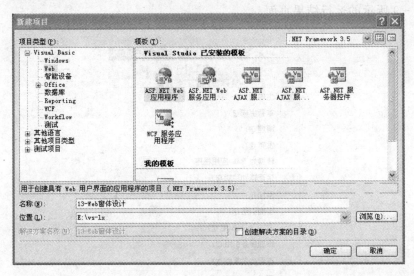

图 13-8 "新建项目"对话框

② 单击"确定"按钮。
③ 选择"项目"菜单中的"添加新项"选项,在弹出的对话框中选择"Web 窗体"。
④ 在窗体中添加一个 label 控件和一个按钮控件。在该按钮中编写如下代码:

```
Protected Sub Button1_Click(ByVal sender As Object, ByVal e As EventArgs)Handles_
Button1.Click
Label1.Text = "欢迎光临!"
End Sub
```

⑤ 按下 Ctrl+F5 组合键,编译并运行该 Web 应用程序,将会在浏览器中打开刚刚建立的网页"E:\vs-lx\13-Web 窗体设计\WebForm1.aspx",运行结果如图 13-9 所示。

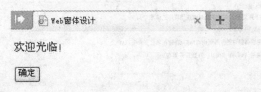

图 13-9 运行结果

这样,一个允许与用户交互的动态 Web 页面就创建成功了。

如果希望能在 Interent 上访问它并显示在浏览器中,需要在 VS 窗口右侧的"解决方案资源管理器"中的项目名称"13-Web 窗体设计"上单击鼠标右键,在弹出的快捷菜中选择"属性",如图 13-10 所示。在弹出的"属性"窗口中选择"Web"页面,在该页面中选择"使用 IIS 服务器",随后会自动出现"http://localhost/13－Web 窗体设计"的 URL,如图 13－11 所示。然后单击"创建虚拟目录"按钮,创建该程序的虚拟目录。打开 IE 浏览器,在地址栏中输入"http://localhost/13－Web 窗体设计/WebForm1.aspx",即可打开如图 13－9 所示的运行结果页面。

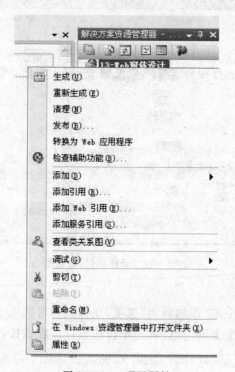

图 13－10　项目属性

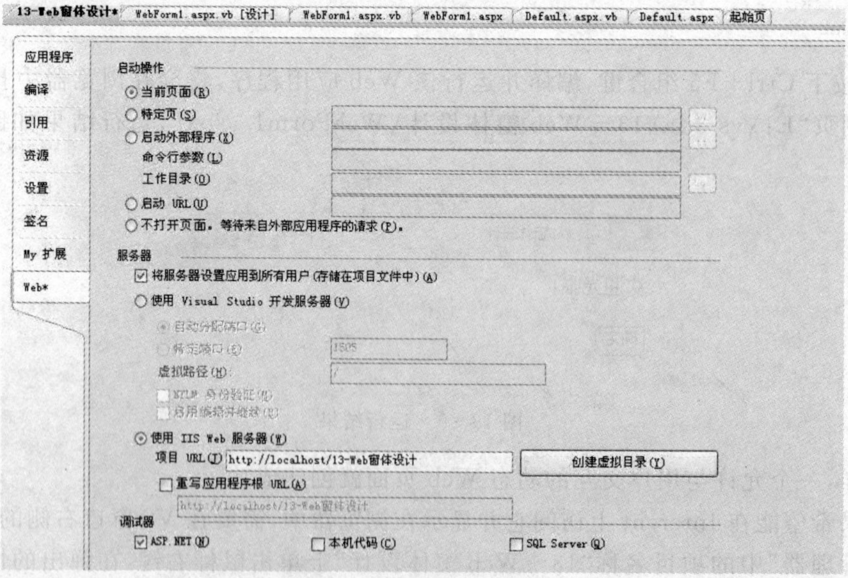

图 13－11　Web 设置

【例13-2】 设计一个 Web 窗体,在该 Web 窗体运行时单击"登录"按钮会验证用户名及密码,如果用户名为"Admin",并且密码为"Admin",则会显示"恭喜您登录成功!"的提示内容;否则会显示"对不起,登录失败!"的提示内容(注意英文字 A 必须是大写)。运行界面如图 13-12 所示。

【操作步骤】

① 执行"文件"→"新建项目"命令,弹出"新建项目"对话框。在该对话框的"项目类型"中选择"Visual Basic"下的"Web",在"模板"选项中选择"ASP. NET Web 应用程序",在"位置"文本框中输入项目保存的目录,本例为"D:\vs2008\web-windows",名称为"Web1"。

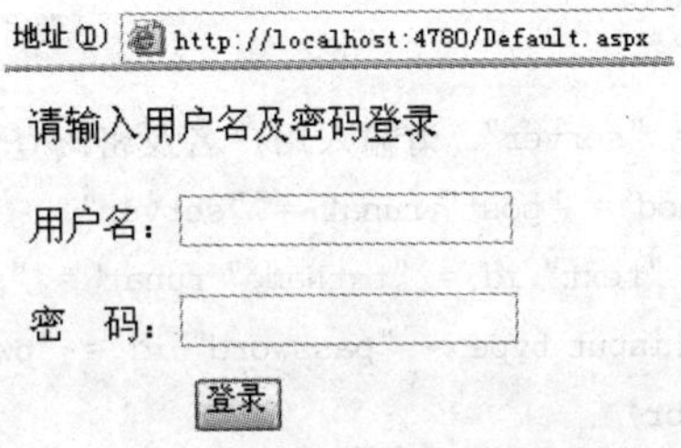

图 13-12 运行界面

② 单击"确定"按钮。

③ 在窗体中添加一个文本控件 Input (Text)、一个密码文本框控件 Input (Password)、一个段落 P 和一个按钮控件。整个 Default.aspx 页面的代码如下:

```
<%@ Page Language = "vb" AutoEventWireup = "false" CodeBehind = "Default.aspx.vb" Inherits = "Web1._Default" %>

<!DOCTYPE html PUBLIC "-//W3C//DTD XHTML 1.0 Transitional//EN" "http://www.w3.org/TR/xhtml1/DTD/xhtml1-transitional.dtd">

<html xmlns = "http://www.w3.org/1999/xhtml">
<head runat = "server">
  <title>登录</title>
<script language = "vb" runat = "server">
  Sub Btn_Click(ByVal Sender As Object, ByVal e As EventArgs)
    Dim n As String
    Dim s As String
    n = txtName.Value
    s = pwd.Value
    If n = "Admin" And s = "Admin" Then
        pText.InnerHtml = "<Font Color = Blue>恭喜您登录成功!</Font>"
    Else
        pText.InnerHtml = "<Font Color = Blue>对不起,登录失败!</Font>"
    End If
```

```
    End Sub
</script>
    <style type="text/css">
    #Btn
    {
        position: relative;
        top: -7px;
        left: 69px;
    }
    </style>
</head>
<body>
    <p id="pText" runat="server">请输入用户名及密码登录</p>
    <form id="Form1" method="post" runat="server">
    用户名:<input type="text" id="txtName" runat="server" size="18"><br><br>
    密   码:<input type="password" id="pwd" runat="server" size="20"><br><br>
<input type="button" id="Btn" value="登录" runat="server" onserverclick="Btn_Click">
    </form>
</body>
</html>
```

④ 按下 Ctrl+F5 组合键,编译并运行该 Web 应用程序,将会在浏览器中打开刚刚建立的网页 Default.aspx,输入用户名"Admin",密码"Admin",运行结果如图 13-13 所示。

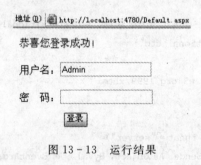

图 13-13　运行结果

13.3　Web 服务

13.3.1　Web 服务的概念

Web 服务被称为 IT 技术方面继 PC 和 Internet 之后的第三次革命。它的主要目标就是在现有的各种异构平台的基础上构筑一个通用的、与平台无关、与语言无关的技术层,各种不同平台之上的应用依靠这个技术层实施彼此的连接和集成。目前关于什么是

Web 服务有着广泛的一致的认识,但不同的公司、组织定义 Web 服务的方式不一样。

Web 服务(Web Service)是基于 XML 和 HTTP 的一种服务,其通信协议主要基于 SOAP,服务的描述通过 WSDL,使用 UDDI 来发现和获得服务的数据。

从形式上看,Web 服务就是一个动态链接库(Dynamic Link Library,DLL),相当于 API 函数。用户不需要知道它的内部实现,只需要知道它的函数名和参数即可。和动态链接库不一样的是,动态链接库装在本地主机上,只能被本地主机调用,而 Web 服务则安装到服务器上,可以被任何能访问本机的网络用户通过网络调用。

Web 服务能够跨平台运行,用不同语言编写的 Web 服务可以相互调用,用户可以使用自己熟悉的语言(如 Java、VB.NET、C++、C#等)按照 Web 服务标准来编写 Web 服务程序。

13.3.2 Web 平台中的协议

Web 服务是一种新的重要的应用程序。Web 服务是一段可以用 XML 发现、描述和访问的代码。Web 服务之所以能跨平台运行,主要是因为它采用了一套协议,通过这些协议来进行应用程序之间的通信。Web 服务所提供的协议主要有 HTTP、SOAP、WSDL、XML 和 XSD 等。

1. HTTP 协议

HTTP 协议,即超文本传输协议(HyperText Transfer Protocol),它是提供 Web 服务必要的协议。

2. SOAP 协议

SOAP 协议,是简单对象访问协议(Simple Object Access Protocol),SOAP 是基于 XML 和 XSD 的,XML 是 SOAP 的数据编码方式。SOAP 定义一个 XML 文档格式,该格式描述如何调用一段远程代码的方法。它提供了调用 Web 服务的标准 RPC 方法,任何用户均可以使用它来调用 Web 服务。

3. WSDL 协议

WSDL 协议,即 Web 服务描述语言(Web Service Descript Language),它是一种基于 XML 的语言,主要用于描述 Web 服务所提供的函数名、参数类型、参数个数及函数的返回值类型等信息。WSDL 一个很大的优点就是易于理解——它既容易被机器理解,又容易被计算机用户理解。一些开发工具既能将导入的 WSDL 文档生成相应 Web 服务的代码,又能根据 Web 服务生成 WSDL 文档。

4. XML 和 XSD 协议

XML 是一种可扩展标记语言,它是 Web 服务平台中数据表示的基本格式,XML 与开发平台和厂商无关,而且具有易于建立、易于分析的优点,编程人员不必考虑下层的平台与硬件设计,只需要按 XML 格式编写即可。XSD 定义了一套标准的数据类型,并给出了一种语言来扩展这套数据类型。Web 服务平台就是用 XSD 作为其数据类型系统的。当用某种语言(如 C++、VB.NET、C#等)构造一个 Web 服务时,为了符合 Web 服务标准,编程人员可以使用向导或标准控件将所使用的数据类型转换为 XSD 类型。

13.3.3 Web服务的创建与使用

创建Web服务后,就可以在Web页面上通过调用Web服务来实现它的功能。下面通过两个例子来说明Web服务的创建方法和使用方法。

【例13-3】 创建一个WebSite服务,当用户输入0~9之间任意一个数字时,在新的页面中输出对应的英文。例如,用户输入"9",则输出"nine"。如果用户输入了其他内容,显示"输入错误!请输入0~9之间的数字!"。

【操作步骤】

① 启动VS.NET,选择"文件"→"新建网站"选项,打开"新建网站"对话框,如图13-14所示。在该对话框的"模板"中选择"ASP.NET Web服务",在"位置"文本框中选择"HTTP",后面会自动出现地址"http://localhost/WebSite"。在"语言"中选择"Visual Basic"。

② 单击"确定"按钮后,即可进入Web服务设计界面,界面中的默认文件名为Service.vb,系统生成的代码如下:

```
Imports System.Web
Imports System.Web.Services
Imports System.Web.Services.Protocols
'若要允许使用 ASP.NET AJAX 从脚本中调用此 Web 服务,请取消对下行的注释。
' <System.Web.Script.Services.ScriptService()> _
<WebService(Namespace:="http://tempuri.org/")> _
<WebServiceBinding(ConformsTo:=WsiProfiles.BasicProfile1_1)> _
<Global.Microsoft.VisualBasic.CompilerServices.DesignerGenerated()> _
Public Class Service
    Inherits System.Web.Services.WebService
    <WebMethod()> _
    Public Function HelloWorld() As String
        Return "Hello World"
    End Function
End Class
```

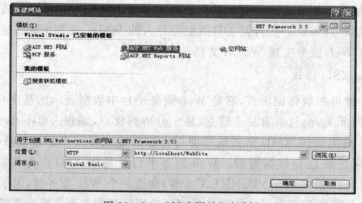

图13-14 "新建网站"对话框

> **注意：**
> 这几行注释语句向用户介绍了一个简单的 Web 服务的定义方法。如果用户把注释号去掉，编译后就会产生一个 Web 服务。调用这个 Web 服务，会返回一个"HelloWorld"字符串。语句中的 http://tempuri.org/ 是默认命名空间，用户也可以根据需要进行改变，本例中改成了 http://number.org/。

③ 为了完成本例要求的 Web 服务功能，在注释语句下面加入如下代码：

```
Imports System.Web
Imports System.Web.Services
Imports System.Web.Services.Protocols
<WebService(Namespace:="http://number.org/")> _
<WebServiceBinding(ConformsTo:=WsiProfiles.BasicProfile1_1)> _
<Global.Microsoft.VisualBasic.CompilerServices.DesignerGenerated()> _
Public Class Service
Inherits System.Web.Services.WebService
<WebMethod()> _
Public Function returnNumber(ByVal number As String) As String
    Select Case number
        Case 0 : Return "zero"
        Case 1 : Return "one"
        Case 2 : Return "two"
        Case 3 : Return "three"
        Case 4 : Return "four"
        Case 5 : Return "five"
        Case 6 : Return "six"
        Case 7 : Return "seven"
        Case 8 : Return "eight"
        Case 9 : Return "nine"
        Case Else
            Return "输入错误！请输入 0～9 之间的数字！"
    End Select
End Function

End Class
```

> **注意：**
> 代码中的 <WebMethod()> 是必不可少的，它表明此后的过程是这个 Web 服务的一个方法。本实例的 Web 服务是在类 Service 中实现的。

④ 这样就成功创建了一个 Web 服务,打开 Windows 系统的"Internet 信息服务"窗口,可以看到刚刚新建的 Web 服务"WebSite",如图 13－15 所示。保存并按下 Ctrl＋F5 组合键运行该程序,运行界面如图 13－16 所示。

图 13－15　IIS 中出现了刚创建好的 Web 服务

图 13－16　Web 服务的运行界面

⑤ 单击页面中的超链接"returnNumber",弹出如图 13－17 所示的 Web 服务调用界面。

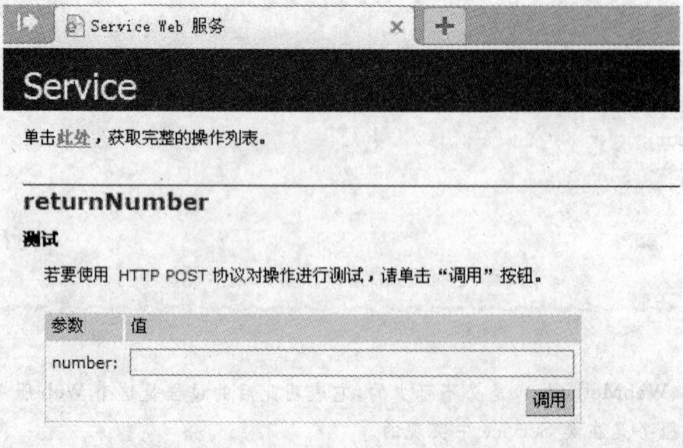

图 13－17　Web 服务调用界面

第13章 Web应用程序开发

这个界面中的输入文本框,是WSDL根据Login Web服务的参数自动创建的,用来输入要判断的整数。系统会将用户输入的整数作为参数传递给建立的Web服务中的returnNumber函数,Web服务会根据这个参数做出判断,并返回True或False。

⑥ 在文本框中输入"6"后单击"调用"按钮,会出现如图13-18所示的界面。这个结果是XML格式的文档。

```
<?xml version="1.0" encoding="utf-8" ?>
<string xmlns="http://number.org/">six</string>
```

图13-18 调用Web服务后的界面

【例13-4】 编写一个Windows应用程序,调用上面例题建立的Web服务中的函数。程序的设计界面如图13-19所示。

【操作步骤】

① 选择"文件"→"新建项目"选项,弹出"新建项目"对话框。在该对话框的"项目类型"中选择"Visual Basic"下的"Windows",在"模板"选项中选择"Windows窗体应用程序",名称为"13-调用Web服务"。

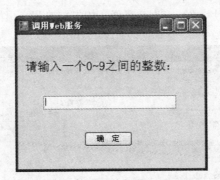

图13-19 调用Web服务后的界面

② 按表13-1为Form1添加控件并设置控件的属性。

表13-1 控件对象属性设置及其作用

对象名	属性名	属性值	说明
Label1	Text	"请输入一个0～9之间的整数:"	提示用户的操作
Textbox1	Text	""	接收用户输入的数据
Button1	Text	"确定"	单击该按钮调用Web服务

③ 向项目中添加Web引用。在"解决方案资源管理器"中,在项目"13-调用Web服务"上单击鼠标右键,弹出快捷菜单,如图13-20所示。选择"添加Web引用",弹出如图13-21所示的"添加Web引用"对话框。

图 13-20　项目快捷菜单中的"添加 Web 引用"

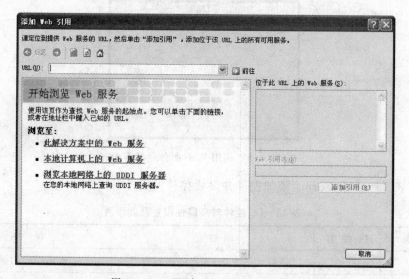

图 13-21　"添加 Web 引用"对话框

> 📖 **提示：**
> 　　如果在弹出的快捷菜单中没有找到"添加 Web 引用"命令，可以选择"添加服务引用"命令项，在弹出的窗口中单击"高级"按钮，在弹出的对话框中单击"添加 Web 引用"按钮，弹出的界面如图 13-21 所示。

④ 在"添加 Web 引用"对话框中，提供了一些 Web 服务目录，可以直接单击以使用

它们。也可以直接在 URL 中输入 Web 服务的地址,如本例可以在地址栏中输入"http://localhost/webSite/Service.asmx",然后单击"添加引用"按钮即可(图 13-22 和图 13-23 所示)。这样就在本项目中引用了指定的 Web 服务。

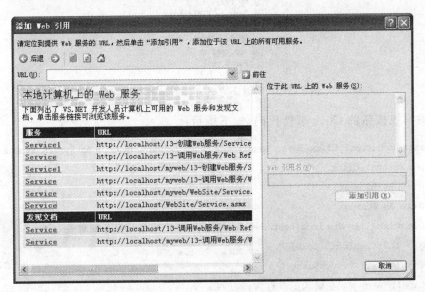

图 13-22 "添加 Web 引用"中的 Web 服务目录

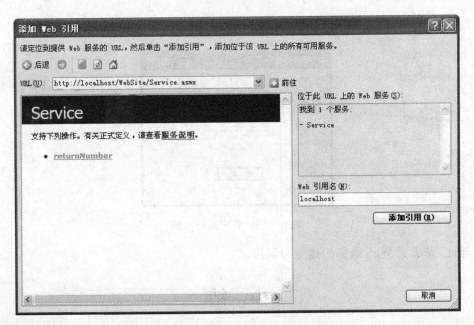

图 13-23 "添加 Web 引用"中的 Web 服务目录

这时在"解决方案资源管理器"中,可以看到该项目中多了一个"Web Reference"文件夹,如图 13-24 所示。

图 13-24 "解决方案资源管理器"对话框

⑤ 编写该按钮的 Click 事件代码,如下所示:

```
Private Sub Button1_Click(ByVal sender As System.Object, ByVal e As System.EventArgs) _
Handles Button1.Click
    Dim j As Integer
    Dim i As String
    Dim WebSer1 As New localhost.Service()      '产生 Web 服务的对象
    j = CStr(TextBox1.Text)
    i = WebSer1.returnNumber(j)
    Label1.Text = "您输入的整数为:" + i
End Sub
```

⑥ 运行程序,输入数字"6",单击"确定"按钮,运行结果如图 13-25 所示。

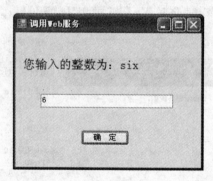

图 13-25 程序运行结果

至此,完成了 Web 服务的建立与调用。

小 结

本章主要介绍了 Web 应用程序的有关知识,如 Web 的概念和特点、发展起源、窗体设计以及 Web 服务的创建和使用等,并通过具体实例对相关内容进行详细介绍,以便读者对其有更深入的了解。本章的主要内容如下:

- Web 应用程序的简单介绍。
- Web 窗体设计的方法。

● Web 服务的介绍。

练 习 题

选择题

1. 关于 Web 服务,以下说法不正确的是( )。
   A. Web 服务指的是一台计算机,该计算机能够提供与网页有关的服务
   B. Web 服务可以跨平台开发和调用
   C. Web 服务类似于一种网上的动态链接库,可被客户调用
   D. 把可调用 Web 服务的应用程序称为客户
2. 在 Web 服务中编写一个过程,该过程前面应用( )关键字。
   A.〈WebFunction()〉   B.〈WebSub()〉   C.〈WebMethod()〉   D. 以上均可
3. Web 服务的通信协议主要基于( )。
   A. XML   B. SOAP   C. HTML   D. 以上均可
4. 在"控制面板"中的( )里可以找到"Internet 信息服务"。
   A. 添加或删除程序   B. 网络连接   C. 系统   D. 管理工具
5. Web 的特点( )。
   A. Web 是动态的   B. Web 与平台无关   C. Web 是交互的   D. 以上都是

填空题

1. 本地主机名通常对应 IIS 的发布目录,假设该目录在 D 盘,在默认情况下,该目录名是( )。
2. Web 是一种典型的( )应用架构。Web 应用中的每一次信息交换都要涉及客户端和服务端两个层面。
3. Web 技术的发展主要分为三个阶段:静态技术阶段、( )和 Web 2.0 新时期。
4. 如果想要使用 ASP.NET 编写 Web 应用程序,须事先安装 Internet 信息服务器 5.0,简称( )。
5. Web 服务(Web Service)是基于( )和 HTTP 的一种服务。

编程题

1. 编写一个 Web Service 服务,要求:当用户输入"梨"时显示"pear";当用户输入"苹果"时显示"apple";当用户输入"香蕉"时显示"banana";当用户输入"橘子"时显示"orange";当用户输入其他内容显示"本词库中没有这个词"。
2. 建立一个 Windows 应用程序调用上题中的 Web Service 服务,并在窗体中显示出运行结果。
3. 建立一个 Windows 应用程序,当单击应用程序窗体中的按钮时产生一个含 10 个元素的数组;当单击另一个按钮时调用一个 Web Service 服务,该服务的功能是对刚才的数组进行冒泡排序。

第 14 章
综合项目开发

本章主要介绍如何开发一个员工绩效考核管理系统,员工绩效考核管理系统对企业了解员工的工作状况以及进行绩效的评估有很大的帮助。本章的讲解有助于读者对一个项目的开发设计有一个全面的了解。

14.1 系统设计

员工绩效考核管理系统是一个典型的综合项目开发的案例。在本节中将会对此系统中各模块的功能和应用流程进行具体分析和设计。在需求分析中将会针对系统中3种用户对系统功能的需求进行介绍,在系统功能描述中将会对系统各模块的应用进行介绍,在功能模块划分中将会对系统的应用模块进行划分,在系统流程分析中将会对各模块的应用流程进行描述。

14.1.1 需求分析

员工绩效考核管理系统是根据企业对员工进行绩效评估的需要来设计开发的,目标是给员工更加准确的绩效考核依据,具有对用户信息、项目信息、日志信息和日志查询进行管理和维护的功能。

系统主要包括系统管理员对功能的需求、普通员工对功能的需求、公司领导对功能的需求,这3种用户对系统的需求功能如下。

1. 系统管理员对功能的需求

- 用户信息管理:管理系统中所有登录用户的信息,分配用户的级别。
- 项目信息管理:可浏览、添加、维护项目的信息。
- 日志信息管理:可添加个人日志的信息。
- 日志信息的查询:可查询所有员工的日志信息。
- 密码修改:修改登录密码。

2. 普通员工对功能的需求
- 项目信息的管理：可浏览、添加、维护项目的信息。
- 日志信息管理：可添加个人日志的信息。
- 日志信息的查询：可查询个人的日志信息。
- 密码修改：修改登录密码。

3. 企业领导对功能的需求
- 项目信息的管理：可浏览、添加、维护项目的信息。
- 日志信息管理：可添加个人日志的信息。
- 日志信息的查询：可查询个人或所有员工的日志信息。
- 密码修改：修改登录密码。

14.1.2 系统功能描述

在上面的需求分析中，已大致介绍了员工绩效考核管理系统的 3 种用户对系统功能的需求，下面将根据上述内容，对系统各模块的功能进行描述。系统的功能包括用户登录、查看用户信息、维护用户信息、查看项目信息、维护项目信息、添加日志信息、查询日志信息等。

1. 用户登录

由于此系统涉及不同的用户级别，因此要对不同登录用户分配不同的登录首页，并记录下每个用户 ID 和级别数据。

2. 查看用户信息

系统管理员登录系统后，主界面展示的是用户的基本信息，包括用户 Login、姓名、职务、联系电话、E-mail 等，可分页显示用户的信息。

3. 维护用户信息

系统管理员可以增加新的用户信息，包括用户 Login、姓名、职务、联系电话、E-mail、级别，管理员还可以修改或删除某一用户的信息记录。

4. 查看项目信息

可以浏览项目信息列表，包括项目 ID、项目名称。项目信息内容可以分页显示。

5. 维护项目信息

可以增加新的项目信息，包括项目 ID、项目名称；还可以修改项目的名称信息，也可以删除某一项目的信息。

6. 添加日志信息

可以添加日志信息，包括产品编号、产品名称、产品规格、产品价格、产品描述、列表信息分页显示。

7. 维护产品信息

可以增加新的产品信息，包括选择项目名称、时间、完成状况信息、工作描述信息。

8. 查询日志信息

可以查询日志信息。普通员工可以通过输入起始时间和终止时间,查询此段时间和终止时间,查询此段时间内自己的日志信息,企业领导可对所有员工的日志信息进行查询。

9. 修改密码信息

可以修改密码信息,填写旧密码,然后填写新更改的密码,或将旧密码更新为新密码。

14.1.3 功能模块划分

在了解了系统的需求分析和功能描述后,可以将员工绩效考核管理系统分为以下6个模块。

(1)用户登录管理:用户登录系统,并划分用户的管理权限。
(2)用户信息管理:查看用户的信息,增加、修改、删除用户信息。
(3)项目信息管理:查看项目的信息,增加、修改、删除项目信息。
(4)日志添加管理:增加员工的日志信息。
(5)日志查询管理:员工查询个人日志,领导查询所有员工日志。
(6)密码修改管理:修改登录密码信息。

整个系统的功能模块划分结构如图 14-1 所示。

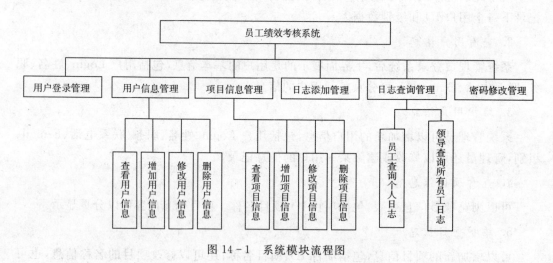

图 14-1 系统模块流程图

14.1.4 系统流程分析

员工绩效考核在应用时首先要进行登录操作,根据登录用户的权限实现不同的操作,表 14-1 展示了系统总体的使用权限。

1. 用户信息管理

用户信息由系统管理员维护管理。用户信息管理提供了用户信息的列表的功能,在此列表中可查看、修改、删除用户的记录信息。在添加用户信息界面中,可添加新的用户信息记录。用户信息管理功能流程图如图 14-2 所示。

表 14-1　不同登录用户享有不同的权限

用　户	享有权限
系统管理员	用户信息管理、项目信息管理、日志添加管理、员工查询个人日志管理、领导查询所有员工日志管理、密码修改管理
企业员工	项目信息管理、日志添加管理、员工查询个人日志管理、密码修改管理
企业领导	项目信息管理、日志添加管理、员工查询个人日志管理、领导查询所有员工日志管理、密码修改管理

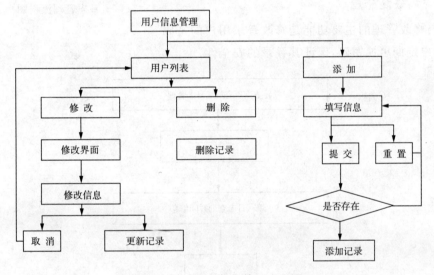

图 14-2　用户信息管理流程图

2. 项目信息管理

项目信息管理提供了项目信息的列表的功能,在此列表中可查看、修改、删除项目记录信息,同时,在添加项目信息界面中可添加新的项目信息记录。项目信息的管理流程与用户信息管理流程类似,只是维护的数据不同而已。

3. 日志添加管理

日志添加管理提供了员工添加每天日志信息的功能,日志信息添加后不得删除或修改,所以只设计了日志添加管理的功能,其功能流程图如图 14-3 所示。

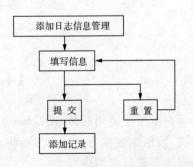

图 14-3　添加日志信息管理流程图

4. 员工查询个人日志管理

员工查询个人日志管理提供了查询登录用户自己的日志信息的功能,可输入要查询日志的起始时间和终止时间,将会查询出此段时间内的日志情况,其功能流程图如图14-4所示。

5. 领导查询所有员工日志管理

领导查询所有员工日志管理提供了选择某位员工日志的功能,可输入要查询日志的起始时间和终止时间,将会查询出此段时间内某位员工的日志情况,其功能流程图如图14-5所示。

6. 密码修改管理

密码修改管理的主要功能是修改登录用户的密码信息,用户定期更换密码,保证其登录的安全性。

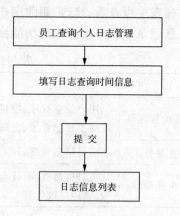

图14-4 员工查询个人日志管理流程图

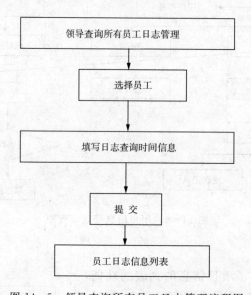

图14-5 领导查询所有员工日志管理流程图

14.2 数据库设计

在本节中使用的是 SQL Server 2000 数据库管理系统。数据库服务器安装的位置为本机,数据库名称为 elog。下面将介绍数据库分析和设计、数据表的创建、数据表关系图和创建存储过程的内容。

14.2.1 数据库分析和设计

在本节中将根据上一节的系统功能的设计分析,创建各数据表的实体 E-R 关系图,它是数据库设计非常重要的一步，下面用 E-R 图的形式表示出各实体的属性。

1. 员工 E-R 实体图

员工的实体具有员工 ID、员工 Login、姓名、密码、职务、E-mail、移动电话、办公电话、级别 9 个属性，员工 E-R 实体图如图 14-6 所示。

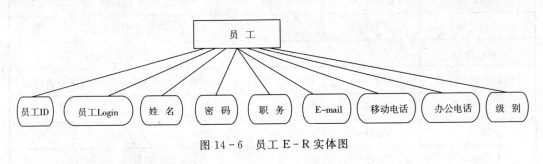

图 14-6　员工 E-R 实体图

2. 项目 E-R 实体图

项目的实体具有项目 ID、项目名称两个属性，项目 E-R 实体图如图 14-7 所示。

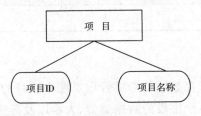

图 14-7　项目 E-R 实体图

3. 日志 E-R 实体图

日志的实体具有日志 ID、员工 ID、项目名称、完成状况、工作时间、系统时间、描述 7 个属性，日志 E-R 实体图如图 14-8 所示。

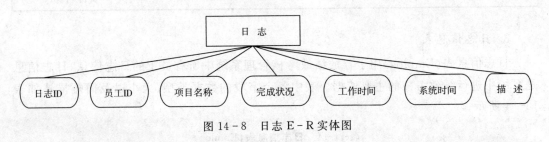

图 14-8　日志 E-R 实体图

14.2.2　数据表的创建

根据 E-R 实体图的内容，可创建员工绩效考核系统中的各数据表，在此系统中共涉及 3 个数据表的应用，分别如下。

1. 员工信息表

员工信息表（Emp）用于存放绩效考核关系管理系统中所有企业员工的信息，员工信息的管理是此管理系统中必不可少的部分。表中各个字段的数据类型、大小以及简短描述如表 14-2 所示。

表 14-2 员工信息表(Emp)

字 段 名	数据类型	大 小	字段描述
Emp_id	Int	4	员工 ID,主键
Emp_login	Varchar	50	员工登录 Login
Password	Varchar	50	记录员工登入本系统时的用户密码
Name	Varchar	50	员工姓名
Duty	Varchar	50	员工职务
Email	Varchar	50	员工 E-mail
Mobile_tell	Varchar	50	移动电话
Work_tell	Varchar	50	工作电话
Jb	Int	4	级别

2. 项目信息表

项目信息表(Item)用于存放绩效考核管理系统中项目的信息,项目信息的管理是日志信息添加的基础。表中各个字段的数据类型、大小以及简短描述如表 14-3 所示。

表 14-3 项目信息表(Item)

字 段 名	数据类型	大 小	字段描述
Item_id	Int	4	项目 ID,主键
Item_name	Varchar	50	项目名称

3. 日志信息表

日志信息表(Emplog)用于存放绩效考核管理系统中所有员工的日志信息,日志信息是系统中进行绩效考核的主要依据。表中各个字段的数据类型、大小以及简短描述如表 14-4 所示。

表 14-4 日志信息表(Emplog)

字 段 名	数据类型	大 小	字段描述
Log_id	Int	4	日志唯一标识,主键
Emp_id	Int	4	员工编号
Item_name	Varchar	50	项目名称
Status	Varchar	8	完成状态

(续表)

字 段 名	数据类型	大　小	字段描述
Work_date	Varchar	4	工作时间
Sysdate	Datetime	8	系统时间,为日志的填写时间
Show	Varchar	400	描述

14.2.3 数据表关系

在 Emp 数据表中的 Emp_id 字段作为外键,提供日志表中员工的信息;在 Employ 数据表中,应用了 Item 数据表中的 Item_name 字段,提供项目的名称信息。

14.2.4 创建存储过程

在系统中,应用存储过程处理数据是对数据库进行优化的一种方法,所以在此系统中大部分的数据操作都使用了存储过程,存储过程共有 9 个,它们将会在系统程序文件的后台应用中调用。

1. AddEmp 存储过程

AddEmp 存储过程用于向员工信息表中添加新的员工信息。创建存储过程的方法是:在 SQL Server 的"企业管理器"中找到数据库"elog",展开该数据库,在"存储过程"上单击鼠标右键,在弹出的快捷菜单中选择"新建存储过程",如图 14-9 所示。在弹出的对话框中输入如下代码,然后单击对话框中的"确定"按钮即可。

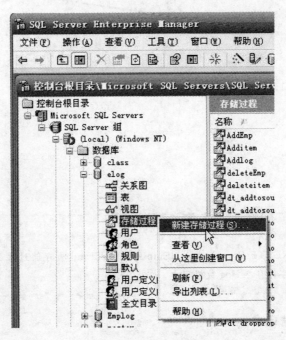

图 14-9　新建存储过程

```
CREATE Procedure AddEmp
    @Emp_login   varchar(50),
    @Password    varchar(50),
    @Name        varchar(50),
    @duty        varchar(50),
    @Email       varchar(50),
    @mobile_Tell varchar(50),
    @work_Tell   varchar(50),
    @jb          int
AS
INSERT INTO Emp
(
    Emp_login,
    Password,
    Name,
    duty,
    Email,
    mobile_Tell,
    work_tell,
    jb
)
VALUES
(
    @Emp_login,
    @Password,
    @Name,
    @duty,
    @Email,
    @mobile_Tell,
    @work_tell,
    @jb
)
GO
```

> **提示：**
> 第一行代码 CREATE Procedure AddEmp 中的 AddEmp 为存储过程的名字，即该存储过程以 AddEmp 为名字保存在 elog 数据库中。

2. Additem 存储过程

Additem 存储过程用于向项目信息表中添加新的项目信息，代码如下：

```
CREATE Procedure Additem
    @item_name   varchar(50)
AS
INSERT INTO item
(
    item_name
)
VALUES
(
    @item_name
)
GO
```

3. Addlog 存储过程

Addlog 存储过程用于向日志信息表中添加新的项目信息，代码如下。

```
CREATE Procedure Addlog
    @Emp_id    int,
    @item_name   varchar(50),
    @status    varchar(8),
    @work_date    varchar(4),
    @sysdate    datetime,
    @show    varchar(400)
AS
INSERT INTO Emplog
(
    Emp_id,
    item_name,
    Status,
    Work_date,
    sysdate,
    show
)
VALUES
(
    @Emp_id,
    @item_name,
    @Status,
    @Work_date,
    @sysdate,
    @show
)
GO
```

4. EditEmp 存储过程

EditEmp 存储过程用于更新员工信息表中的员工信息，代码如下。

```
CREATE Procedure EditEmp
    @duty   varchar(50),
    @Email   varchar(50),
    @mobile_Tell  varchar(50),
    @work_Tell   varchar(50),
    @Emp_ID int
AS
Update Emp
Set
    duty = @duty,
    Email = @Email,
    mobile_Tell = @mobile_Tell,
    work_tell = @work_tell
Where
    Emp_id = @Emp_id
GO
```

5. Edititem 存储过程

Edititem 存储过程用于更新项目信息表中的项目名称，代码如下。

```
CREATE Procedure Edititem
    @item_id   int,
    @item_name   varchar(50)
AS
Update item
set
    item_name = @item_name
where
    item_id = @item_id
GO
```

6. DeleteEmp 存储过程

DeleteEmp 存储过程用于删除员工信息表中的某一员工信息，代码如下。

```
CREATE Procedure DeleteEmp
    @Emp_id int
AS
Delete
From
Emp
```

```
Where
    Emp_id = @Emp_id
GO
```

7. Deleteitem 存储过程

Deleteitem 存储过程用于删除项目信息表中的某一项目信息,代码如下。

```
CREATE Procedure Deleteitem
    @item_id   int
AS
Delete
From
item
Where
    item_id = @item_id
GO
```

8. Logselect 存储过程

Logselect 存储过程用于查询某工员在一段时间中的工作日志信息,代码如下。

```
CREATE Procedure Logselect
    @startdate datetime,
    @enddate datetime,
    @empid int
AS
select
    Sysdate,
    work_date,
    item_name,
    Status,
    show
From
    Emplog
Where
    Emp_id = @empid
and
    (sysdate) = @startdate and sysdate< = @enddate)
order by log_id
GO
```

9. Updatepassword 存储过程

Updatepassword 存储过程用于更新员工信息表中的登录密码信息,代码如下。

```
CREATE Procedure Updatepassword
```

```
    @Emp_ID    int,
    @Password  varchar(50)
AS
Update Emp
Set
    Password = @Password
Where Emp_id = @Emp_id
GO
```

14.3　系统公用模块的创建

本节将介绍员工绩效考核系统中应用到的公共模块的创建，这里只介绍 Web.config 文件的配置。

在系统工程的 Web.config 文件中定义了很多配置节处理程序声明和配置节处理程序。在此文件中添加一个〈appSettings〉节定义数据库连接的设置，在其他应用程序的后台程序中可以直接调用此连接设置，程序代码如下。

```
〈configuration〉
    〈appSettings〉
    〈add key = "ConnectionString" value = "server = localhost;database = Elog;uid = sa;pwd = "/〉
    〈/appSettings〉
    ⋮
〈/configuration〉
```

14.4　系统界面和代码的实现

本节将介绍员工绩效考核系统的应用界面和代码的实现，由于篇幅有限，在下面的程序中只介绍部分应用界面的后台应用程序，其他应用程序请读者参考本书提供的光盘资料。

14.4.1　员工信息添加界面

运行员工绩效考核系统，如图 14-10 所示。输入用户名 admin，密码 123456，进入员工绩效考核系统页面，如图 14-11 所示，可由系统管理员进行员工信息的维护。在如图 14-11 所示的页面中单击"添加员工信息"超级链接，即进入如图 14-12 所示的页面，在此界面中可以添加企业员工的信息，并设定用户的级别。在添加用户 Login 信息时，首先会验证此信息是否已经存在，如果存在则员工信息添加失败。

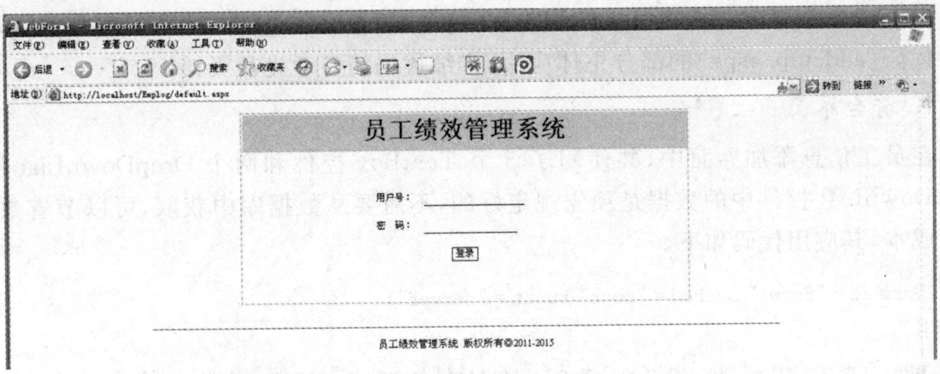

图 14-10　员工绩效考核系统运行页面

图 14-11　员工信息维护页面

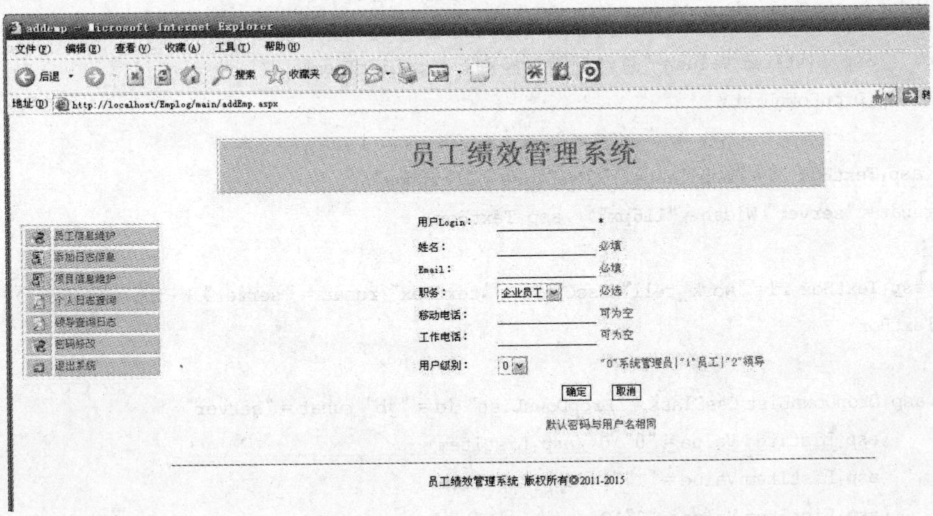

图 14-12　员工信息添加界面

以下主要介绍添加员工信息(addemp.aspx.cs)的后台支持类代码的实现方法,以及前台代码(addemp.aspx)的部分主体应用,详细代码请参考光盘资料。

1. 前台界面

在员工信息添加界面中,共使用了5个TextBox控件和两个DropDownList控件。DropDownList控件中的数据是预先规定好的,不需要从数据库中获取,可以节省数据传输的成本,其应用代码如下。

```
〈form id = "Form1" method = "post" runat = "server"〉
    ⋮
〈asp:TextBox id = "Tbx_id" CssClass = "textbox" runat = "server" Width = "116px"〉〈/asp:TextBox〉
    ⋮
〈asp:RequiredFieldValidator id = "Rfv_id" runat = "server" ErrorMessage = "不能为空"
ControlToValidate = "Tbx_id"〉〈/asp:RequiredFieldValidator〉
asp:CustomValidator id = "Cv_id" runat = "server"
ErrorMessage = "已存在" ControlToValidate = "Tbx_id"〉〈/asp:CustomValidator〉
    ⋮
〈asp:TextBox id = "Tbx_name" CssClass = "textbox" runat = "server" Width = "116px"〉〈/asp:TextBox〉
    ⋮
〈asp:TextBox id = "Tbx_Email" CssClass = "textbox"
runat = "server" Width = "116px"〉〈/asp:TextBox〉
    ⋮
〈asp:DropDownList CssClass = "DropDownList" id = "duty" runat = "server"〉
    〈asp:ListItem Value = "企业员工"〉企业员工〈/asp:ListItem〉
    〈asp:ListItem Value = "项目经理"〉项目经理〈/asp:ListItem〉
    〈asp:ListItem Value = "部门经理"〉部门经理〈/asp:ListItem〉
    〈asp:ListItem Value = "总经理"〉总经理〈/asp:ListItem〉
〈/asp:DropDownList〉
    ⋮
〈asp:TextBox id = "mobile_tell" CssClass = "textbox"
runat = "server" Width = "116px"〉〈/asp:TextBox〉
    ⋮
〈asp:TextBox id = "work_tell" CssClass = "textbox" runat = "server" Width = "116px"〉〈/asp:TextBox〉
    ⋮
〈asp:DropDownList CssClass = "DropDownList" id = "jb" runat = "server"〉
    〈asp:ListItem Value = "0"〉0〈/asp:ListItem〉
    〈asp:ListItem Value = "1"〉1〈/asp:ListItem〉
    〈asp:ListItem Value = "2"〉2〈/asp:ListItem〉
〈/asp:DropDownList〉
    ⋮
```

```
<asp:Button id = "Btn_ok" CssClass = "Button" runat = "server" Text = "确定"></asp:Button>
<asp:Button id = "Btn_cancel" CssClass = "Button" runat = "server" Text = "取消"></asp:Button>
<asp:Label id = "Lbl_note" runat = "server"></asp:Label>
...
</form>
```

2. 确定按钮事件

下面的代码中定义了按下"确定"按钮后所执行的操作,主要实现了员工信息的添加。在程序中首先要判断 page.Isvalid 是否为真,如果为真则定义了一个 SqlCommand 实例调用 AddEmp 存储过程;然后将 SqlCommand 类的 CommandType 属性值设置为 StoredProcedure,即为存储过程;接下来应用 Parameters 属性获取存储过程的参数;最后应用 ExecuteNonQuery()方法执行此存储过程,此方法没有返回值。

```
private void Btn_ok_Click(object sender, System.EventArgs e)
{
    if(Page.IsValid)
    {
        SqlCommand cm = new SqlCommand("AddEmp",cn);
        cm.CommandType = CommandType.StoredProcedure;
        cm.Parameters.Add(new SqlParameter("@Emp_login",SqlDbType.VarChar,50));
        cm.Parameters.Add(new SqlParameter("@password",SqlDbType.VarChar,50));
        cm.Parameters.Add(new SqlParameter("@name",SqlDbType.VarChar,50));
        cm.Parameters.Add(new SqlParameter("@duty",SqlDbType.VarChar,50));
        cm.Parameters.Add(new SqlParameter("@Email",SqlDbType.VarChar,50));
        cm.Parameters.Add(new SqlParameter("@mobile_tell",SqlDbType.VarChar,50));
        cm.Parameters.Add(new SqlParameter("@work_tell",SqlDbType.VarChar,50));
        cm.Parameters.Add(new SqlParameter("@jb",SqlDbType.Int,4));
        cm.Parameters["@Emp_login"].Value = Tbx_id.Text;
        cm.Parameters["@password"].Value = Tbx_id.Text;
        cm.Parameters["@name"].Value = Tbx_name.Text;
        cm.Parameters["@duty"].Value = duty.SelectedItem.Value;
        cm.Parameters["@Email"].Value = Tbx_Email.Text;
        cm.Parameters["@mobile_tell"].Value = mobile_tell.Text;
        cm.Parameters["@work_tell"].Value = work_tell.Text;
        cm.Parameters["@jb"].Value = jb.SelectedItem.Value;
        cm.Connection.Open();
        try
        {
            cm.ExecuteNonQuery();
            Response.Redirect("Emp.aspx");
        }
```

```
        catch(SqlException)
        {
            Lbl_note.Text = "添加失败";
            Lbl_note.Style["color"] = "red";
        }
        cm.Connection.Close();
    }
```

3. 员工登录名验证事件

下面的代码中实现了员工 Login 唯一性的验证操作。在程序中应用了 select 条件查询语句,判断员工 Login 是否存在,将 args.IsValid 赋值为假。

```
private void Cv_id_ServerValidate(object source,System.Web.UI.WebControls.Server_
ValidateEventArgs args)
    {
        cn.Open();
        SqlCommand cm = new SqlCommand("select * from Emp where emp_login = @emp_login",cn);
        cm.Parameters.Add("@emp_login",SqlDbType.Char,10);
        cm.Parameters["@emp_login"].Value = Tbx_id.Text;
        SqlDataReader dr = cm.ExecuteReader();
        if(dr.Read())
        {
            args.IsValid = false;
        }
        else
        {
            args.IsValid = true;
        }
        cn.Close();
    }
```

14.4.2 项目信息添加界面

项目信息添加界面如图 14-13 所示,可由所有员工进行维护,此界面比较简单,只需要填写项目名称信息即可。在添加项目名称信息时,首先会验证此信息是否已经存在,如果存在,则项目信息添加失败。

以下主要介绍添加项目信息(additem.aspx.cs)的后台支持类主要代码的实现方法,详细代码请参考光盘资料。

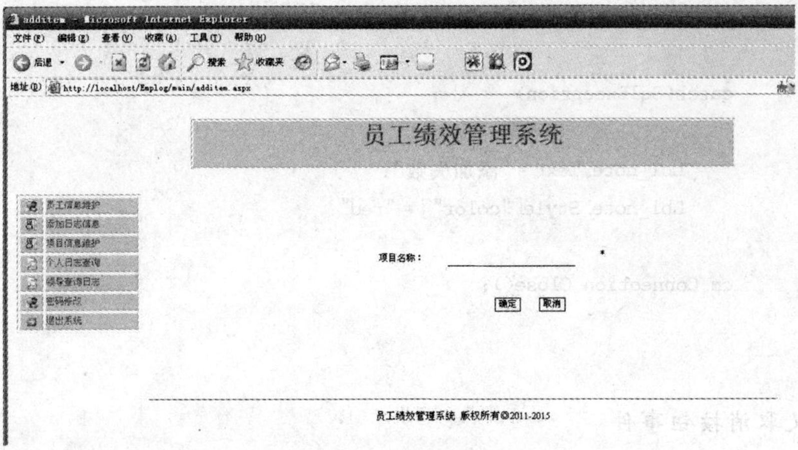

图 14-13 项目信息添加界面

1. 页面初始化事件

下面代码中定义了添加项目信息界面初始化事件，主要实现了数据库的连接操作。

```
private void Page_Load(object sender, System.EventArgs e)
{
    ' 在此处放置用户代码以初始化页面
    string strconn = ConfigurationSettings.AppSettings["ConnectionString"];
    cn = new SqlConnection(strconn);
}
```

2. 定义确定按钮事件

下面代码中定义了按下"确定"按钮后所执行的操作，主要实现了项目信息的添加。在程序中首先要判断 page.Isvalid 是否为真，如果为真则定义了一个 SqlCommand 实例调用 Additem 存储过程，然后将 SqlCommand 类的 CommandType 属性值设置为 StoredProcedure，即为存储过程；接下来应用 Parameters 属性获取存储过程的参数，最后应用 ExecuteNonQuery()方法执行此存储过程，此方法没有返回值。

```
private void Btn_ok_Click(object sender, System.EventArgs e)
{
    if(Page.IsValid)
    {
        SqlCommand cm = new SqlCommand("Additem",cn);
        cm.CommandType = CommandType.StoredProcedure;
        cm.Parameters.Add(new SqlParameter("@item_Name",SqlDbType.VarChar,50));
        cm.Parameters["@item_Name"].Value = item_name.Text;
        cm.Connection.Open();
        try
        {
            cm.ExecuteNonQuery();
```

```
                Response.Redirect("item.aspx");
            }
            catch(SqlException)
            {
                Lbl_note.Text = "添加失败";
                Lbl_note.Style["color"] = "red";
            }
            cm.Connection.Close();
        }
    }
```

3. 定义取消按钮事件

下面的代码中定义了按下"取消"按钮后所执行的操作，主要实现了页面的刷新。在此应用了 Page 类 Response 属性的 Redirect 方法将客户端重定向到用户信息添加界面，实现了界面的刷新。

```
private void Btn_cancel_Click(object sender, System.EventArgs e)
{
    Page.Response.Redirect("additem.aspx");
}
```

4. 项目名称验证事件

下面的代码实现了项目名称唯一性的验证。在程序中应用了 select 条件查询语句，判断项目名称是否存在，如果存在，将 args.IsValid 赋值为假，这样在用户单击"确定"按钮后，就不可以执行项目名称信息的添加操作。

```
private void Cv_id_ServerValidate(object source,System.Web.UI.WebControls.Server_
ValidateEventArgs args)
{
    cn.Open();
    SqlCommand cm = new SqlCommand("select * from item where item_name = @item_name",cn);
    cm.Parameters.Add("@item_name",SqlDbType.Char,10);
    cm.Parameters["@item_name"].Value = item_name.Text;
    SqlDataReader dr = cm.ExecuteReader();
    if(dr.Read())
    {
        args.IsValid = false;
    }
    else
    {
        args.IsValid = true;
    }
    cn.Close();
```

}

5. 应用事件的定义

下面的程序定义了应用程序中的触发事件,只有添加了如下代码,应用程序的事件才会触发。这些事件分别是项目名称验证事件、确定按钮事件、取消按钮事件、页面初始化事件。

```
Private void InitializeComponent()
{
    this.Cv_id.ServerValidate += new System.Web.UI.WebControls.Servervalidate_
    EventHandler(this.Cv_id_ServerValidate);
    this.Btn_ok.Click += new System.EventHandler(this.Btn_cancel_Click);
    this.Btn_cancel.Click += new System.EventHandler(this.Btn_cancel_Click);
    this.Load += new System.EventHandler(this.Page_Load);
}
```

14.4.3 日志信息的添加

日志信息添加界面如图 14-14 所示,可由所有员工进行维护。在此界面中需要选择项目名称、工作时间和完成状况,并可填写一些描述信息。

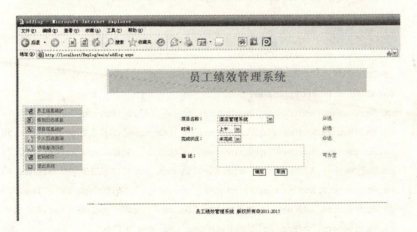

图 14-14 项目信息的添加界面

以下主要介绍日志信息添加(addlog.aspx.cs)的后台支持类主要代码的实现方法,详细代码请参考光盘资料。

1. 页面初始化事件

```
private void Page_Load(object sender, System.EventArgs e)
{
    '在此处放置用户代码以初始化页面
    string strconn = ConfigurationSettings.AppSettings["ConnectionString"];
    cn = new SqlConnection(strconn);
```

```csharp
cn.Open();
string sSQL = "select item_name from item";
SqlCommand command = new SqlCommand(sSQL, cn);
SqlDataReader reader = command.ExecuteReader();

while(reader.Read())
{
    item.Items.Add(new ListItem(reader[0].ToString(),reader[0].ToString()));
}

reader.Close();
}
```

2. 定义确定按钮事件

下面的代码主要实现了日志信息的添加操作。在程序中调用了 Addlog 存储过程对日志信息进行添加数据操作;然后将 SqlCommand 类的 CommandType 属性值设置为 StoredProcedure,即为存储过程;接下来应用 Parameters 属性获取存储过程的参数;最后应用 ExecuteNonQuery()方法执行此存储过程,此方法没有返回值。

```csharp
private void Btn_ok_Click(object sender, System.EventArgs e)
{

    SqlCommand cm = new SqlCommand("Addlog",cn);
    cm.CommandType = CommandType.StoredProcedure;
    DateTime dt = DateTime.Now;
    cm.Parameters.Add(new SqlParameter("@Emp_id",SqlDbType.Int,4));
    cm.Parameters.Add(new SqlParameter("@item_name",SqlDbType.VarChar,50));
    cm.Parameters.Add(new SqlParameter("@status",SqlDbType.VarChar,200));
    cm.Parameters.Add(new SqlParameter("@work_date",SqlDbType.VarChar,4));
    cm.Parameters.Add(new SqlParameter("@sysdate",SqlDbType.DateTime,8));
    cm.Parameters.Add(new SqlParameter("@show",SqlDbType.VarChar,400));
    cm.Parameters["@Emp_id"].Value = Session["Emp_id"];
    cm.Parameters["@item_name"].Value = item.SelectedValue.ToString();
    cm.Parameters["@status"].Value = status.SelectedValue.ToString();
    cm.Parameters["@work_date"].Value = work_date.SelectedValue.ToString();
    cm.Parameters["@sysdate"].Value = dt;
    cm.Parameters["@show"].Value = show.Text;
    try
    {
        cm.ExecuteNonQuery();
        Response.Redirect("addlog.aspx");
    }
```

```
            catch(SqlException)
            {
                Lbl_note.Text = "添加失败";
                Lbl_note.Style["color"] = "red";
            }
            cm.Connection.Close();
        }
```

14.4.4 用户查询个人日志信息

用户查询个人日志信息界面如图 14-15 所示。在此界面中,如果查询时间段中的日志信息比较多,将会分页显示用户填写的日志信息。

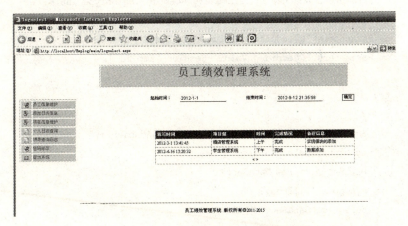

图 14-15 用户查询个人日志信息界面

以下主要介绍用户查询个人日志信息(logselect.aspx.cs)的后台支持类主要代码的实现方法,前台代码(logselect.aspx)请参考光盘资料。

1. 页面初始化事件

下面的代码定义了日志信息界面初始化事件。在代码中首先应用 DateTime.Now 属性获取一个计算机上的当前的本地日期和时间,然后将时间赋值给结束时间的文本控件,这样就可以在前台界面的结束时间文本框中显示当前的时间,方便用户进行查询操作。

```
private void Page_Load(object sender, System.EventArgs e)
{
    // 在此处放置用户代码以初始化页面
    DateTime dt = DateTime.Now;
    end.Text = dt.ToString();
    string strconn = ConfigurationSettings.AppSettings["ConnectionString"];
    cn = new SqlConnection(strconn);
}
```

2. 定义确定按钮事件

下面的代码主要实现了日志信息的查询。在程序中调用了 logselect 存储过程对日志信息进行数据查询操作,然后将 SqlCommand 类的 CommandType 属性值设置为 StoredProcedure,即为存储过程;接下来应用 Parameters 属性获取存储过程的参数;最后将获取的数据与 DataGrid 控件绑定,在前台界面中显示日志信息。

```
private void Btn_ok_Click(object sender, System.EventArgs e)
{
    SqlCommand cm = new SqlCommand("logselect",cn);
    cm.CommandType = CommandType.StoredProcedure;
    cm.Parameters.Add(new SqlParameter("@startdate",SqlDbType.DateTime,8));
    cm.Parameters.Add(new SqlParameter("@enddate",SqlDbType.DateTime,8));
    cm.Parameters.Add(new SqlParameter("@empid",SqlDbType.Int,4));
    cm.Parameters["@startdate"].Value = begin.Text;
    cm.Parameters["@enddate"].Value = end.Text;
    cm.Parameters["@empid"].Value = Session["Emp_id"];

    try
    {
        SqlDataAdapter myAdapter = new SqlDataAdapter();
        myAdapter.SelectCommand = cm;
        DataSet ds = new DataSet();
        myAdapter.Fill(ds);
        datagrid1.DataSource = ds;
        datagrid1.DataBind();
    }
    catch
    {}
}
```

14.4.5 密码修改界面

用户密码信息修改界面如图 14-16 所示。用户登录后可以修改自己的登录密码,使系统应用更加安全。

以下主要介绍密码修改信息(updatepass.aspx.cs)的后台支持类主要代码的实现方法,前台代码(updatepass.aspx)请参考光盘资料。

1. 定义确定按钮事件

下面的代码主要实现了密码信息的修改操作。在程序中调用了 Updatepassword 存储过程对用户密码信息进行数据更新操作,然后将 SqlCommand 类的 CommandType 属性值设置为 StoredProcedure,即为存储过程;接下来应用 Parameters 属性获取存储过程的参数;最后执行成功后,将页面转移到登录页面。

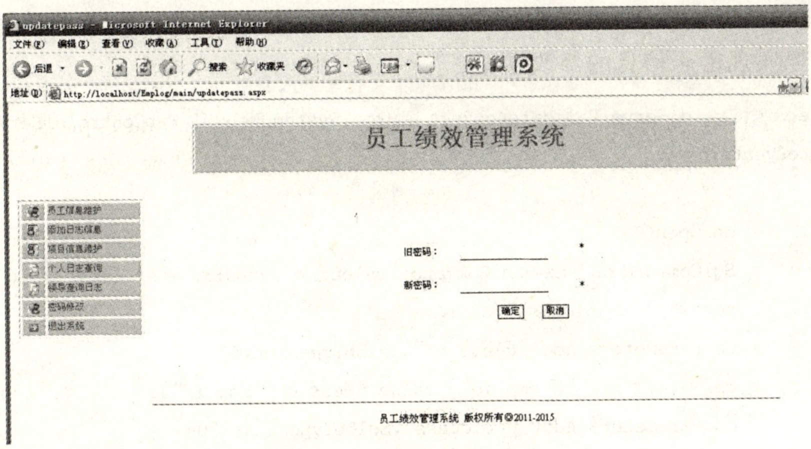

图 14-16 密码修改界面

```
private void Btn_ok_Click(object sender, System.EventArgs e)
{
    if(Page.IsValid)
    {
        SqlCommand cm = new SqlCommand("Updatepassword",cn);
        cm.CommandType = CommandType.StoredProcedure;
        cm.Parameters.Add(new SqlParameter("@emp_id",SqlDbType.Int,4));
        cm.Parameters["@emp_id"].Value = Session["Emp_id"];
        cm.Parameters.Add(new SqlParameter("@password",SqlDbType.VarChar,50));
        cm.Parameters["@password"].Value = newpass.Text;
        cm.Connection.Open();
        try
        {
            cm.ExecuteNonQuery();
            Response.Redirect("../default.aspx");
        }
        catch(SqlException)
        {
            Lbl_note.Text = "修改失败";
            Lbl_note.Style["color"] = "red";
        }
        cm.Connection.Close();
    }
}
```

2. 密码修改验证事件

下面的代码实现了旧密码的验证。在程序中应用了 select 条件查询语句，判断登录用户的旧密码是否正确,如果正确,将 args.IsValid 赋值为真,这样在用户单击"确定"按钮后,就可以实现密码信息的修改操作。

```
private void Cv_id_ServerValidate(object source,System.Web.UI.WebControls.Server_
ValidateEventArgs args)
    {
        cn.Open();
        SqlCommand cm = new SqlCommand("select * from Emp where emp_id = @emp_id and password = @oldpass",cn);
        cm.Parameters.Add("@emp_id",SqlDbType.Int,4);
        cm.Parameters["@emp_id"].Value = Session["Emp_id"];
        cm.Parameters.Add("@oldpass",SqlDbType.Char,10);
        cm.Parameters["@oldpass"].Value = oldpass.Text;
        SqlDataReader dr = cm.ExecuteReader();
        if(dr.Read())
        {
            args.IsValid = true;
        }
        else
        {
            args.IsValid = false;
        }
        cn.Close();
    }
```

14.4.6 实例演示

前面基本上完成了企业对员工绩效考核系统的开发。要想在计算机上正确地运行这个系统,要注意以下几点。

(1)将光盘上提供的文件夹 Emplog 复制到 IIS 的默认主目录下,例如常用的"C:\inetpub\wwwroot"的 wwwboot 文件夹中。本例采用"D:\vs2008"为 IIS 的主目录。

(2)打开本地计算机中的 SQL Server 中的"企业管理器",新建一个数据库,名称为"elog",然后再将光盘上提供的数据库备份文件 elog3.bak 还原到刚才新建的 elog 数据库中。

(3)如果用户在使用 VS 2008 打开光盘上提供的 Emplog 文件夹中的 Emplog.sln 文件后,单击"启动调试"按钮出现如图 14-17 所示的错误,那么需要先打开 IIS。

图 14-17 VS 提示无法在 Web 服务器上启动调试

右键单击 IIS 中的"默认站点",在弹出的快捷菜单中选择"属性",选择"目录安全性"选项卡,如图 14-18 所示。

图 14-18 "目录安全性"选项卡内容

单击"编辑"按钮,弹出如图 14-19 所示的对话框。选择"集成 Windows 身份验证"选项,然后单击"确定"按钮,在弹出如图 14-20 所示的对话框中单击"确定"按钮即可。

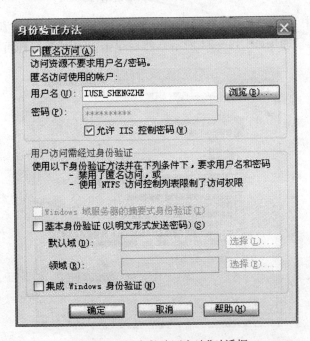

图 14-19 "身份验证方法"对话框

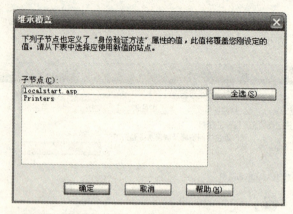

图 14-20 "继承覆盖"对话框

(4)如果用户在 VS 2008 中打开 Emplog.sln 文件后,单击"启动调试"按钮出现如图 14-21 所示的提示框,那么需要打开 IE 浏览器。

图 14-21 "脚本调试被禁用"提示框

在 IE 浏览器中,选择"工具"→"Internet 选项"→"高级"选项卡,清除"禁用脚本调试(Internet Explorer)"选项(图 14-22 所示),然后单击"确定"按钮即可。

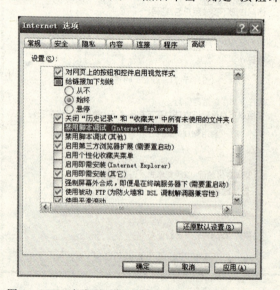

图 14-22 清除"禁用脚本调试(Internet Explorer)"

(5) 在 IIS 中创建 Emplog 文件夹对应的虚拟目录,否则会弹出如图 14-23 所示的配置错误。

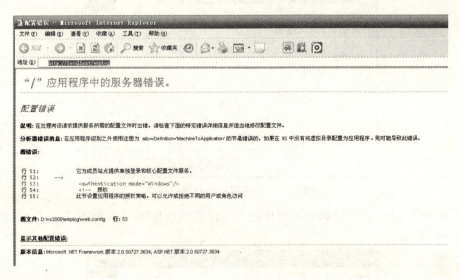

图 14-23 运行时出现配置错误

建立虚拟目录的步骤如下:

① 双击"控制面板"中的"管理工具",再双击"Internet 信息服务"图标,弹出"Internet 信息服务"对话框。在该对话框中展开左侧的树型视图,在"默认网站"上单击鼠标右键,从弹出的快捷菜单中选择"新建"→"虚拟目录"选项,弹出如图 14-24 所示的对话框。

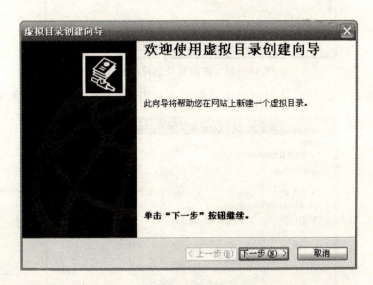

图 14-24 虚拟目录创建向导 1

② 单击"下一步"按钮,在如图 14-25 所示的对话框中输入虚拟目录的别名为"Emplog",然后单击"下一步"按钮。

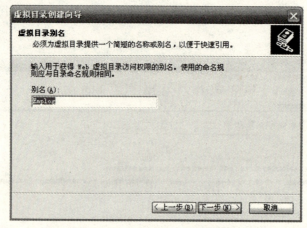

图 14-25　虚拟目录创建向导 2

③ 在如图 14-26 所示的对话框中输入文件夹的地址"D:\vs2008\Emplog",然后单击"下一步"按钮。

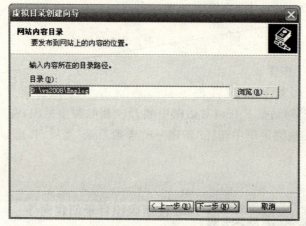

图 14-26　虚拟目录创建向导 3

④ 在如图 14-27 所示的对话框中选中所有权限,然后单击"下一步"按钮。

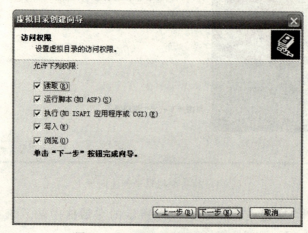

图 14-27　虚拟目录创建向导 4

⑤ 在弹出的确认对话框中单击"是"按钮,如图 14-28 所示。

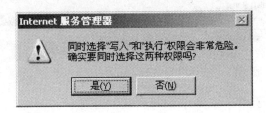

图 14-28 确认对话框

⑥ 在弹出的如图 14-29 所示的对话框中,单击"完成"按钮即可看到如图 14-30 所示的 IIS 窗口中多了一个名为 Emplog 的虚拟目录。

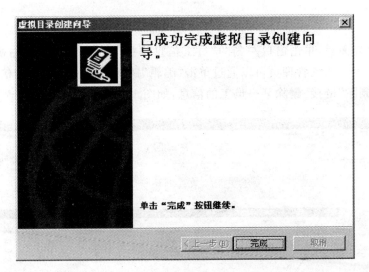

图 14-29 虚拟目录创建向导

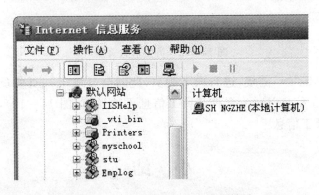

图 14-30 创建虚拟目录后的效果

一切准备就绪后,打开 IE 浏览器,在地址栏中输入"http://localhost/Emplog",将弹出如图 14-31 所示的登录界面,输入正确的用户名和密码,如输入用户名 admin,密码 123456,然后单击"登录"按钮。

图 14-31　自动打开系统的登录页面

进入系统界面后,单击窗口左侧的"员工信息维护"链接,在窗体的右侧显示了企业员工信息的列表。系统管理员可以通过单击"编辑"链接对某一个员工的信息进行修改,也可以单击"删除"链接,删除某一员工的信息,如图 14-32 所示。

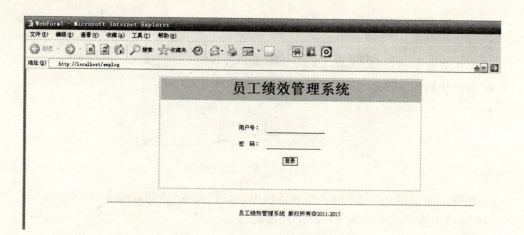

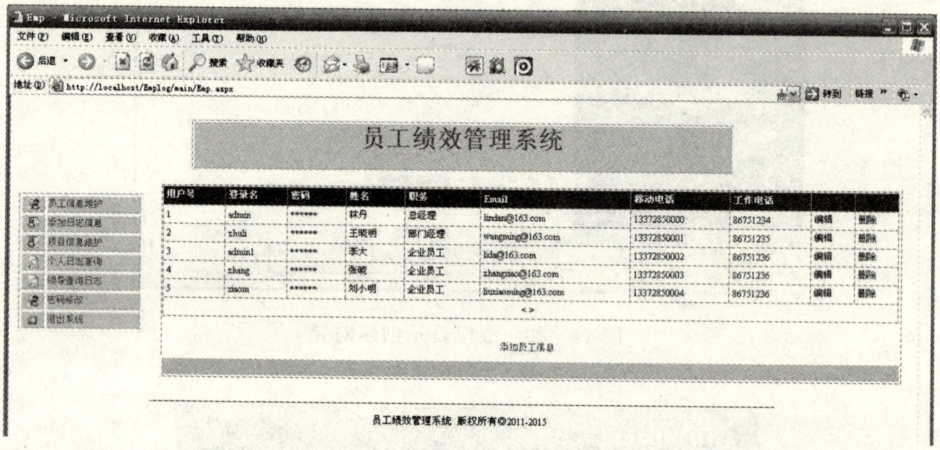

图 14-32　员工信息页面

在窗口下面单击">"链接,进行向下翻页,此时会显示下一页的员工信息。单击窗口下面的"添加员工信息"链接,会打开员工信息添加界面(图 14-12),管理员可以在此界面中添加企业员工信息。

小　结

本章通过讲解如何开发一个员工绩效考核管理系统的案例,让读者对项目的开发流程有了一个很直观、深刻的了解。一个项目的开发主要包括对系统的设计、数据的设计、系统界面的设计等内容。系统的功能主要包括用户登录、查看用户信息、维护用户信息、查看项目信息、维护项目信息、日志添加、日志查询等。本章的主要内容如下:

- 系统需求分析、功能描述、功能模块的划分以及流程分析等的介绍。
- 数据库分析和设计。
- 系统界面的设计。
- 前台代码的实现。
- 后台代码的实现。

练 习 题

选择题

1. 建立虚拟目录要在"控制面板"中的"管理工具"下的（　　）中进行操作。
   A. 计算机管理　　　　　　　　　　B. 性能
   C. Internet 信息服务　　　　　　　D. 组件服务
2. 在系统中，应用存储过程处理数据是对数据库进行优化的一种方法，所以在此系统中大部分的数据操作都使用了存储过程，存储过程是在（　　）中创建的。
   A. Internet 信息服务　　　　　　　B. SQL 企业管理器
   C. SQL 服务管理器　　　　　　　　D. 以上均可
3. 创建存储过程的关键字是（　　）。
   A. CREATE Procedure　　　　　　B. CREATE class
   C. private　　　　　　　　　　　　D. 以上都不对
4. 需要在"默认网站属性"中的（　　）选项卡里设置网站的"集成 Windows 身份验证"。
   A. 主目录　　　　　　　　　　　　B. 服务器扩展
   C. ASP. NET　　　　　　　　　　　D. 目录安全性
5. 下面哪一项不是在设计员工绩效考核系统之前要考虑的问题（　　）。
   A. 系统功能模块划分　　　　　　　B. 系统流程分析
   C. 页面的设计　　　　　　　　　　D. 数据库分析和设计

填空题

1. IIS 的默认主目录是（　　）。
2. 创建各数据表的（　　），它是数据库设计非常重要的一步。
3. 假设"添加员工信息"后台支持类代码文件名为"addemp. aspx. cs"，那么它的前台代码文件名为（　　）。
4. 员工绩效考核系统虚拟目录的别名为 Emplog，一切准备就绪后，打开 IE 浏览器，在地址栏中输入（　　），将会打开该系统的登录界面。
5. 在系统工程的 Web. config 文件中定义了很多配置节处理程序声明和配置节处理程序。在此文件中添加一个（　　）节定义数据库连接的设置，在其他应用程序的后台程序中可以直接调用此连接设置。

参考文献

[1] 王建勇. Visual Basic. NET 程序设计教程[M]. 沈阳:科学出版社,2001.

[2] 侯彤璞,赵新慧. Visual Basic. NET 程序设计实用教程[M]. 北京:清华大学出版社,2008.

[3] 朱志良,李丹程,张艳升,等. Visual Basic. NET 程序设计教程[M]. 北京:清华大学出版社,2009.

[4] 童爱红,刘凯. VB. NET 应用教程[M]. 北京:清华大学出版社,北京交通大学出版社,2005.

[5] 陈莎莎,骆轶姝. Visual Basic. NET 程序设计[M]. 上海:东华大学出版社,2007.

[6] 申时凯,王亚宁. VB. NET 程序设计[M]. 重庆:西南师范大学出版社,2006.

[7] 刘新军,刘光强,周琦,等. .NET 精简框架程序设计[M]. 北京:电子工业出版社,2006.

[8] 王晟,马里杰. SQL Server 数据库开发经典案例解析[M]. 北京:清华大学出版社,2006.

[9] 康际科技. VB. NET 程序设计[M]. 北京:中国电力出版社,2003.

[10] 麦中凡,何玉洁,李烨. VB. NET 编程入门[M]. 北京:北京航空航天大学出版社,2003.

[11] 康博. VB. NET 入门经典[M]. 北京:清华大学出版社,2002.

[12] 陈锐. Visual Basic 多功能教材[M]. 北京:电子工业出版社,2011.

[13] 刘炳文. Visual Basic 程序设计[M]. 北京:清华大学出版社,2005.

[14] 龚沛曾,杨志强. Visual Basic. NET 程序设计教程(第 2 版)[M]. 北京:高等教育出版社,2010.

[15] 蓝顺碧. Visual Basic. NET 程序设计教程[M]. 北京:人民邮电出版社,2012.

[16] Willis T, Newsome B. Visual Basic 2010 入门经典(第 6 版)[M]. 吴伟敏,李周芳,译. 北京:清华大学出版社,2011.

[17] 沈建蓉,夏耘. 大学 VB. NET 程序设计实践教程(第 3 版)[M]. 上海:复旦大学出版社,2010.

[18] 刘彬彬,安剑等. Visual Basic 从入门到精通(第 2 版)[M]. 北京:清华大学出版社,2010.

[19] 李雁翎,万玉. Visual Basic 程序设计实践教程(第 2 版)[M]. 北京:人民邮电出版社,2012.

[20] Deite P J, Deitel H M. Visual Basic 2008 大学教程[M]. 徐波,姚雪存,译. 北京:电子工业出版社,2010.